启真馆 出品

启真·科学

机器中的达尔文主义

全球智能的进化

[美]乔治·戴森 著
刘宾 译

ZHEJIANG UNIVERSITY PRESS
浙江大学出版社

图书在版编目（CIP）数据

机器中的达尔文主义：全球智能的进化 /（美）乔治 · 戴森著；刘宾译 . —杭州：浙江大学出版社，2020. 5

书名原文 : Darwin Among The Machines: The Evolution Of Global Intelligence

ISBN 978-7-308-19677-2

Ⅰ.①机… Ⅱ.①乔… ②刘… Ⅲ.①人工智能 Ⅳ.① TP18

中国版本图书馆 CIP 数据核字（2019）第 275113 号

机器中的达尔文主义：全球智能的进化

[美] 乔治 · 戴森 著 刘 宾 译

责任编辑 王志毅
文字编辑 李 珂 张兴文
责任校对 王 军 牟杨茜
装帧设计 骆 兰
出版发行 浙江大学出版社
（杭州天目山路 148 号 邮政编码 310007）
（网址：http:// www.zjupress.com）
排 版 北京大有艺彩图文设计有限公司
印 刷 北京时捷印刷有限公司
开 本 635mm × 965mm 1/16
印 张 22
字 数 246 千
版 印 次 2020 年 5 月第 1 版 2020 年 5 月第 1 次印刷
书 号 ISBN 978-7-308-19677-2
定 价 75.00 元

浙江大学出版社市场运营中心联系方式：（0571）88925591；http://zjdxcbs.tmall.com

前　言

世界的边缘

本书讨论的是机器的性质。我将本书写成一部历史，但我并未刻意对寓言与事实进行区分。人类与技术已经紧密地结合在一起，创造了我们今日的生活——“神话”与科学都参与了这一创造过程。

无论是在我的人生里，还是在这本书中，我都试图将我对自然与对机器的热爱统一起来。在生命演化的牌局中，交手的玩家一共有三个：人类、自然与机器。毫无疑问，我坚定地站在自然这一方。然而，我猜自然是机器的支持者。

1972 年 11 月，我 19 岁，在加拿大布勒内湾（Burrard Inlet）的海岸边上建造了一个小树屋。我在这个树屋里生活了一段时间。冬天，我生火，在火堆旁读书；夏天，我在阿拉斯加的海滩（Alaskan coasts）上闲逛。那个树屋建在距离地面 95 英尺（约 28.9 米）的高处，位于一棵花旗松树上。屋子的墙壁是由杉木板钉成的——这些杉木都是我在乔治亚海峡（Georgia Strait）中捡回来的漂流木，从纹理来看，它们都是寿命长达 700 多年的“老木头”了。

住在树屋的那些冬天里，我用思考来打发空闲的时间。下午 4 点，天空开始变暗，大雨没日没夜地倾盆而下，浓雾从海上席卷而来，大地（而非天空）变得模糊不清。有时候，我会突然觉得树木也拥有灵魂，它们也会思考——不是以人类的思考方式来思考，而是以树木的思考方式来思考。举例来说，树木产生的一个模糊的想法，要经历两三百年的时间，才逐渐变得清晰。

夏天，我在各种各样的海船上工作，我尤其喜欢在午夜至黎明这段时间值班。到了清晨三四点钟，我单独一个人，陪伴我的是那些逐渐流逝的时间和隐没在黑暗中的陆地——雷达显现出了它们的轮廓。有时候，我会离开舵轮，到甲板上散心。世界朝着闪烁荧光的航迹向后倒退，在船上灯火的映照下，鸟儿就像是红色或者绿色的"幽灵"——"幽灵"的颜色取决于鸟儿是从左舷还是右舷起飞。我发现，自己经常溜进引擎室，虽然我的工作与引擎无关。

如果你居住在船上，你就能明白这种感觉：船只的引擎和人类的心灵一样，它们都在"神经线路"上留下了深刻的痕迹。人类的"神经线路"从一开始就能辨认人类心脏的脉动特征。

我有时候会在树顶上进入梦乡，船只从远方到来，而树木在沉默思考。在黎明前的一两个小时里，我坐在引擎间附近的扶梯上，黑暗静谧的岛屿从我眼前一一掠过，我不由得怀疑：引擎是否拥有灵魂？这个问题贯穿了本书的各个章节。

我们与我们创造出来的机器是同胞手足。自我们的祖先敲裂石头，将它们制造成锋利的石片以来，"意识"与"工具"就一直你追我赶，互相竞争。黑曜石石片与电脑芯片，它们都是在同一堆营火旁被制造出来的——自人类意识诞生以来，这样的技术被一代又一代人类传承下来。

本书不讨论未来。人类目前的地位已经令人十分困惑。我宁愿回顾过去，享受历史学家的特权——挑选已经实现了的预言进行分析。过去是我们寻找答案的地方，而我们的问题是：我们是谁？为什么？对这些问题，我们拥有选择答案的权利，而我们选择的答案决定了人类的未来。

我们会继续保持单一的物种形态，还是分化成不同的物种？

我们会继续保持丰富多样的心灵形态，还是最终将它们融合成单一的意识？

目　　录

第一章 利维坦

你能用鱼钩钓上鳄鱼吗？能用绳子压下它的舌头吗？

你能用绳索穿它的鼻子吗？能用钩穿它的腮骨吗？

它岂向你连连恳求，说柔和的话吗？

岂肯与你立约，使你拿它永远作奴仆吗？

你岂可拿它当雀鸟玩耍吗？岂可为你的幼女将它拴住吗？

搭伙的渔夫岂可拿它当货物吗？能把它分给商人吗？

你能用倒钩枪扎满它的皮，能用鱼叉叉满它的头吗？

你按手在它身上，想与它争战，就不再这样行吧。

——《约伯记》41:1–8

托马斯·霍布斯（Thomas Hobbes）在 1651 年出版了一本名为《利维坦，或教会国家和市民国家的实质、形式、权力》（*Leviathan or the Matter, Forme and Power of a Common-Wealth Ecclesiastical and Civil*，以下简称《利维坦》）的书。这本书引起巨大轰动，它的第一页上写着：“‘大自然’，也就是上帝用以创造和治理世界的艺术，也像在许多其他事物上一样，被人的艺术所模仿，从而能够制造出人造的动物。由于生命只是肢体的一种运动，它的起源在于内部的某些主要部分，那么我们为什么不能说，一切像钟表一样用发条和齿轮运行的‘自动机械结构’也具有人造的生命呢？”[1] 霍布斯相信，被“固有系统”和“机器才智”赋予了实体的“人类共同体”能够聚合形成《圣经·旧约》中所描述的利维坦——上帝在旋风中警告约伯：“在地上没有像它造的那样，无所惧怕。”

在这之后的三个世纪里，更加敏捷灵活的自动装置不断涌现，而这一切都是生活在 17 世纪的人们想象不到的。人工智能在桌面上闪烁着灯光，人工生命也已经成为一种可敬的追求。然而，霍布斯所展望的“人工生命”和“人工智能”，却并不是 20 世纪的数字化专家构想出的独立、自主的机械智能。霍布斯的利维坦是一个散漫的、分布式的人工组织，就其计算体系结构的特点而言，它更像是 21 世纪技术的产物。

“是否可以说它们的‘心脏’无非就是‘发条’，‘神经’只是一些‘游丝’，而‘关节’不过是一些齿轮，这些零件如创造者所意图的那样，使整体活动呢？”霍布斯问道。“艺术则更高明一些：它还要模仿有理性的‘大自然’最精美的艺术品——‘人’……号称‘国民的整体’或‘国家’的这个庞然大物‘利维坦’……只是一个‘人造的人’。”[2] 尽管霍布斯的论述充满说服力，但他还是遭受了君主制、议会、大学和教会的责难。霍布斯认为人类社会是一个自我组织的体系，拥有自发的生命和智慧。权力来源于相互的共识，而非天神授予。忠诚是有用的，但不是绝对的价值。这种“矛盾”引起了普遍的怀疑。“霍布斯先生蔑视所有的学习者，而这威胁到了政府和宗教信仰。”[3] 亚历山大·罗斯（Alexander

Ross）在《上钩的利维坦》（*Leviathan Drawn out with a Hook*）中警告说。罗斯的书只不过是攻击《利维坦》的第一本，1666 年 10 月，英国下议院通过决议，调查霍布斯《利维坦》书里亵渎神明的言论与伦敦瘟疫爆发及大火灾的可能关联。虽然这只是“口头威胁”，但霍布斯的大部分手稿都因为各种“罪行”而被毁掉——这才是最糟糕的情况。在撰写于 1668 年的《关于异端邪说的历史叙述及其惩罚》（*Historical Narration Concerning Heresie, and the Punishment Thereof*）中，霍布斯表示自己的想法不符合历来的“异端”定义，因此政府和教会对他的指控是不公正的。他指出，不论是不是异端，任何法定权威都无权将发表异端言论的人“烧死在火刑架上”。尽管做了如此之多的努力，牛津大学依然在 1683 年（此时霍布斯已经去世）下令将《利维坦》等一系列“有害无益的书籍和可憎教义”全部焚毁。[4]

真正亵渎了神明的是霍布斯提出的“分散型智慧”概念。这既不是上帝的最高智慧，也不是来源于人类思想的个人智慧。利维坦是一种集体生物，超越了组成其本身的个体生命和机构器官。霍布斯解释说，人类社会，作为一个整体，构成了一种新的生命形式，“‘主权’是使整体得到生命和活动的‘人造的灵魂’；官员和其他司法、行政人员是人造的‘关节’；用以紧密连接最高主权职位并推动每一关节和成员执行其任务的‘赏’和‘罚’是‘神经’，这同自然人身上的情况一样；一切个别成员的‘资产’和‘财富’是‘实力’；人民的安全是它的‘事业’；向它提供必要知识的顾问们是它的‘记忆’；‘公平’和‘法律’是人造的‘理智’和‘意志’；‘和睦’是它的‘健康’；‘动乱’是它的‘疾病’，而‘内战’是它的‘死亡’。”[5]

霍布斯不是要贬低任何现存的生命的智慧，他只是想发现人类和神明之间的智慧，然而世人一向假定人类和神明之间只有“真空”。当霍布斯反对罗伯特·博伊尔（Robert Boyle）提出的物理真空时，他就是在反对将神与人分离开的形而上学真空。霍布斯的理论暗示着一种包罗万象的复杂科学，一种如同伽利略般“异端”的科学——伽利略对所有事物的相对运动做出了解释，而他也在1636年与霍布斯成为好朋友。霍布斯的数学很糟糕，其他的自然哲学家都嘲笑他的这一弱点。但成熟的语言风格和修辞技巧却让他在论辩上占据优势。英国内战和王政复辟没有对霍布斯的野心产生任何影响，他就是要建立一个纯粹的唯物论“心灵自然哲学”。他主张：“运动只能产生出运动，不会产生出其他东西。”[6]“宇宙的每一部分都是物体，不是物体的东西就不能成为宇宙的构成部分。宇宙包括了一切，所以不能成宇宙构成部分的东西就不存在，因之也就不存在于任何地方。”[7]他的分析揭示了教会教义内的深层矛盾。“人们告诉我们说，世界上有些要素是和物体脱离的，他们称之为抽象本质和实质形式。要解释这一行话，在这儿就要给以超乎寻常的注意……他们一旦陷入独立本质的错误之后，就必然会因此而牵涉到许多其他由此而生的荒谬说法中去……试问谁又能认为上帝会接受这种荒谬的说法呢？”[8]

霍布斯强烈反对勒内·笛卡儿（René Descartes）的形而上学。他的反对意见与笛卡儿的简洁答复，被收录在1641年笛卡儿出版的《第一哲学沉思集》（*Meditationes de prima philosophia*）的附录中。这篇文章被翻译成英文，题为《六种形而上学沉思》（*Six*

Metaphysical Meditations）。霍布斯在文章中证明了神是存在的，而人的思维与人的身体并不相同。“这个问题可以无限延伸下去，你怎么知道你知道，知道你知道的，知道你知道你知道的？”霍布斯据理力争：“那为什么……我们不能将思想与正在思考的事物区分开来？我认为，思考的个体应该是物质的，而不是非物质的。”[9]霍布斯的反对意见，到了后世又重新出现，被用来反驳“机器之间存在思维”的可能性。“推论将取决于言语，言语取决于想象，而想象力作为感官则依赖于实体部分的运动，所以思维只不过是运行在有机体部分上的动作。”[10]霍布斯的言论被视为“异端邪说”，他自己也自身难保，可他依然没有说服笛卡儿。

正如亚历山大·罗斯所说，霍布斯暗示着：“我们的自然理性就是上帝之道……在水中移动的，是风，而不是创造物种的圣灵。”[11]霍布斯掀起了一场剧变，回响了三百年之久。达尔文革命的种子，以及随之而来的所有争议，都是霍布斯种下的。1860年，塞缪尔·威尔伯福斯主教（Bishop Samuel Wilberforce）、托马斯·赫胥黎（Thomas Huxley）和查尔斯·达尔文（Charles Darwin）在牛津大学展开了一场争辩。而争辩的内容早就已经被约翰·布拉姆霍主教和托马斯·霍布斯辩论过了。布拉姆霍主教在1658年出版了一本名为《捉住“利维坦”，或者那头巨鲸》（*The Catching of the Leviathan, or the Great Whale*）的小册子，对霍布斯的作品进行了全面攻击：“根据霍布斯的理论，任何一个彻底的霍布斯理论鼓吹者，能不可能成为好的基督徒，或者伟大国家的人民，或者和自己和解的人，因为他所信仰的原则不仅会破坏所有的宗教，消解所有社会，也消灭王子与臣民、父母与子女、主人和仆人、丈夫和妻子之间的关系。最重要的是，霍布斯的著作中充满了让人费解的矛盾。”

面对这些攻击，霍布斯并不畏惧，他对当时的权威寸步不让。他因自己的不羁行为而闻名，甚至还提出了这样一个观点：“天主教教徒嘲笑清教徒，而清教徒也嘲笑天主教教徒；但是……聪明的人嘲笑这两种人。”[12] 查理二世流亡于巴黎时，只有十六岁，霍布斯是他的家庭教师。1660 年，查理二世恢复了君主制，他邀请霍布斯成为他手下的大臣。他还向霍布斯提供了一笔小额抚恤金，并设法保护他不受敌人迫害。在查理二世的眼里，霍布斯是“一只熊，而教会则带着他们的狗一起玩耍，以锻炼狗的狩猎技巧”。[13] 霍布斯去世以后，羞辱他的行动变得更加肆无忌惮，比如 1699 年的匿名文章《生者和死者的对话》（“*Dialogues of the Living and the Dead*”）就把霍布斯讽刺为“一堆偶然混合在一起的原子”。霍布斯早已准备好进行旷日持久的战斗，他对对手发动了猛烈攻击，他将自己的思想浓缩成了 1662 年出版的《对于名誉、忠诚、礼仪及宗教的思考》（*Considerations upon the Reputation, Loyalty, Manners, & Religion of Thomas Hobbes of Malmsbury, Written by Himself, by Way of Letter to a Learned Person*）。在这本书里，他以书信的形式论述自己的观点，他问道：“请告诉我，无本质或者无形体的实体有什么性质？你能在《圣经》里能找到它吗？这个概念是从哪儿来的？难道不是柏拉图或者亚里士多德吗？他们可都是异教徒！他们把梦中在大脑里出现的人，误认为是所谓的无形体的人。但他们也认为这些无形体的人能够活动。而能够活动不是只有有形体的物体才拥有的特征吗？如果你是这些无形体的人之一，这对上帝而言是一种荣耀吗？”[14]

霍布斯既不倡导古人的泛神论，也不主张无神论（但他却因为无神论而成为教会的眼中钉）。他相信生命和思维是物质被适当组织后的自然结果。上帝是有形体的存在物，也许是无限高级的精神秩序，但仍然是由物质实体组成的，天谴只是暂时的状态。霍布斯的雄辩之才重创了他的批评者，而自己却全身而退。他被认定为异端，他的身体将永远受到地狱之火的焚烧。然而，霍布斯并不在乎。1669 年，他写信给科西莫·德·美第奇（Cosimo di de'；Medici）："在现实生活中，敌人比朋友更有用，写书时也是一样。"[15] 在教会的严厉禁止下,《利维坦》依然流传甚广，被偷偷摸摸地再版了好几次。塞缪尔·皮普斯（Samuel Pepys）就在日记中写道："到我的书店老板那儿找霍布斯的《利维坦》，现在这本书非常抢手……过去卖 8 先令，现在我要付 24 先令才能买到，而且还只能买到二手书。然而哪怕这本书卖到了 30 先令，主教们也不会允许它重印的。"[16]

霍布斯从始至终都是一个和平主义者，他认为造成这一倾向的原因在于早产——1588 年，西班牙舰队来袭，英国处于焦虑的气氛中，因此母亲早产，霍布斯也就提前来到了人世间。他一丝不苟地酝酿着新观念，以精密的文字将它表达出来。同时代的约翰·奥布里（John Aubrey）写道："他走了很长的路，一直都在沉思……他的手杖上专门配有一支笔和墨水盒，他的口袋里永远有一本笔记本，一旦某个概念突然出现在脑海里，他就会当场记录在笔记本上，不然，他很快就忘记了。"[17] 他喜欢打网球，并把这个爱好保留到了 75 岁（"他相信这会让他多活两三年"）。霍布斯到了晚年依然笔耕不辍，他一直写到了 91 岁。奥布里说："易受惊吓的胆小性格，或是晚年时生活之火的衰减，都没有冻结他思维的热情和活力，直到生命的最后一刻，他仍在思考。”[18] 对霍布斯进行了最严厉批判的人，也是第一个给霍布斯的智慧以尊重的人。史蒂文·谢平（Steven Shapin）和西蒙·谢弗（Simon Schaffer）仔细地研究了霍布斯和罗伯特·博伊尔之间的辩论，并得出结论：“霍布斯是正确的。”[19] 霍布斯对人类社会的愿景从未消失，它正逐渐发生转变。

两个世纪之后，法国电动力学家安德烈·马里·安培（André-Marie Ampère）试图在《论科学哲学，或人类知识自然分类的分析阐述》（*The Philosophy of Science, or Analytic Exposition of a Natural Classification of Human Knowledge*）中对人类知识的所有分支进行归类。[20] 在霍布斯首先探索的政治科学领域，安培创造了一个影响深远的词：控制论。这个词源自希腊语，意思是驾驶船只。安培的控制论体系涉及指导各种组织进程的基本过程。这与权力理论互补，但也有所不同。安培死后，其儿子于1843年出版了论文的第二部分。安培在这一部分中解释了他是怎样意识到这一“知识领域”的：“我将其命名为Cybernétique，而这个词来源于κυβερνετική。它最初的意思就是驾驶船只，后来泛指‘驾驶的学问’……希腊人也开始这样使用这个词。”[21]

安培是最早构想出电磁电报的人，他还是博弈理论和电动力学的先驱，“预言”了由诺伯特·维纳（Norbert Wiener）完善的控制论。一个世纪之后，维纳以现代电子学的形式重现了安培的术语和霍布斯的哲学。“虽然控制论一词的诞生日期不会早于1947年的夏天，”维纳在1948年写道，“但我们会发现，它适合于这个领域早期的发展阶段。”[22] 维纳曾经参与过研究雷达指引的地对空火炮控制系统，这标志着电子机器的基本观念开始形成。一直要等到《控制论》（*Cybernetics*）出版之后，维纳才意识到他竟然和安培选择了同样的以希腊词根为基础的新词，来为自己的学说命名。为了致敬安培，今天我们以他的名字为单位来测量通过线圈的电流流量。1820 年，通过展示电流能够传递电力并传达信息，安培已经为维纳的反馈、适应和控制理论奠定了基础。

我们生活在一个逻辑拥有具体表现形式的时代，其开端可以追溯到托马斯·霍布斯。毫无疑问，我们最终会见证新的利维坦的诞生，这是命中注定。霍布斯证明了逻辑和数字计算有着共同的基础，也就是说，它们与心灵是相通的。1656 年，霍布斯宣布说："每一个推论都可以被计算。"他又说："推理，也就是计算……要么收集许多东西加在一起得到总和，要么知道把一个东西从另外一个东西中拿走时，剩下会是什么。推理，因此也就等同于加法或减法。如果再加上乘法和除法，我也不会反对这个观点，因为乘法只不过是相等的数的加法，而除法则无非是相等的数的减法。因此，理性思考就是心灵的两种'运算方式'——加与减。"[23]

这个声明导致了一场争论，而这个争论直到 340 年之后也没有得出结果：如果推理可以简化为算术，如果这一过程可以通过机械装置来执行，那么机械装置是否具有推理的能力？机器可以思考吗？或者正如马文·明斯基（Marvin Minsky）所说："为什么人们认为电脑不能思考？"[24] 霍布斯——人工智能的元老——的思路后来被年轻的德国律师和数学家戈特弗里德·威廉·冯·莱布尼茨（Gottfried Wilhelm von Leibniz）所继承。莱布尼茨是尝试构建符号逻辑系统的第一人，他同时也提出了制造二进制计算机器的想法。可惜的是，他最终还是没有碰到在形式化的机械系统中捕捉智慧的圣杯。

真的是这样吗？莱布尼茨提出的“二进制算法”和“逻辑演算”，以及霍布斯所谓的“理性就是数学函数”的模糊概念，现在正由指甲大小的机器每秒运行数百万次。我们将形式化的逻辑嵌入到这些设备中，并通过所有可行的数字通信方式——从光纤到循环软盘——构建一个运算结果的集合体。哲学家和数学家在解构思维方面取得的进展十分有限，但通过加法和减法等基本元素自下而上构建出的智慧实验却一直在飞速发展。实验得出的结果与利维坦式的“分散型智慧”非常相似，而与发展了50年的局部化人工智能技术相去较远。

智慧是一种形式（或者数学上可定义的）系统吗？生命是一种递归（或者可计算的）函数吗？如果将离散状态的微处理器增加数十亿个，再反过来问这些问题，你又会得到什么样的答案？（形式系统是否具有智慧？递归函数是否具有生命？）生命与智能已经学会了在不同的尺度上“运行”——比我们大的、小的、慢的、快的。与此同时，生物学理论和生物技术都在向着基于信息交换的集合与分层过程发展。信息扩散得越广，它的表现形式（编码）就越有效率，也越有意义。在这一过程中，最有效率或最有意义的表现形式将会脱颖而出，构建特定的语言层级体系。其引出的编码意义也会超越系统的各个组成部分的理解水平——不论这一部分是基因、昆虫、微处理器，还是人类思维。

二进制算法是各类交换机都能理解的共同语言。微型交换机的巨大网络（全球集成电路的总和），只需十亿分之一秒的时间就可以在开关之间切换。它们现在（1995 年）的生产速度超过了每天 1 亿台。[25]1994 年，全球生产出的硅片的总面积约为 25 亿平方英寸（约 1612900 平方米）。这一数字预计将在 2000 年达到原来的两倍——这足以制造出 300 亿台奔腾处理器（每台处理器都装有 330 万个晶体管）。[26] 单个英特尔奔腾处理器的生产成本已经低于 40 美元。而嵌入 350000 个 486SXL 晶体管的微处理器的制造成本也低于 8 美元——它们的售价为 15 美元，销量居高不下。[27] 微控制器（有特定功能的专用微处理器）的生产速度在 1996 年就达到了每天 800 多万台。[28]1995 年，每天有超过 20 万个非嵌入式 32 位微处理器被生产出来，个人电脑的全球销售量突破了 7000 万台。在这样的高速发展过程中，微处理器和微控制器之间的区别越来越模糊。嵌入式设备大举进入计算领域，而计算机也摆脱了桌面的束缚，更加深刻地影响整个人类社会。

这种数字技术的新陈代谢跨越了距离（借助通信技术），也跨越了时间（借助大脑记忆）。1996 年，所有动态随机存取存储器（DRAM）每年产生的信息量已经超过 2.5×10^{22} 比特，而 16 万亿位内存电路的制造成本也早就下降到了 10 美元以下。[29] 这一年，硬盘驱动器的销售量超过了 1 亿台，每个硬盘的信息容量都在 500 万亿字节之上。时至今日，电子连接器市场每年的成交量达到了 200 亿美元，长距离数据传输的次数也已经超过了语音传输（长途电话）。在现有的电信标准下，一对光纤可以容纳 64000 个语音等效的信息传输频道。

1970 年 8 月，物理学家唐纳德·凯克（Donald Keck）对 200 米低损耗光纤的传输质量进行了测试。试验过后，他在笔记本中兴奋地写下“我发现了！”。他估计，到了1996年年底，全球铺设好的光纤长度将超过1亿千米。[30] 美国在1996年这一年里就铺设了800万千米的电信光纤，其中大部分是“暗光纤”。[31] 要等到电信网络在全球范围内发展起来，这类光纤才能发挥作用。美国电报电话公司（AT&T）的亚历克斯·曼德勒（Alex Mandl）骄傲地表示：“AT&T网络是世界上最大的计算机，它甚至是整个宇宙里最大的‘分散型智慧’。”或许在曼德勒的平行宇宙里，外星社会的电信行业已经被“打散”成一个又一个的小公司。[32]

生命和智慧从不太活跃的组件中“突现”出来，这一过程至少已经出现过一次。“突现行为”就是我们拆解并仔细分析系统之后，仍然无法成功预测的行为。对整个系统的单一层面进行分析，无法帮助我们预测“突现行为”。只有将系统当成一个整体，我们才有办法理解“突现行为”。我们或许会将突现解释为某种幻想，但这并不意味着突现并不存在。根据定义，突现行为指的就是“那些不能被解释的部分”。

计算机架构师丹尼尔·希利斯（Daniel Hills）指出：“突现现象让人们相信物理因果关系，也让人们相信思想无法被简化解释。”希利斯认为架构和编程已经走到了尽头，智能的下一发展阶段是自我演化。“在那些害怕用机械语言对人类思维进行解释的人眼里，我们对突现行为的无知恰好就是一层安全的迷雾。人类的灵魂就藏在迷雾中。”[33] 虽然计算机和计算机程序已经成为开发人工智能的必备元素，但是只有在较大的网络（或整个网络）中，我们才能够真正地诱发“利维坦”或者人工思维突现。

六十年前，英语逻辑学家艾伦·图灵（Alan Turing）通过一台想象中的离散状态自动机，构建出一个关于“可以计算的数”的理论。他利用无限长的纸带读取和写入本质上毫无意义的符号。在图灵的世界中，只有两个对象存在：图灵机和纸带。图灵的思想实验与莱布尼茨所构想的如数学一般的基本（普遍）语言，已经非常接近了。第二次世界大战爆发后，统计分析和可计算函数的破解成为生死攸关的问题。理论一夜之间就变成了硬件。图灵和他的战时同事在布莱切利庄园里，为盟军做情报工作。他们以每小时 30 英里（约每小时 48.2 千米）的速度强制运行着难以控制的穿孔纸带。纸带被连接到原始计算机的逻辑线路上，而这一计算机被命名为“巨人”。实验室里一共配置了 1500 个真空管。它们同时进行布尔运算，每秒循环 5000 个状态，尝试在加密代码串中识别有意义的模式。战争已经趋近尾声，在十台“巨人”的引领下，电子计算机的时代悄然来临。

在这之后出现的“电脑”可以被看作是图灵机的某种“变形”。我们生活在一个被“可计算实数”控制的时代。从袖珍计算器到刻录在光盘上的莫扎特音乐，再到价值 89.95 美元的包含了 1100 万行代码的操作系统，“计算”无处不在。我们居住在遍布数十亿“图灵机”的计算迷宫中，这些机器每时每刻都经历着数百万种内部状态的转换。它们之间没有统合协调的机制，每一台机器都在没有边界又无限缠绕的卡带上，不停地读取和写入纯概念性的字符串。

对于电脑网络的发展，我们的注意力都集中在：计算机网络是人类沟通的媒介。但那只是表象，更值得我们注意的是：机器之间的沟通也在快速发展。人类努力使计算机网络成为更容易操作的系统，这同时也让人类自身变得更容易被网络技术操控。共生是建立在积极反馈之上的。长距离通信技术是如此便利，以至于我们渴望和机器一起分享世界。

毕竟，我们都是社会生物，出于天性，我们组成了“社会单位”。别忘了，我们自身也是由个别细胞构成的庞大“社会”。即使是在晚年对未来越来越悲观的赫伯特·乔治·威尔斯（Herbert George Wells），也依然憧憬着知识成为全球共享资源之后的世界。威尔斯在 1938 年的著作《世界大脑》（*World Brain*）中写道：“人类的知识与观念，经过统一组织与梳理后……也就是我们所谓的世界大脑……世界大脑将会取代我们毫无组织的神经节……我认为，只有在世界大脑诞生之后，整个社会才会出现一个真正有能力的‘管理者’来处理世界事务……我们不需要独裁者，不需要寡头政党或者统治阶级，我们需要的是一个能够意识到自身的世界智慧。”[34] 被开发出来的数字模型越来越多，“自我建模”的难题也变得更加棘手。这就是意识的进化。

威尔斯认为记忆不是智慧的附件，而是形成智慧的物质。“也许在不远的将来，每个人都能轻松地访问人类的全部记忆……这个全能的‘人类大脑’……不会固定于某一个地点，也不会像人类的心脏一样脆弱。它可以在任何安全的地方（比如秘鲁、中国、冰岛、中非等）被精确而完整地复制……它既拥有脊椎动物那样集中的中枢神经系统，也同时像变形虫一样灵活多变。”[35] 从技术上讲，霍布斯的“利维坦”是分散的，不可操作的；今天的信息处理系统是分散的，高度机械化的。而威尔斯的写作视角正好处于两者之间。威尔斯表示，也许这个“世界大脑”能够从根植于人性的集体式愚蠢中学到教训。威尔斯是对的吗？让我们一起祷告吧。

我们构建网络，然后将网络连接起来，构建更大的网络——网络中会出现“突现的智慧”吗？它对人类有利吗？不是所有人都这么乐观。我们凭借直觉将智能和计算复杂性进行联系，但是，这并不能成为理解计算机网络规模发展的方法。1974 年，菲利普·莫里森对人工智能的前景进行了警告：“正因为复杂性是这一类组合的‘指数函数’，所以计算机和变形虫或任何其他简单的生物体之间的区别非常巨大……计算机专家还有漫长的路要走。如果努力地工作，那么他们可能制造出接近人类的机器。但‘一个人’无法代表全体人类，人类包括 100 亿个人，这完全是另一回事。当他们说他们已经制造出了 100 亿台这样的电脑时，你才应该对人类的命运表示担心。”[36]

虽然这 100 亿台电脑还在构想之中，但“先头部队”已经整装待发了。它们大多数都专注于自己的业务，执行着无害的程序。它们的任务只有重新计算电子表格、安排会议或者校正点火时间。当然，其中一些机器的表现亮眼，特别是个人电脑——它们是与人类自身的记忆、直觉和决策能力有关的微处理器。突然间，随着计算机和电信行业（以及引领了这一切的银行业）开始互相融合，一切事物都与其他事物产生了联系。

在电路交换的通信网络中，电路转换器控制着从 A 地到 B 地的信息流。如果数以百万计的计算机同时要求随机接触它们的集体地址空间，那么这一棘手的“数学组合”将会导致通信网络的瘫痪。所有的转换器都无法解决这个问题。但是，我们可以通过分组交换数据小包进行通信——处理器的数量越多，集体计算的尺度也就越长。幸亏有了“热土豆”路由算法，个人信息（形成智能的原材料）才能被分解成更小的部分——它只知道要去向哪里，但并不知道如何到达那里。这些信息到达目的地后会自发地重新组合。这时候，运行在所有处理器上的一致协议，会立刻维持所有元素之间的稳定连接。由信息和计算资源衍生出的自由市场决定了哪些连接线路将得到加强，哪些会萎缩或者直接死亡。从现有的技术来看，如今的计算场域已经被虚拟电路完全渗透了，它培育出了一种类似神经元树突的机遇式结构——这更像是自然设计，而非人工产物。规则很简单，结果却很复杂。这究竟是“突现的智慧”，还是像竹子向着光亮生长那般的“智能”？

和我们大脑的初始连接线一样，网络架构的出现完全也是随机的。然而，随机性不可能无缘无故地产生。1958 年，“巨人”计算机的创造者之一，欧文·古德（Irving Good）在 IBM（国际商业机器公司）主办的一场研讨会上表示：“主张建造一台具有初始随机性的机器的人会这么论证：如果这台机器足够大，那么随机过程的结果将包含我们日后会用到的所有网络。”[37] 对人类大脑和电信系统的进化而言，这似乎是一个很好的建议。

每隔几年就会有人预测电脑掌握了人类的思维，可这一现象从未发生。差异性为“共生关系”的产生提供了基础。共生意味着不同物种间的合作。宿主与寄生虫之间的竞争，往往会演化成利益共享的共存，这就是共生。共生还能形成全新的以及不太可区分的联合体，比如地衣或真核细胞。林恩·马古利斯（Lynn Margulis）就曾经说过：“生命通过构建网络的方式占领了地球，战斗在这一过程中的作用微乎其微。”她描述的是生命在地球上第一次出现的过程——生命是在原始的化学信息交换中诞生的。[38] 生命至少已经“出现”过一次，它一直都在探索其他的“出路”，此前没有出现过的人与微处理器之间的合作也成为一种可能——合作的困难之处不在于我们的技术能力，而在于我们对其突发性和发展规模的控制。

简单分子经过了重重困难，才最终变成结构复杂的复杂分子。而这一聚集同时产生了分子生态系统，活体细胞便诞生于此——这简直是个不可能的过程，可生命就这样出现了。简单细胞结合成简单的生物体，随后分化成多种多样的生命形式。在单个行为的基础之上，社会昆虫演化出了非常成功的集体生物。这正是霍布斯提出的有关利维坦的观点——我们自身复杂的自我组成了持久的集体生物。而现在，在电子和生物学的结合中，我们开始组建一个由个人智慧组成的复杂的集合体。对这一集合体进行管理的将会是“光速”（电子的速度），而非“国会”。

这是自然的终点吗？绝对不是！科学哲学家约翰·德蒙·伯纳尔（J. D. Bernal）表示：“从时间上说，我们现在距离宇宙的诞生点仍然不远，还不能确定它到底什么时候消亡。”[39] 因此，我们也无法确定自然和科学的结局。霍布斯的“利维坦”引发了大众对国王神圣权力的辩论，它标志着人类控制自然的幻想的终结。微处理器和分布式通信网络的发展，与生命之源、人类智慧的源头，或者基于自我复制的代码字符串而产生的生物技术向共同语言发展的趋势一样，都十分神秘。接下来会发生什么呢？洛伦·艾斯利（Loren Eiseley）在 1953 年提出了一个观点：“大自然好像拥有所有的可能性，任何一个‘不太可能存在’的世界都有存在的可能性。”[40]

在所有“不太可能存在”的世界中，有一个世界被我们称作“家”。托马斯·霍布斯在《利维坦》的最后一段中写道：“在这种希望之下，我又将重拾有关自然躯体的假说。如果上帝赐予我以健康，我希望其中的新颖之论使人感到喜悦的程度不下于这部有关人造躯体的学说经常冒犯人的程度。因为这种真理既不违反人们的利益，又不违反人们的兴趣，人人都会欢迎。”[41]

在大自然对复杂性的无限的深情中，她已经开始声称我们的创作来源于她自己。

第二章　机器中的达尔文主义

植物王国慢慢地从矿物王国中发展而来，动物也通过类似的方式“打败”了植物。在过去的几个时代里，一个完全崭新的王国已经初现雏形……迟早有一天，这会被视为远古的技术原型……就像最低等级的脊椎动物拥有巨大的躯体，而它们的后代（今天还活着的），身体构造变得复杂了，体型却变小了。同样地，在机器的演变过程中，它们的尺寸也逐渐缩小……我们似乎正在创造自己的继任者……给予它们更大的力量，并通过各种巧妙的手段完善它们自我调节的行动能力，对它们来说，这些能力就等同于人类的智慧。

——塞缪尔·巴特勒（Samuel Butler）[1]

1895 年 9 月末，23 岁的塞缪尔·巴特勒在英格兰的港口登上了“罗曼皇帝号”。他将横跨地球，前往位于新西兰的克赖斯特彻奇领地。克赖斯特彻奇领地建立仅有九年，其建立者为英格兰清教徒教会——这些教徒有权在领地的“中部荒原”进行开垦。巴特勒的父亲是托马斯·巴特勒（诺丁汉郡的教区牧师），祖父是塞缪尔·巴特勒博士（什鲁斯伯里的校长、利奇菲尔德的主教）。为了追求独立，与父亲关系疏远的塞缪尔·巴特勒在新西兰的群山里成为一名牧羊人。巴特勒虽然放弃了父亲期望他接手的职位（牧师或者教授），然而他并没有放弃从家庭资产中拿来的4400英镑。这笔钱和剑桥的古典文学学位成为这位年轻移民的主要资源，而他也恰当地利用了这两个资源。

“当你发现三个月就能横跨半个地球时，你会觉得世界实在很小。”巴特勒在他出海的旅程中这样写道。[2] 巴特勒在基督城附近的利特尔顿港上岸，他购买了一匹非常有经验的老马，名叫“博士”，“非常好的一匹涉河马，非常壮实”。他们一人一马，在屯垦区附近四处勘探。巴特勒最后决定在朗伊塔塔河上游的分流处圈一块放牧地，取名为“美索不达米亚”。他搭起了一个小棚子，养起了几千只羊，一直愉快地生活着。1864年，他将8000英亩（约32.37平方千米）的土地一并卖出，赚了一大笔钱。巴特勒一路上的冒险都非常顺利。他从其他牧羊人身上感受到了志趣相投的情谊，也对孤独的滋味别有体会。1863年，他出版了一本名为《克赖斯特彻奇领地第一年》（*First Year in Canterbury Settlement*）的书。在这本书里，巴特勒就像一位任教于剑桥大学的教授，不断巡视同事的宿舍。巴特勒专门记录下自己寻找“无主领地”的过程：“我继续往前走了几千米，最终找到一个牧羊人小屋。在那儿，我是一个陌生人，没有人认识我，他们都以为我是毛利人。但他们还是非常友好地接待了我。我度过了一个非常愉快的夜晚。”[3]1860年3月，他与一位拓荒者外出游玩，“深入穷山恶水”。“最令人兴奋的是，我们发现了一条冰河。下山前，我们在山上放了一把火，升起的浓烟在五六十英里（约八九十千米）之外都可以看见。那熊熊火焰是在从未经历过大火的荒野上燃烧起来的，我从未见过如此宏伟的景象。”[4]

新西兰在巴特勒心里留下了深刻的印记，巴特勒也给新西兰带来了巨大的影响。巴特勒的第一部小说《埃瑞璜》（*Erehwon*）就是以新西兰为原型——“埃瑞璜”位于地球遥远的另一端，它的景色与新西兰十分相似。《埃瑞璜》是一部讽刺小说：偏僻的山谷里有一个与世隔绝的部落，那里的居民将时钟拨了回去，从而让时光停留在智能机器发展的前夕。1872 年，这部小说以“无名氏”的名义出版，立刻引起了大众的注意。“评论家以为这本小说是个大人物写的，如果他们不手下留情，那么很可能会遭到报复；如果多写一点赞美，那么大家都会感到开心。”[5] 巴特勒于 1887 年这样写道：“不幸的是，在公开了《埃瑞璜》的作者是我之后，这本书的销量立刻一落千丈。”[6] 正如巴特勒的朋友兼传记作者亨利·费斯廷·琼斯（Henry F. Jones）所说：“《图书室月刊》（*Athenaeum*）宣布《埃瑞璜》的作者是一个无名之辈，结果《埃瑞璜》的销量下跌了 90%。”[7]

不过，《埃瑞璜》还是为巴特勒赢得了作家的头衔，也提供了他文学生涯中唯一一次精确的盈利数据：根据 1899 年的账户记录，《埃瑞璜》一共销售了 3842 本，净收入 69 镑 3 先令 10 便士。[8] 据亨利·费斯廷·琼斯所说，巴特勒的父亲“认为这类文学上的成就无法与绘画方面的成就相比”[9]，他不但拒绝阅读《埃瑞璜》，而且声称这本书的出现会直接导致巴特勒母亲的死亡。然而，埃瑞璜人的世界和他们建立远离机械的避难所的徒劳尝试，将会成为新西兰经久不衰的标志，就像那个贴上了“美索不达米亚”标签的山谷一样。

巴特勒拥有一种能力，这种能力让他找到了自己在这世间所需要的。除此之外，他还有能力按照自己的意愿创造出生命的点缀。他享受艺术，所以他开始接触绘画——他的画功足以在皇家艺术学院举办展览。他喜爱亨德尔的音乐，于是便开始尝试谱曲和填词。他和亨利·费斯廷·琼斯共同创作了亨德尔式的音乐剧《纳西瑟斯》(*Narcissus*)，以及一张风格前卫的唱片（曲风包括了加伏特舞曲、小步舞曲和赋格曲）。他在新西兰的丛林中，写下了不朽的传奇。“我永远忘不了这个又小又黑的男人，他有一双能够洞穿一切的眼睛，”约书亚·威廉姆斯爵士（Sir Joshua Williams）回忆道，“他在荒僻的山上弄了个牧场，用牛车运了一架钢琴上去。他在寂寞的夜里孤独地弹着巴赫的赋格曲。可是，一旦他走出孤寂，下山来到城里，他就变成了最迷人的伙伴。”[10] 在美索不达米亚生活的第二年，巴特勒雇用了罗伯特·布斯（Robert Booth）来帮助他工作。根据罗伯特的回忆，巴特勒是“一位文人，他温暖舒适的客厅里堆满了书，还有一把椅子和一架钢琴”。“库克和我一起围坐在明亮的炉火边，抽烟、读书或者听巴特勒弹钢琴。我在穷乡僻壤生活了这么久，这是我最优雅的时刻。”[11]

《埃瑞璜》以及巴特勒后来写的书，全都由他自费出版。他的非虚构作品并不成功，其中几本的销量稍微好一些。奠定巴特勒名声的作品，是他于 1903 年出版的反维多利亚时代的自传体小说《众生之路》(*The Way of All Flesh*)。巴特勒担心《众生之路》的出版会冒犯其众多亲戚，因此决定不公开出版此书。但他并没有放过其他人。巴特勒骄傲地承认：“不论是什么议题，除非我认为某些权威已经错得无可救药，否则我绝不会多嘴说些什么。”[12] 他和查尔斯·达尔文曾经发生过一次著名的激烈争论，而促成这次突如其来的争论的缘由就是达尔文未能给予之前的进化论者以恰当的“致敬”，如乔治·布丰（Georges Buffon）、让–巴蒂斯特·拉马克（Jean-baptisete Lamarck）、帕特里克·马修（Patrick Matthew）、罗伯特·钱伯斯（Robert Chambers）和伊拉斯莫斯·达尔文（Erasmus Darwin）。伊拉斯莫斯·达尔文是达尔文的祖父，他启发了达尔文的进化论思想。巴特勒对达尔文并不完备的“版权声明”的批评，逐渐演变成对“达尔文主义”本身的持续攻击。

巴特勒与达尔文争论了二十年，他写下的文字，被出版社编成了四卷长书。达尔文听从了托马斯·赫胥黎的建议，不去理会巴特勒的攻击。不过，巴特勒特意指出，在《物种起源》（*On the Origin of Species*）的第一版中，有36处提到了“我的理论”，而这些文字都在后续的版本中被删除了。巴特勒公开攻击一位当代的知识分子英雄，他当然要付出代价。1880年，赫胥黎给达尔文写了一封信，他在信中写道：“是不是米瓦特咬了巴特勒，因此巴特勒也患上了恐惧达尔文之症状？……这种病太讨厌了，要是哪个白痴得了这种病还到处疯跑（赫胥黎删掉了一个攻击性词，改成了一幅小插图），我一定毫不留情地杀了他。”[13] 达尔文和赫胥黎为了应对来自宗教批判者的阻力，不得不动用各种力量，而这些力量同时也被用来对付巴特勒——巴特勒承受的压力更大，因为他并没有来自“组织”的支持。

在起初的随机事件中，如果没有外在选择（或者自然选择）的影响，那么非随机事件怎么可能会出现呢？由于缺乏相关知识，巴特勒对进化的解释看起来就像在复活传统的“目的论”。他攻击达尔文的理论（巴特勒被冠以的“新达尔文主义”的名号，与时下的“新达尔文主义”还是有所不同），但却没有撤退到神学的避难所里，反而自由自在地超越了时代。“巴特勒的天赋气质，与（达尔文理论暗含的）‘缺乏智慧指导的宇宙’图像，完全不合。”[14] 琼斯解释说。智慧的演化和演化的智慧表现共同的原则，那就是：生命既是起因，也是结果。巴特勒在1887年出版的《幸运？还是狡猾？》（Luck, or Cunning）一书中写道：“就这样，生命自己设计了自己，这是个非常缓慢的过程，可是有效。”[15] 巴特勒理论的基础是“物种层次的智慧”。然而，“既复杂又有组织能力的系统”到底是什么？巴特勒一直没有给出答案。与查尔斯·达尔文相比，他的观点更偏向于伊拉斯莫斯·达尔文。

“温血动物的结构非常相似，它们从出现前到出现后的巨大（演化）变化也非常相似；而那些动物的（演化）变化是在很短的时间内完成的，”达尔文写道，“那么，自地球形成以来，已经过了很长一段时间。我们是否可以大胆地想象，在人类出现之前的几百万年里，所有的温血动物都是从同一种生物演化而来。这一生物，被伟大的第一原理赋予了动物性、演化出新器官的能力以及新的习性——这些习性被刺激、感觉、意志和思想所引导。正因如此，这一生物拥有了继续改进自己内在活动的能力。它通过生殖活动将这些改进一代又一代地传递给后代子孙，永远没有尽头。”[16] 这可不是查尔斯·达尔文在1859年的《物种起源》中写下的，这段话出自伊拉斯莫斯·达尔文于1794年出版的《生物法则》（*Zoonomia*）一书。《生物法则》应该算是一本医学百科全书，它列举出了大量的疾病和治疗方法，但它同时也暴露了18世纪医学的缺陷——当时的医生对大多数疾病都束手无策。除此之外，伊拉斯莫斯·达尔文在《生物法则》中“尝试构建某种基于自然的理论。他将分散的医学知识整合起来，形成了一套系统的生命理论”。[17]

“伟大的造物主永无止境地将他手中的创造物分化下去，但是，他同时也在自然的特征上留下一些相似之处，从而向我们展示，整个自然是来源于同一个家长的大家庭。”伊拉斯莫斯·达尔文在序言中写道：“我们可否推测，所有物种的起源都是同一种生物？”[18]在《生物法则》的第三版中，他进一步解释：“我假定，身体的各个器官都会制造或分泌出微小的纤维或粒子，它们拥有发育的活力，它们漂浮在血液中……在循环系统中漂流的纤维或粒子，会被性腺收集起来；生殖细胞结合后，这些纤维或粒子就会在母体中混合；胚胎形成时，有些器官像父亲，因为形成该器官的纤维或粒子大多数来自父亲，反之亦然。”[19]

伊拉斯莫斯·达尔文（一共抚养了14位子女）非常强调性别遗传多样性的重要性。他注意到：“如果植物只能出芽生殖（无性繁殖），无法有性繁殖，那么今天的植物种类就只剩下现在的千分之一。”[20]在想象对遗传特征的影响方面，他提出了一些“奇怪”的观点，甚至还给出了临床建议：“射精的时候，父亲的想象也许会对胎儿的性别产生影响……但是在公众面前，我无法进行具体解释，因为这有伤风化。”[21]因此，他以植物的“性生活”为重心，下笔非常小心。他提醒读者：花朵的“旺盛精力”也延伸到了温血动物界。鸟类是最明显的一个例子：“引起这场雄性比赛的终极原因似乎是，最强大和最活跃的个体会履行‘繁衍后代’这一责任。整个物种也因此朝着更好的方向演化。”[22]

伊拉斯莫斯·达尔文最早提出了自然选择和演化的基本原则，以及其他核心观念。他在1803年出版的《自然的圣殿》（*The Temple of Nature; or, the Origin of Society*）中写道："伟大的地球，以及地球上的生物，看起来都在不断地变化与演进。"[23]他的演化时间表，比他孙子查尔斯·达尔文的演化时间表更符合现实，他谨慎地强调：研究演化，并不是削弱上帝的力量，而是赞美他的创作。"这个世界可能是发育形成的，而不是被创造出来的；也就是说，它从十分微小的初始开端逐渐演变成为今天的模样。不断改变这个世界的，是它的'内部原理'。并不是上帝一声令下，世界就整个突然出现了，"他在1794年写道，"'伟大建筑师'的无限力量，这个想法多么伟大！原因的原因！父母的父母！存在的存在（上帝）！如果我们能够比较无限，我们会发现所有结果的所有原因，都是由一个终极原因促成的，而终极原因的力量，无限的程度，比起直接促成各种结果的原因，要大得多。"[24]

尽管伊拉斯莫斯的"达尔文主义"在当时被广泛赞誉，但它最终还是被查尔斯·达尔文和塞缪尔·巴特勒之间的持续争论所掩盖。许多人将伊拉斯莫斯·达尔文的工作与他的追随者拉马克的工作错误地画上了等号。拉马克，作为受人尊敬的法国自然学家和布丰的门徒，他为自然科学领域做出了巨大的贡献。他将动物界划分为脊椎动物和无脊椎动物，并且首次使用了"生物学"这个名词，生命研究的各个领域因此而统一。然而，他最有名的事例，却是他对获得性特征遗传的错误理解——长颈鹿通过伸长脖子而变得更高。拉马克主义反映了当时的普遍观点，就连查尔斯·达尔文也表示支持。达尔文于1868年提出一套遗传理论，对后天性状的遗传机制进行了详细阐述。伊拉斯莫斯的观点在某些方面不太符合拉马克主义，它更接近现代的进化论。可惜的是，伊拉斯莫斯并没有将他的论证整理成一套系统的理论。他将观察的结果放在诗歌的脚注中（诗歌晦涩难懂，脚注又臭又长），或者《生物法则》这本书中。而第三版的《生物法则》竟然被扩充到1400页，成为名副其实的“巨著”。60年后，查尔斯·达尔文将被宣布为先知，但正如巴特勒在《进化论，旧与新》（*Evolution, Old and New*）中所说的，达尔文是继承了，而不是发明了进化论。

在伯明翰以北15英里（约24千米）的利奇菲尔德，一位优秀的外科医生，伊拉斯莫斯·达尔文成了那个时代最重要的医生之一。他拒绝了国王乔治三世的邀请，每天坚持在小镇上行医，乐善好施，所有的社会阶层他都不嫌弃，有路的地方就可以看见他出诊的身影。他反对奴隶制，主张对精神病人进行人道治疗。他不喝酒，不信教，他拥抱科学和技术。他对知识的热情，超过他对女性和食物的欲望。不过他对女性与食物的兴趣都很明显，只是没有引起大众的关注。据说他给过病人这样一个建议：“吃，不然就会被吃掉！”他身体力行，结果餐桌要按照他的身材进行专门调整。当时有人报道：“达尔文医生在他的青年时期喜欢向酒神巴克斯和美神维纳斯奉献，但他很快就发现，如果继续奉献下去，一定会影响自己的身体健康。因此，他戒了酒，但他对美色的爱好却一直保持到生命的最后一刻。”[25]

伊拉斯莫斯·达尔文是引领英国工业革命的领袖人物，他发展了机器进化的理论，揭开了机器时代的序幕，就像引发了多细胞生物生命演化之旅（寒武纪大爆发）的那位寒武纪无名祖先。

正如查尔斯·达尔文的儿子弗朗西斯·达尔文所言："伊拉斯莫斯热爱各种机器，而我的父亲（查尔斯·达尔文）对此没有任何兴趣。"[26]17世纪60年代，伊拉斯莫斯·达尔文受来自伯明翰的来访者本杰明·富兰克林（Benjamin Franklin）启发，创立了伯明翰月光社——这是一个非正式的自然哲学家和实业家协会，他们决定在每个月满月的那天举行会议，以便月光照亮回家的路。马修·博尔顿（Matthew Boulton）、乔赛亚·韦奇伍德（Josiah Wedgewood）、詹姆斯·基尔（James Keir）、威廉·斯莫尔（William Small）和詹姆斯·瓦特（James Watt）是协会的最早一批会员。他们称自己为"月疯子"（据说有些人会在月圆之夜发狂）。英国的工业革命可以说就是由他们启动的。伯明翰月光社直接或间接地影响了我们如今使用的各种机械装置，而伊拉斯莫斯·达尔文是幕后推手。

除了18世纪的医疗实务之外，伊拉斯莫斯·达尔文的笔记还包括了各式机械草图，比如泵、蒸汽轮机、横轴风车、运河升降机、对讲机、内燃机、压缩空气动力扑翼机和氢氧火箭发动机，以及会自动冲洗的抽水马桶。

伊拉斯莫斯·达尔文在出诊的路上受尽颠簸（"我，被监禁在驿马车中，摇晃着，摇晃着，颠簸着，沿着国王公路，遍体瘀伤"）[27]，于是灵感爆发，想出了一些改良马车的好方法。有一次（1768年），他的实验马车不小心翻车，而他也成了瘸子，可他依然乐此不疲。他拥有一匹名叫"医生"的马（塞缪尔·巴特勒从他那得到的灵感？），同时，他预见了蒸汽机即将问世。有一阵子，他痴迷于受蒸汽驱动的"烈火战车"，他认为"医生"这匹马就要退休了。"昨天我骑马回家，"他写信给马修·博尔顿，"路上，我一直在想你的‘烈火战车’计划，这个美妙的主意，我越想越觉得可行。”

“这个方案让我欣喜若狂。”伊拉斯莫斯·达尔文继续写道，并向博尔顿提出了一个有关三轮动力车的构想——它由双气缸来驱动，后轮上还装有一个巧妙的差速装置。“我们只需要对蒸汽栓进行调整，就能提高输出的动力，又快又方便。如果实际运转符合理论预测，那么这台机器肯定会大获成功。”博尔顿是工业大规模生产（从皮带扣到蒸汽机）的先驱，可是当时的他已负债累累，无法顾及伊拉斯莫斯·达尔文的提议。然而，后人想出了同样的方案（正如“达尔文主义”一样），并且这个方案被成功地应用在火车和汽车上。几年后，瓦特着手改良蒸汽机，而伊拉斯莫斯·达尔文建议博尔顿与瓦特合作，最终揭开了工业革命的序幕。不久之后，“烈火战车”也问世了。伊拉斯莫斯·达尔文在信的末尾署了名，同时附上了一句预言：“我认为四个轮子会更好，再见。”[28]

科幻小说这一文体，也应该像汽车一样颁给伊拉斯莫斯·达尔文一枚“最佳原创想法”的奖章。诗人珀西·雪莱（Percy Shelley）的夫人玛丽·雪莱（Mary Shelley）于1818年发表了一部长篇小说《弗兰肯斯坦》（*Frankenstein*），这是现代科幻小说的开山之作。雪莱在这本书的序言里指出：“小说情节（通过科技来制造人类）的灵感来源于伊拉斯莫斯·达尔文医生，德国的生理学家也提出过类似的想法，他们认为这种技术不是不可能的。”[29]1831年，《弗兰肯斯坦》的第二版问世，玛丽·雪莱在新版的序言中承认了伊拉斯莫斯·达尔文的贡献，她表示：“我没有说达尔文医生做过那件事（通过科技来制造人类），也没有说达尔文医生说过他曾经做过那件事，然而，当年确实有传言说他做过，这已经足够让我写出这部小说了……也许有一天，我们真的能够制造出生物的各个零件，将它们组合在一起，最后赋予生命。”[30]

伊拉斯莫斯·达尔文的电疗法，通过玛丽·雪莱之笔而广为人知，现在看来，它仍然使人回想起弗兰肯斯坦的实验。“用两条大约 60 厘米长的粗铜线连接起电池的两级和病人的太阳穴。太阳穴必须用盐水润湿，”在 1800 年给德文郡公爵夫人的信中，伊拉斯莫斯·达尔文这样写道，“电击非常强烈，病人的眼睛会闪现光芒，他的两个太阳穴都会感觉到电流流入……我这里有一名病人，她是一位来自斯卡伯勒的女士，她每天都用这种方式治疗眩晕症，相当成功。”[31] 伊拉斯莫斯·达尔文还发现，电击可以治愈肝脏麻痹，恢复受伤四肢的移动能力。意大利科学家路易吉·伽尔伐尼（Luigi Galvani）做过实验，他证明了电流的能量可以使青蛙的腿部肌肉收缩，那么伊拉斯莫斯·达尔文的实验释放了电流的其他能量吗？1762 年 10 月 23 日，《伯明翰公报》（*Birmingham Gazette*）发出通知，邀请“爱好科学的人”访问达尔文医生的实验室：“本月 25 日（周一），有一名罪犯将在利奇菲尔德被处决，尸体会被送往达尔文医生的家里。达尔文医生将于周二下午四点开始教授解剖课程，每天开课，直到尸体腐烂。”[32]

“达尔文医生也许是欧洲最有学问的人。”塞缪尔·柯勒律治（Samuel Coleridge）在给友人的信中这样说道。塞缪尔·柯勒律治在英文中创造了“达尔文主义”一词，并用它来指代“演化理论”——无论是这个词语，还是其他的“达尔文主义”，伊拉斯莫斯·达尔文始终领先查尔斯·达尔文一步。[33]“达尔文进化论其实是门‘家学’，”德斯蒙德·金·赫尔（Desm ond King-Hele）总结道，“祖孙二人的思想一脉相承，贡献相等。只可惜世人对此并不了解。”[34] 查尔斯·达尔文在《物种起源》的初版中，对祖父的工作只字未提。这是有意还是无意？学者各有解答。查尔斯·达尔文向赫胥黎解释说：“过去的错误思想并不重要。”[35]1861 年，《物种起源》出了第三版。查尔斯·达尔文在其中增加了一章“简短但不完整”的“演化思想简史”。他还专门在脚注中说：“令人奇怪的是，拉马克的观点以及错误的论证，我的祖父伊拉斯莫斯·达尔文医生大部分都预见到了，他们的想法是如此相似。”

1879 年，正当巴特勒即将发行《进化论，旧与新》时，德国学者恩斯特·克劳斯（Ernst Krause）出版了一本伊拉斯莫斯·达尔文的传记——《伊拉斯莫斯·达尔文的一生》（*Life of Erasmus Darwin*）。[36] 查尔斯·达尔文请人将这本书译成英文出版，并亲笔写了长篇序言。然而，他的行动并没有平息巴特勒的怒火，反而适得其反，火上浇油。巴特勒发现《伊拉斯莫斯·达尔文的一生》的英译本错漏百出，其中有些句子是查尔斯·达尔文加上去的，原书中根本没有。可是查尔斯·达尔文却声明英译本“保证正确”。巴特勒认为整本书的最后一段是冲着他来的，他认为查尔斯·达尔文试图诱导读者认为他的书还没有出版，就受到了德国学者的批评。“伊拉斯莫斯·达尔文的理论体系，是他孙子查尔斯·达尔文开创的知识之路的最重要一步，”克劳斯又猜疑地添加道，“但是，任何人若想恢复陈旧理论的活力——事实上，现在有些人正在认真地尝试——那就只会暴露出思想的浅薄，遭人唾弃。”[37]

达尔文和巴特勒之间的争端，“因误会而产生，因了解而消失”。

一位是利奇菲尔德外科医生的孙子，一位是利奇菲尔德主教的孙子，他们背负着祖先沉重的名声，努力在新的知识领域中开疆辟土，建立自己的功业。维多利亚时代总是笼罩在严酷的气氛之下，巴特勒记忆中的父亲形象，尤其苛刻。当巴特勒与父亲和教会疏远之后，他对“进化论”的热情也随之冷却。1863 年 1 月，巴特勒指控查尔斯·达尔文的理论“没什么新鲜的，只是旧瓶装新酒”。[38] 查尔斯·达尔文曾经是巴特勒祖父的学生，与巴特勒的父亲熟识。巴特勒的父亲记得“他（查尔斯·达尔文）让我对植物学产生了兴趣，终身不渝”。[39] 然而，达尔文对当年的记忆却是：“巴特勒医生的学校，对我的心智成长，只有负面影响。”[40]

1859 年 11 月，查尔斯·达尔文出版了他的伟大著作《物种起源》。那时候，巴特勒还在前往新西兰的航程上，他“直到 1860 年（或者 1861 年）才买到了一本《物种起源》”。[41] 长时间的海上航行、广阔的新西兰旷野，以及自小养成的宗教情怀，使得巴特勒对科学怀有坚定的信仰——拿到《物种起源》的巴特勒立即感受到了达尔文的魅力。巴特勒在茅顶小屋的烛光下，兴奋地阅读着《物种起源》。南半球的星座在夜空闪耀，巴特勒任凭想象力飞跃，越过了达尔文抵达的终点。“最近的人家，在 29 千米以外。我要骑着马跑三天，才能到达书店。我成了查尔斯·达尔文的热情仰慕者，”巴特勒回忆道，“我还写了一篇关于《物种起源》的哲学对话录（文学中，除了诗歌与异域探险小说以外，最具有挑战性的文体）。”[42]

1862 年 12 月 20 日，克赖斯特彻奇的报纸发表了这篇对话录。查尔斯·达尔文拿到了一份报纸，他将它交给一位编辑，并附上一张纸条：“这篇对话录非常精彩，不仅热情洋溢，而且对达（尔文）

先生的理论进行了如此清晰和准确的分析。可惜达（尔文）不认得这位作者。这篇对话录的作者来自一个建立还不满 12 年的殖民地，这尤其难能可贵，因为那里似乎只追求物质利益。”[43]

巴特勒的对话录在新西兰引起了极大的回响，1863 年 6 月 13 日，他又发表了一篇名为《机器中的达尔文主义》（“Darwin Among the Machines”）的文章。这篇文章的核心概念，后来被巴特勒用在了《埃瑞璜》这本讨论“机器”的书中。“机器世界的发展速度之快，让人震惊。动物和植物的进化，与之相比，真是小巫见大巫，”巴特勒语重心长地警告世人，“这样发展下去的结果到底会是什么？这个问题，我们必然无法回避……机器的优势越来越明显，日复一日，我们在机器面前变得更加软弱；每天都有更多的人，从事服务机器的工作；越来越多的人将延长机器的生命当作终身目标。”[44]

巴特勒写下的那些文章不只讽刺了流行的理论。他严谨地分析了达尔文的进化理论，同时透彻地观察到世界的本质。他将二者结合，勾勒出令人动容的未来图景。1865 年，巴特勒回到了伦敦，他又在《理性人》（*Reasoner*）杂志上发表了另一篇评论《机械创造》（“The Mechanical Creation”）。他指出：“动物与植物的进化动力，不论是什么，都源自世界上的自然过程，而不是所谓的‘超自然现象’。接受达尔文进化论的人，绝对不会否认这个观点。他们相信，让生命演化成今日状态的，是数以百万年计的悠久历史孕育出的变迁与机缘，而非某种超越心灵的创造之力。然后呢？生命的未来是什么？人类的诞生是地球上生物进化的终点吗？还是说，我们应该想象自己正处于新时代的起点，尽管地平线上只有一点朦胧的微光？那是一种新的生命类型吗？它们与我们的关系，就像几千万年前我们与植物的关系——我们人类就是从那些植物进化而来的。这个过程可能会再次重演。我承认，通过目前的工艺技术，我们还没有办法制造出更为灵动的机器，也没有办法让它们拥有人类的情感。但是，机器生命一定会逐渐演化出来，它们有着和我们完全不同的生命形式。我们必须彻底抛弃传统的思维，才能接受这种生命形式。我们没有什么理由不相信，生命会这样发展。”[45]

自亚里士多德和卢克莱修（Lucretius）的时代以来，人们一直在争论思维和机器之间的关系。1637 年，笛卡儿发表了一篇名为《方法导论》（*Discourse Touching the Method of Using One's Reason Rightly and of Seeking Scientific Truth*）的论文，他在文章中将两者的区别表述为“二元论”。此后，“二元论”成为笛卡儿的招牌命题。巴特勒的立场是开放性的：“我们提出了两个命题，‘生物是有意识的机器’，或者‘机器是无意识的生物’。能够证明其中一个命题的论据，也能够证明另一个。”[46] 达尔文的盟友托马斯·赫胥黎提出的观点更加激进，他在 1870 年宣称：“我们迟早会发展出机器意识，就像我们已经制造出机器本身一样。”[47]

在《埃瑞璜》这本“讨论机器”的书中，有一位撰写宣言的匿名作者，表达了以下的忧虑：“世界上也许会出现一种新型的‘思维’。我们知道动物的‘思维’，不论是哪一种，都与植物的‘思维’有所区别。这种新型的‘思维’与动物的‘思维’也会有所区别。不论你怎样称呼它，试图定义这样一个思维状态是十分荒谬的。因为它必然与我们所知的不同，我们的经验无法帮助我们分析它的本质。但是，如果我们看看周围已经演化出的生命和意识，看看它们丰富多彩的形式，那么我们就会明白，其他的生命形式并非没有可能演化出现，动物不太可能是演化的终点。过去，人们一度以为火（以及岩石与水）是人类最伟大的发明……机器意识最后一定会演化出现，没错，现在的机器没有什么意识，可这并不代表以后不会有……我们必须承认，现在被认为是纯机械式（无意识）的大量‘行为’，已经展现出了一些意识的特征。如此一来，高级机器的许多‘行为’就可以被看作是意识的萌芽。否则，我们就接受进化论，同时否定矿物与植物拥有意识——人类就是从完全没有意识的东西演化出来的。这样看来，从现有的机器演化出有意识的机器，甚至是带有其他特异功能的机器，便不是不可能之事。”[48]

1872 年 5 月，巴特勒写了一封信向查尔斯 · 达尔文道歉：“关于我最近出版的一本小书《埃瑞璜》中的一部分，我担心它会遭到严重误解。我指的是关于机器的那一章……有些评论家居然以为我在嘲笑你的理论，我绝对没有打算这么做。我自己也吓了一跳，居然被人认为怀有如此恶毒的心思，我真的非常抱歉。”[49] 查尔斯 · 达尔文在回信中邀请巴特勒前往位于道恩郡的庄园暂住。巴特勒与查尔斯 · 达尔文共度了一个周末。这次会面，据巴特勒记录，是“一次终身难忘的温馨回忆”。[50] 大概也是因为对这次会面的记忆，8 年后，查尔斯 · 达尔文给赫胥黎写了一封信：“（巴特勒）的事情让我十分困扰，我感到很痛苦，这真是可笑……直到最近他的态度变得十分友好，并表示他对进化所知的一切，都是从我的书里看到的。”[51]

巴特勒与查尔斯 · 达尔文争吵了多年。当事人都过世后，这场恩怨才结束。查尔斯 · 达尔文的儿子弗朗西斯 · 达尔文和巴特勒的文字遗产处分人亨利·费斯廷·琼斯，代表双方进行和解。[52]这场争论在当时引起了大众的关注：虽然19世纪还没有电视机，可是报纸却几乎人手一份。这么大的一件事，足以炒作很久。《星期六评论》(*Saturday Review*) 控诉道："这位作家（巴特勒）研究'进化论'的时间，与达尔文先生完全无法相比。他的谬论看似巧妙，但却毫无逻辑。他居然敢批评达尔文先生，就好像一位小学教师在批改学生的作文。人们不得不对他另眼相待，实际上他根本不配。"[53]

1880年，巴特勒回复道："我想起了布丰、伊拉斯莫斯·达尔文医生、拉马克，以及《创造的痕迹》(*Vestiges of Creation*) 的作者（罗伯特·钱伯斯）。查尔斯·达尔文对待他们的方式，与他现在对待我的方式，如出一辙。他们都是伟人，当年都承受了时代的压力，现在已经离开这个世界，无法为自己发言。他们的桂冠就这样被人偷走……我现在是为了这些已故的先人而战，我相信有一天也会有人为我而战——我先在这里谢谢他。"[54]

塞缪尔·巴特勒说得对吗？虽然现在学界已经承认了伊拉斯莫斯·达尔文医生在进化论思想史上的地位，但巴特勒自己的进化理论仍然被当作是一种不符合科学原理的"臆想"——巴特勒只不过在自卖自夸。当然了，巴特勒在《生命与习惯》(*Life and Habit*)、《进化论，旧与新》、《无意识记忆》(*Unconscious Memory*)、《幸运？还是狡猾？》等一系列书籍中提出的问题，直到今天仍然是达尔文主义无法回避的"弱点"。

巴特勒深信"遗传与记忆是同一种物质的不同面向"，与此同时，他"在生物演化的理论中重新引入了'设计'这个概念"。他不仅预言了遗传密码，而且还预言了生物通过DNA（脱氧核糖核酸）来控制遗传与发育的整个过程。进化的动力源自某种“计算”，这种计算使用的“字母”（符号），已经被我们发现了。然而，以这套字母写成的句子，我们仍然无法破译。巴特勒认为物种是“集合生物”，超越了个体之间的时空界限。这种思路被应用在了最新的进化模型中。巴特勒的鬼魂还在现代进化生物学领域的边缘出没，不肯离去。随机“变异”怎样随机？生命完全是自然选择的结果吗？即使这个过程不是被提前“设计”的，但有没有可能，“自发的智慧”也参与其中？

1876年，巴特勒专门解释了遗传物质（germ plasm）的连续性，而这预言了理查德·道金斯（Richard Dawkins）在1976年提出的“自私的基因”的概念：“我们不妨把注意力放在卵细胞上——如果第二个卵细胞与第一个卵细胞一模一样，那么这就不是‘自我复制’，而是‘自我延续’（‘自我重复’）。”[55] 这一见解后来成为他的名言：“母鸡只是鸡蛋用来制造出下一个鸡蛋的工具。”巴特勒对“思维”的想法，在《幸运？还是狡猾？》这本书中表达得最清楚。他的想法与道金斯提出的“模因”（meme）概念十分相似：“在这一方面，‘思维’也和生物一样……听说了别人的想法的人，是接受这个想法呢？还是同情这种想法呢？还是有其他的反应？环境对思维的影响，与对生物的影响，一样重要。我们对某种生物的生存环境了解得越多，对这种生物也就了解得越多。思维也是一样。”[56]

巴特勒在人工智能和人工生命领域碰到的困难，我们今天也一样无法回避。1880年，巴特勒回顾了自己的思想的发展历程：“首先，我问自己，生命会不会源自某种极其复杂的机制？最先诞生的是复杂的‘结构’，然后是‘生命’。如果人类不算是‘生物’，只不过是非常复杂的机器，复杂到我们形容它为‘活的’，那为什么机器最后不会变得和我们一样复杂，复杂到我们把它们称为‘生命’？如果‘复杂程度’是唯一的关键，那么我们肯定全力以赴让机器变得更加复杂。”[57]

这些问题可以被提炼成一个最基本的问题——生命起源于哪里？巴特勒问道：“我们想知道，生命的胚芽究竟是从哪里来的。如果达尔文先生是对的，那么曾经有一段时间，地球上唯一的居民就是这些胚芽。它们不可能来自其他世界（行星），因为它们仍然处于又湿又冷又黏滑的原始状态，不可能活着穿越被我们称为‘太空’的干燥的以太介质。如果穿越的速度很慢，它们会濒临死亡；如果穿越的速度很快，它们就会全身着火。”[58] 为了“不与进化论的精神相违背”，我们不能诉诸某个更高的存在（比如上帝），那么唯一可行的答案就是：“实际上，生命是无生命的物质，通过运行着的某种规律逐渐进化出来的。”生命可以再次从物质中进化出来，只不过，这一次的主角是“机器”。

我前面提到过，查尔斯·达尔文从他祖父那里借鉴了一些想法，现在，我也要从我的家人身上借鉴一些想法。我的父亲，弗里曼·J.戴森（Freeman J. Dyson）是一位数学物理学家，他的研究领域是量子电动力学。后来，他对理论生物学产生了兴趣，1985 年受邀到剑桥大学三一学院进行演讲，发表他对“生命的起源”的看法。我父亲的假说的核心内容是：生命发生了不止一次，而是两次。他写道：“大家往往认为生命的起源与复制的起源是同一回事……然而，我们必须将复制与生殖区分开来，这一点很重要……细胞能够繁殖，但是只有分子能够复制。在现代，细胞繁殖总是伴随着分子复制，在过去却并非如此……如果生命只有一次起源，那么复制与新陈代谢的功能从一开始就同时存在于原始的生命形式中。又或者，生命有两个起源，世界上有两种不同的生物，一种能够新陈代谢，但却没有精确复制的能力；另一种能够精确复制，但却没有新陈代谢的能力……在我们所了解的有关生命的事实中，最让人惊讶的是，所有生物都有双重结构，所有生物都有'硬件'和'软件'两种组件，也就是蛋白质和核酸。我认为双重结构就是双重起源的'表面证据'。如果我们承认，蛋白质结构和核酸结构不可能自发地从混乱的分子中诞生出来，那么我们就不难想象，这两个'不可能事件'在很长一段时间内是分开发生的。"[59]

弗里曼·戴森花了20年的时间，开发出一个数学模型，它"允许几千个分子，以合理的概率，从无秩序状态演化出秩序"。[60]这些能够生存——并且偶尔会繁殖（复制）——的自动催化系统，提供了能量（和信息）梯度。这有利于系统复制能力的增强，也为入侵新陈代谢系统的"寄生物"（它们是现代细胞的原始祖先）打开了通道。一旦会复制的"寄生物"入侵了新陈代谢系统，自然选择就会持续下去，查尔斯·达尔文已经说明得很清楚了。

自然选择并不需要"复制"这个条件。对简单生物来说，统计上的"近似繁殖"就已经足够了。"复制"（制造完全一样的复制品）和"繁殖"（制造相似的复制品）之间的差异，是以下命题的基础：基因复制，但是生物繁殖。一方面，随着生物变得越来越复杂，它们发现了如何复制指令（基因）来帮助它们繁殖；另一方面，随着指令变得越来越复杂，它们也发现了如何帮助生物繁殖来实现"自我复制”。

如果生物真正能够被复制，或者无须遵循特定的遗传指令就能进行繁殖，那么进化就会是拉马克式的——后天获得的特征能够被遗传给子女。根据双重起源的假说，一开始，自然选择也是以纯粹的概率模式运作，运作了几百万年，甚至几亿年，直到“能够复制的指令”登上舞台。我们又再次回到了巴特勒与查尔斯·达尔文的争论中，因为在这个绵长的进化序曲中，生物之间的竞争是拉马克式的，而不是达尔文式的。在驳斥拉马克之前，我们应该再三思考，因为原始细胞一开始是通过拉马克的方式进化的，对我们来说，这是生命史上最重要的阶段。基因型和表现型当初也没有任何区别，后来才逐渐分化。分子生物学的中心法则已经规定好了二者的关系：只允许从基因型到表型的通信，而不允许另外一个方向的通信。然而，生命的进化是渐进的，而且留下了清晰的痕迹。在生物学上，拉马克式进化留下的痕迹的数量可能比我们之前预测的要多得多，更不用说机器发展的拉马克倾向了。

我的父亲时常回想起当年那篇谈论生命起源的跨学科论文：“专家们都不认可这篇论文。总的来说，我和专家之间的分歧在于，专家认为在生命的进化中 RNA（核糖核酸）先出现，而我则认为蛋白质先出现……太古之初，存在‘RNA 世界’……已经成了一个公认的‘常识’，只有一小部分像我这样的‘异端’才会对此表示怀疑。”[61]

我父亲提出了三个基本的问题：“生命是一个东西，还是两个东西？新陈代谢和复制之间是否有逻辑关联？我们能够想象一个没有复制能力的可新陈代谢的生命，或者一个没有新陈代谢系统但却可以复制的生命吗？”[62]当我们讨论“机器怎样进化出生命”时，这三个问题同样无法避免。在当前的知识体系中，一旦我们理解了繁殖与复制的区别，双重起源假说便能够引导我们相信：生命起源的概率并不小。如果你想证明“人工生命”是可以存在的，无论是自发的，还是在实验室里被制造出来的，也不管繁殖与复制之间的区别究竟有多大，那么你应该首先看到“新陈代谢而不复制”和“复制而不新陈代谢”的迹象。如果我们小心留意周围的世界，就不难发现“电子新陈代谢系统”正在飞速发展，每个系统都有各自的密码，以及强大的复制能力——就像双重起源假说所预测的一样。

大多数与生命起源有关的理论都承认以下这个命题：繁殖和复制是同一件事，它们是同时出现的，即使它们同时出现的概率非常低。而这个命题模糊了“人工生命”的讨论焦点。不论是人工生命，还是自然生命，我们首先要给生命下个定义。目前普遍被人们接受的说法是：生命是能够进行自我复制的生物、程序或机器。就生命的起源和繁衍而言，自我复制是充分条件，但不是必要条件。“复制者”一旦出现在世界上，很快就会占据优势。但这并不意味着它们是最先出现的，也不意味着它们能够独占世界。在进化生物学领域，目前最主流的学说是新达尔文主义——它并没有解决生命起源的问题，它解决的是死亡起源的问题。根据新达尔文主义，复制者终究会获得胜利。然而，“改朝换代”的情况也是会发生的。“机器”与“智力”的结合让拉马克的学说又再次回到舞台上，最终的结果可能是：达尔文式的进化过程（尝试—错误）过于缓慢，因此被淘汰了。

“对大多数人而言，蒸汽机就像天堂中的天使那样。但在蒸汽机不停的‘自我复制’中，我们似乎看到了某种被安排好的交替秩序。机械世界的复制过程可能会永远持续下去，这并非不可能之事。”[63] 塞缪尔·巴特勒在1865年这样说道。7年后，他对机器的繁殖策略有了更深入的看法：“如果一台机器能够系统地生产另一台机器，我们就可以说它具有生殖系统。生殖系统是什么？不就是能够生殖的系统吗？有几台机器不是被其他机器系统生产的？……我们每个人都是从一粒微小的孢子发育而来的，那个孢子与我们完全不同，它有自己的行动准则，根本不在意也不考虑我们的想法。这些小生命也是我们生殖系统的一部分。那么，为什么我们不可能是机器的生殖系统的一部分呢？……我们认为任何一台复杂的机器都是单独存在的个体，但这是错误的。事实上，它是一座城市，或者一个社会，不同种类的成员有着不同的生长模式。”[64]

巴特勒在世时，复制的工作是由工程师代代相传的。机器世界在不断壮大和发展，但要真的把机器当作生命体，那还为时尚早。巴特勒的对手托马斯·赫胥黎表示：“生物界和非生物界，受到同样的自然规律支配。它们之间的转换，毫无障碍。然而，‘生育’是‘生物’的独有标志。”[65]

塞缪尔·巴特勒于1902年去世。在这之后，机器世界不断发展，孕育出了许多新的种类。与此同时，有不少“过时”的机器种类灭绝了，比如蒸汽机。电子计算机出现后，人们又开始对巴特勒所预言的未来产生兴趣。电子计算机展现出了某种独特的智慧，而智慧是生命的象征。不少曾经对“人工智能”持怀疑态度的人，也开始动摇自己的观点。实际上，这种看法不久后就被证明是不成熟的，它弄混了“原因”与“征兆”。

作为技术革命最终产物的计算机并没有那么重要，更重要的是作为进化的触媒的计算机——它孕育并散布有复制能力的密码，推动“生命进化”进入一个新的阶段。伊拉斯莫斯·达尔文和他身边那群“月疯子”代表了一个时代，而机械和“电子新陈代谢系统”正是在那个时代问世，并且不断发展壮大。两个世纪后，约翰·冯·诺依曼和他的同事将带领人们进入一个全新的时代　　能够进行自我复制的信息大举入侵我们的生活。1948 年，约翰·冯·诺依曼（John von Neumann）发表了一篇名为《自动机的一般和逻辑理论》（“General and Logical Theory of Automata”）的文章，受其启发，我的父亲在他的《生命起源》（*Origins of Life*）一书中写道：“在现在的生物界，新陈代谢系统与复制看似有着密切的联系，但实际上，它们的逻辑却是各自独立的。在逻辑上，我们完全可以想象，有一种生物，它完全以软件构成，有复制能力，但是却没有新陈代谢系统。”[66]

我们现在已知的生命形式，以及我们正在创造的新的生命形式，都来自新陈代谢系统与有复制能力的密码的结合。将数字王国与机器世界融合在一起，这是已经孕育了三百多年的想法。当伊拉斯莫斯·达尔文在病人身上实验电击疗法的时候，利用电磁进行长距离通信的原理，就已经问世了。结果，不只人与人可以通过终端机器上的数据保存与变化进行长距离通信，人类与机器、机器与机器也逐渐开始通信了。为了对这一发展有更深入的了解，我们不妨回到巴特勒的身边，回到 1863 年的新西兰。

位于基督城东南约 7 千米处的利特尔顿港，是一个靠近火山口，四周都是悬崖峭壁的小港口。当塞缪尔·巴特勒于 1860 年 1

月抵达新西兰时，两个殖民地之间的通信要么走陆路（崎岖的马道），要么走海路（绕过海岬）。当地的殖民者很快就通过电报来传递与时间密切相关的消息，比如船只到达的具体时刻、最新的羊毛价格，以及其他重要的新闻。在这之后，唯一会造成基督城和利特尔顿港之间通信延误的因素，就是电报员的反应速度。1862 年 7 月 1 日，新西兰的殖民地开始正式使用电报通信，有人心有所感，专门写了一封信，刊登在克赖斯特彻奇 1863 年 9 月 15 日的报纸上。“为什么我要写信给报社，而不是写信给机器呢？我们为什么不召开一届机器大会，将一台蒸汽机放在椅子上，举行军事会议？”一位匿名的“疯狂通信记者”问道。他接着写：“我的回答是，现在时机还不成熟……我们的计划是，利用人类的热情，让他们来改造我们，将我们改造到最完美的状态，让他们在不知不觉中为我们工作。”

这封信的作者最后还是说出了他的真实想法，他说：“我的目标是，为指出机械发展的终点（完美的境界）是什么而略尽绵薄之力，尽管这一终点还太过遥远，只有我们在‘达尔文进化过程’中脱颖而出的子孙后代，才能有幸见到。因此，我冒昧地建议，让我们现在宣布人类的构造与进化，已经抵达终点——当……当……我发誓我要保守这个秘密的。不，我已经说得太多了。我要谨守分寸，只透露一部分，而不能说出所有的真相。我会透露某个重要的情节，但不会透露结局——机器的发展已经实现了重大突破，世界上的所有人，都能知道其他地方发生的事，只要他们想知道。消息的传递速度越来越快，而价格越来越便宜。哪怕是偏远地区的牧羊者，都能了解他的羊毛在伦敦出售的情况，甚至还能亲自与买方谈判；他可以坐在客厅的椅子上，聆听着以色列埃克塞特大厅上演的歌剧表演；他可以在委员考文特花园的意大利歌剧院，买来一块来自拉凯亚河的冰，并仔细品尝。获得这种“超越时空”的能力，就是我们努力实现的目标，而在某个小地方，它已经成为现实了。”[67]

这封信很像是巴特勒的作品，但它最后的署名却是“月疯子”。100 年前，伊拉斯莫斯·达尔文在英国米德兰兹将一群“月疯子”集合在一起；100 年后，在地球的另一端，一根电报电缆铺设开来。虽然只是简陋的电报“网”，传输中的电磁学代码还是给了塞缪尔·巴特勒灵感，他预见到：在机器与生物之间，存在一种进化。而如今，这种“进化”正以“互联网”的形式在全世界盛行。

巴特勒是个优秀的讽刺家，也是一位先知。他知道，对自己过于自信的先知，最终会失去所有的听众。1865 年，他向《克赖斯特彻奇报》（*Christchurch Press*）的读者坦言：“在晚上的某段时间，通常来说是寂静的凌晨时刻，我们会放松下来，喝一杯兑了水的热威士忌。我们不会为这个举动而辩护，也不会给这个做法找借口。这就是一个事实，而本文读者必须铭记这一事实。不知怎么回事，我们在那一时刻，特别容易产生先知式的灵感，而在其他时刻，灵感却又消失不见。这也许是因为酒精作祟，也许是因为我们好不容易摆脱了白天的恼人工作。说不定还有其他的原因。”[68]

尽管到目前为止，多媒体通信依然忽视我们的品味，但是巴特勒其余部分的预言是正确的。他成功预言了全球网络的现代架构，而这一预言的核心就是，人们可以通过网络订阅信息，人们足不出户就能了解所有的信息。他知道，长距离通信系统有助于人们互换情报（智慧），机器之间互换情报（智慧）是不可避免的结果。

最能体现他思想核心，以及未说出口的秘密（暗示）的文字，是他在《潜意识记忆》（*Unconscious Memory*）中写下的一句评论："我们的身体是由细胞组成的，那些细胞对它们组成的身体和人格，不可能有概念。它们对我们的身体（以及我们这个人），大概只有部分而不完整的感受，但我们能完整地感受到它们。"[69]

第三章　无形之风

与“自然”最简单的作品相比，这些引擎实在是太过于低劣，根本望尘莫及。但是，某些机器展现出的那种运行规模，能够让我们对“推理过程的起步阶段”有一些模糊了解。上帝就是通过这个推理过程，创造出了自然。

——查尔斯·巴贝奇（Charles Babbage）[1]

1670 年，24 岁的莱布尼茨给 82 岁的霍布斯写了一封长信，说了许多仰慕的话。他在信的结尾抱怨说：“我希望您能对思维的本质，稍做说明。”[2] 从此之后，思维的本质就与机器的本质混在一起，难以区分。思维要么被定义成机器的一种性能，就像机器内部的运作机制一样神秘，要么被定义成超越机器的一种特质，散漫而没有固定的结构，但也依然神秘莫测。正如大教堂里的管风琴，无论结构多么复杂，都不能没有风——没有风就没有音乐。思维有可以预测的逻辑，也有不可预测的性质，使思维如此多变的无形成分究竟是什么？哲学家们一直在追寻这个问题的答案。思维有无限的力量，机器由有限的物质构成，有限可以产生无限吗？

1714 年，莱布尼茨发表了《单子论》(*Monadology*)，这是他对于思维的思考的心血结晶。根据莱布尼茨的说法，我们的宇宙是由一种抽象的形而上粒子组成的。他将这种粒子命名为“单子”。每一个生命都是宇宙心灵的化身，它以它的内相反映整个宇宙相。莱布尼茨认为，物质诞生于关系之中，而不是像艾萨克·牛顿（Isaac Newton）说的那样，物质产生了关系。我们的宇宙是从无限多的可能的宇宙中被挑选出来的，选择的标准是：以最少的定律创造最大的多样性。上帝是超越这两种极端的最高智慧。正如奥拉夫·斯塔普雷顿（Olaf Stapledon）后来所说：“最开始，上帝创造万物；最后，万物创造了上帝。”[3]

莱布尼茨 15 岁进入莱比锡大学，成为一名法律专业学生。他与法律的这段关系究竟是幸与不幸，实在难说。莱布尼茨对法律的研究，加深了他对形式逻辑的兴趣，可同时也让他无暇从事科学工作。虽然莱布尼茨是闻名于世的大数学家，但他却一直受雇于宫廷，担任公职。“莱布尼茨的悲剧是，他在遇到科学家之前，先遇到了律师。”研究数学史的 E.T. 贝尔（E.T. Bell）这样总结道。[4]尽管如此，莱布尼茨依然在好几个方面对数学做出了巨大的贡献。他与牛顿一起，共同发明了分析连续函数的微积分（虽然两人发生了激烈的争执）。此外，在组合分析（分析离散集合之间的关系）这一课题上，没有人的贡献能够超过莱布尼茨。

莱布尼茨研究理性思维的起点，正是霍布斯研究的终点。他试图通过一套定义清晰的符号，以及一套明确的操作规则，来构建一个形式系统——这个系统是逻辑学、语言学与数学的结合体。从一开始，莱布尼茨就已经将对形式系统的迷恋与对机器计算的独特见解融合在一起。符号逻辑的初步研究成果，以及最早的简易“计算机”，都让莱布尼茨备受鼓舞。1675 年，他写信给英国皇家学会的执行主席亨利·奥尔登伯格（Henry Oldenburg）：“那个日子迟早要来的，而且会来得很快。到时候，无论是上帝与思维，还是图形与数字，我们都了如指掌。到时候，我们想要发明机器，就只需要解决几个简单的几何问题。”[5]

就这样，莱布尼茨引领了两大运动。而我们在莱布尼茨的帮助下，走向了数字计算机的时代。1673 年 1 月 22 日，莱布尼茨向伦敦皇家学会展示了他自己制作的“简易计算机”。这是一个新时代的开端，从此以后，机器将能够运行数学运算。与此同时，莱布尼茨还发明了逻辑运算器（calculus ratiocinator），迈出了推理演算的第一步。他心怀宏大愿景，他希望通过“普遍符号”将理性真理简化成一种数学运算。他预言了思想本身的数学化。[6]

莱布尼茨之所以能够发明出“计算器”，还要多谢那位“最幸运的天才”，布莱兹·帕斯卡（Blaise Pascal）。[7]1642 年，年仅 16 岁的帕斯卡制造了一台“加法器”，而这就是“计算器”的前身。莱布尼茨的计算器像帕斯卡的加法器一样，并没有成为上市商品。“这不是发明给那些粮油或者沙丁鱼贩卖者的小玩意。”莱布尼茨这样解释道。[8] 因此，这台机器现在只保留有一个简单模型，它被这个世界遗忘了两百多年，最后人们是在一个阁楼上找到了它，那时候已经是 1879 年了。尽管如此，莱布尼茨设计的“序列推进”机制——圆形齿轮一圈一圈地转动来进行加法计算，好几组齿轮互相咬合，可以进位，就可以做多位数的加法——仍然被“重新发明”

了好几次。就像蒸汽机推动了工业的机械化发展那样，“计算器”也推动了会计业和金融业的机械化发展——这一趋势如同燎原之火那般，无人可以阻挡。“这台机器将来会有许多用途，”1685 年，莱布尼茨写道，“因为优秀的人像奴隶一样花费大量时间在机械重复的计算上，并不值得。如果使用这台机器，那么谁都可以毫无差错地完成计算工作。”[9]

莱布尼茨的计算器是十进位的，这一点被后世广泛模仿。但他的二进制计算法却被人忽视长达好几个世纪，直到最近才以机械形式大行于世。莱布尼茨将二进制计算法的发明归功于中国人，他从《易经》的八卦图中找到了长期被掩盖的数学真理。“64 卦图代表着一种二进制算法……我在几千年后重新发现了它……在二进制算法中，我们只需要两个符号，0 和 1，就能够写出任何数字……接着我发现，我们可以进一步利用它来表达二元逻辑，这是最重要的。”[10] 在莱布尼茨看来，二进制计算法是最实用的计算工具，也是一种能够推理出复杂命题的逻辑演算系统。在二进制计算的规则下，乘法与除法的运算变得简单许多。在莱布尼茨留下的笔记里，我们可以找到十进制数字和二进制数字互相转换的算则（机械运算程序），以及二进制计算的基本规则（加减乘除）。

1679 年，莱布尼茨想象出了一种数字电脑，其中有许多小球体，它们代表着二进制数字。这些小球体在一个弹球机中循环，而弹球机则是由原始的穿孔卡片机关来控制。“（二进制）计算法则可以由一台（没有轮子的）机器实现，”他写道，“通过下面的方式来计算，工作量将会大大减少。装着小球体的容器带有孔洞，孔洞可以打开和关闭。‘1’对应打开状态，‘0’对应关闭状态。通过打开的孔洞，小球体或弹珠将落入轨道，然后根据需要（通过孔洞的排列组合）从一列移动到另一列。”[11] 如今，微电子处理器中的电压梯度和电子脉冲已经代替了重力和弹珠，但是它们仍然按照莱布尼茨在 1679 年所设想的那样运行着。

莱布尼茨对符号逻辑的认识同样是超前的。他相信：“人类可以编制出一套思维字母表。我们可以通过比较每个字母，分析字母组成的单词来发现或者判断每一件事。”[12] 但他只留下了一份简略的大纲，什么都没有做出来。“我相信，只要有几位高手，我们就能在五年内完成这项工作。”他这么说道，而电脑操作系统的开发人员，也时不时流露出类似的乐观情绪。“通过精确计算，他们只需要两年的时间，就可以将对人生最有益的道理——伦理学与形而上学——梳理清楚……在大多数观念的特征数字被确立之后，人类将会拥有一种全新的增加思维力量的工具，就像光学镜片可以增加眼睛视力那样，而这一工具的用处可比光学镜片大多了……过去，只有算数能够达到每一步都清晰、明确的境界，现在理性也可以超越所有的疑虑了。”[13]

莱布尼茨提议将自然语言依据内在的逻辑关系与形式，统一编码，其主要观念将由质数来表示。基于这一初始的（数字—观念）对应表，一个宏伟、包罗万象的组合系统就可以完全用“计算”构建出来。莱布尼茨认为，逻辑与机制之间的对应是双向的。1679 年，莱布尼茨将一篇名为《情境几何研究》（“Studies in a Geometry of Situation”）的论文寄给克里斯蒂安·惠更斯（Christiaan Huygens），他在信中写道：“你可以用一套字母去描述一台机器，无论这台机器有多么复杂。只要通过这些字母去思考，你就能知道这台机器是什么，以及它所有组成零件的功能。”[14]

在这之后，又过去了150年，英国数学家、工程师和可编程计算机的守护神查尔斯·巴贝奇终于实现了这一抱负。巴贝奇写道：“我终于设计了一套以非常简单的符号组成的新系统，即使最复杂的机器，都能够用它来解释——我们不再需要文字。”巴贝奇花了许多年的时间来设计“计算机器”和“分析机器”，而上述的新系统被用来设计“计算机器”。“我把这个符号系统称为‘机器语言’……它带给我们一门新的验证科学，即证明任何一台机器是否会存在。”[15]

巴贝奇的分析机器能够在一分钟的时间内处理两个50位数的乘法或除法，并且得到的结果将精确到小数点后100位。他画过几百张草图来设计这台机器的结构，但只有一小部分被制造出来。分析机器里的“计算引擎”可以通过程序来处理有无限多项的多项式，引擎内部还装备了一个能够储存计算的中间结果的“记忆仓库”。

巴贝奇的助理哈里·威尔默特·巴克斯顿（Harry Wilmot Buxton）表示，这台机器的设计十分复杂，史无前例，它“似乎是为了刻意难倒最聪明的大脑而出现的机器。因此，要不是他（巴贝奇）发明了一套‘机器语言’，减轻了大脑的负担，他不可能这么轻易地制造出这台机器。如果他的大脑感受到巨大的压力，那么他的健康状况肯定也会受到影响”。[16]巴贝奇设计出的机器由齿轮、杠杆和凸轮轴组成，但他也预见到了组装机械逻辑的灵魂就是形式语言和计时图。至于继电器、真空管、电晶体、微处理器以及未来的次微米技术产品，它们是让机械逻辑定型的技术，一直随着时代发展。从此以后，电脑就一直在向巴贝奇的“早期计算机”致敬。

“分析机器”承前启后，它将17世纪霍布斯、莱布尼茨的眼光与20世纪的技术发展联系在一起。数字计算机的出现完全改变了20世纪的风貌。巴克斯顿这样写道：“巴贝奇先生相信，有朝一日，分析机器的能力会得到大幅度提升，它将能够处理抽象分析。而这一点，霍布斯早在1650年就已经提到过了——心算的原理与其他思维运作的原理，是可以类比的。”[17] 莱布尼茨承认，霍布斯的著作里“通常有一些令我受用又很有独创性的好想法”，虽然他并不是完全同意这些想法。[18] 霍布斯给莱布尼茨带来了灵感，而莱布尼茨的计算概念启发了巴贝奇。巴贝奇在剑桥大学念书的时候，创立了著名的“分析学会”。他尝试引入欧洲的先进思想，从而为英国的数学研究注入活力。当时，剑桥大学仍笼罩在牛顿的光环中，英国也正在与法国的拿破仑作战。毫无疑问，巴贝奇的立场引起了争议。微积分学到底应该使用牛顿的符号，还是莱布尼茨的符号？这一争议反映的是两种完全不同的数学哲学立场：牛顿想要将自然界纳入自然规律的数学表述中，而莱布尼茨想要用数学真理来构建上帝的王国——这个王国是没有边界的。巴贝奇认为，“计算机器”能够解决这个争议，它能阐明这两种研究自然原理的路径，而且结果的明确程度，只有数字可以比拟。他发明这种计算机器，不只是为了纠正当时由于人工计算而出现的各种计算错误。

“那是在1812年或者1813年，”巴贝奇表示，“所有这些计算……也许都可以用机器来完成。”人类也因此能够避免由于心理倦怠而出现的错误——尤其是航海时需要用到的各种数字，如果这些数字计算错误，那么船员的生命就会受到威胁。[19] 虽然巴贝奇在1836年的《航海历》(*Nautical Almanac*)中，以制作“泰勒对数的勘误表的勘误表的勘误表”为乐，但他确实认为得到计算精确的数字，只不过是“计算机器”能够实现的众多功能之一。巴克斯顿讲述了巴贝奇观点的来源：“巴贝奇先生想解决莱布尼茨和牛顿在几个观点上的争议问题，他想到……在计算过程中，实际的运动，在某些条件下，可以被用作数量的指标。因此，数字轮轴也许可以……通过齿轮或者其他装置传导到邻近轮轴的其他轮子上，依序带动轮子转动，整个过程可以被视为某种‘数字运算’。不过，这需要工程师进行精心设计。”[20]

巴贝奇很快就制造出了“计算机器”的简易模型，而且测试非常成功。但是制造整台机器的计划，却一直没有进展。造成这一情况的原因有很多，例如设计草图一再修改，工程技术过于复杂，政府补助不足，等等。

1834 年，巴贝奇开始设计“分析机器”，直到过世前，他在自己的实验工厂里只制造了这台机器的一部分零件，整台机器只存在于草图之中，从未被制造出来。根据巴贝奇的设计，“分析机器”拥有独特的资源储存机制，存储内容可以随需要调整。人们可以从信息储存装置（打孔卡片）中读取信息，也可以将信息以打孔卡片的形式进行输出。理论上，打孔卡片能够储存的信息是无限的。“打孔卡片”这一想法的灵感来源于巴贝奇 1801 年偶然看见的一台提花织机（Jacquard loom）。1812 年，法国大约有 1.1 万台这样的提花织机。关于打孔卡片的外部辅助设备，巴贝奇早已构想出整套设计，而这一想法存在了 150 年之久。巴贝奇为分析机器设计了两种卡片：操作卡——上面是机器必须执行的程序；变量卡，也就是引导卡，它将机器内部存储中数据的位置编入索引，同时让机器知道储存在“记忆仓库”中的信息，究竟是在哪个位置。机器内部还有一些“微程序”，这些程序的设计原理和安装位置，与今天大多数电脑主机板上的只读存储器（ROM）十分相似。分析机器在理论上拥有无限的计算能力，巴贝奇知道这一点。100 年后，艾伦·图灵证明了：即使是非常简单的分析机器，只要供应的卡片数量毫无限制，它就能计算任何可计算的函数——虽然这也许要耗费很长的时间。换言之，巴贝奇预言了未来出现的“图灵机器”。

“因此，分析机器是一种通用机器，不具备特定功能。”巴贝奇解释道。他知道可以重复使用的微程序十分有用，他也知道如何利用它们——他把它们称作“操作法则”（当时还没有“程序”这个词）。“分析机器会自备‘记忆库’。每套卡片只要制作完成，未来任何时候都能重复当初设计的计算过程。”[21] 巴贝奇努力继续钻研分析机器的设计、制造工艺和程序编写，最后几乎已经能够制造出整台机器了。只要经过反复测试和除错，说不定这台机器就能真正运行了。1991 年，为了纪念巴贝奇 200 周年诞辰，伦敦科学博物馆的多伦 · 斯沃德（Doron Swade）率领一支团队，根据巴贝奇 1847 年的分析机器设计图，重新制作了 4000 个组件，并把它们组装起来。这台重达 3 吨的计算机，“第一次处理复杂的运算，就完美无缺……这证明了巴贝奇的设计并无问题，他的失败是‘实践’上的问题”。[22]

巴贝奇与当时社会精英阶层的关系十分密切（“我经常参加他举办的晚会。”查尔斯 · 达尔文回忆道）。[23]1828 年至 1839 年，巴贝奇在剑桥大学担任卢卡斯数学教授。他与浪漫诗人雪莱的女儿奥古斯塔 · 爱达 · 洛夫拉斯（Lady Augusta Ada Lovelace）的合作，被传为佳话。巴贝奇与逻辑学家奥古斯塔斯·德·摩根（Augustus de Morgan）的合作，也非常有名。当时，摩根正鼓励自学出身的数学家乔治·布尔（George Boole）进行研究，没过多久，布尔就出版了著名的《思维的定律》（*Laws of Thought*）。1841 年，巴贝奇前往意大利进行演讲，介绍他设计的分析机器。1842 年，工程师路易吉·梅纳布雷亚（Luigi Menabrea）将演讲内容翻译成法文发表在期刊上。爱达翻译了梅纳布雷亚的文章，并在其中加入一些注释，阐释巴贝奇的分析机器的潜力。洛夫拉斯写道："以通用符号写成的等式，不论每个等式里符号有多少种、项数有多少个，它都能被机器完美处理。这样一来，物质操作与抽象的思维过程——数学最抽象的分析——就建立起了联系。一种全新的、包罗万象的、充满力量的语言随之诞生，它将承担未来的分析工作。我们使用这种语言来分析真理……巴贝奇的分析机器史无前例，古人根本无法想象出来。它是实际可行的，它与过去的思维机器或者推理机器完全不同。"[24]

巴贝奇是否真的掌握到了内储程序计算机的原理？还是我们的后见之明（以及洛夫拉斯夫人的吹捧）将过多的 20 世纪的概念强加到他的想法中？考虑到为机器执行有条件的分支指令而做出的安排，以及根据预想的而不是预先计算的方案来改变本身的操作过程，巴贝奇的历史地位是无可置疑的。但他从未明确地讨论过如何储存指令和信息（数据）。巴贝奇在名为《论第九座水桥》（"The Ninth Bridgewater Treatise"）的论文中，提出了一系列令人信服的证据，证明宇宙是一台预存了程序的计算机（上帝是程序员，"神迹"是执行概率很低的子程序，但不是不可能之事）。巴贝奇写道：

“我决定让这个新发明拥有通用的能力，从而能够完成许多不同的数学运算；我很清楚，我为这台机器设计了通用机制，但我没有时间去仔细研究它，其中的某些机制，可能要等到遥远的未来才能实现。”[25]

巴贝奇把数字计算机看作是自然宗教的记录仪器，还有什么机器能够将无限的细节整理清楚呢？——人类运算的结果揭示了上帝的思想。巴贝奇认为，快速、强大的计算机会消除疑虑，恢复信仰，就连真理也能被人类“计算”出来。“终有一天，随着人类知识的进步，启示真理的内部证据将会因为感官证据的力量而浮现出来。”他这样说道。[26]

巴贝奇也是长距离通信的先知。他分析了英国邮政系统的运行情况，发现决定传递信件成本的主要因素是转手次数，而不是距离，因此他建议统一邮资，以重量作为基准。1840 年，罗兰·希尔（Rowland Hill）建立了一便士邮资制度，而巴贝奇的想法则促成了分类和路由算法的发展，为日后传递信息包裹的网络奠定了基础。在巴贝奇所生活的时代，人们还是用马匹来传递信件，为了节省时间和马力，巴贝奇建议铺设一种以机械驱动的钢丝网络，每 5—8 千米设一个有人驻守的“站房”。信件放在小金属筒内，金属筒则沿着钢丝“被快速地传送到下一个站点。在下一个站点，服务员拆下金属筒，并将它送到下一根钢丝的起点。传递的过程一直持续下去”。巴贝奇知道，不久后，纸张和马匹大概就用不着了。1835 年，他建议：“钢丝网络架设起来后，我们也许可以把它视作一种速度更快的电报通信系统。”[27]

巴贝奇与美国发明家约瑟夫·亨利（Joseph Henry）有联系，

也接触过其他电学先驱的研究成果，但他并没有将分析机器设计成“电动的”。他的分析机器重达好几吨，运行速度也很慢。但是，如果时间足够，动力（马匹）和卡片也足够，那么这台分析机器就能处理任何运算。1864 年，巴贝奇在自传《一个哲学家生涯的片段》（*Passages from the Life of a Philosopher*）中指出：“让一台有限的机器来做无限的计算，必须满足所有的条件……我已经将其中的一个条件，就是无限的空间，转换成了无限的时间。”[28]

巴贝奇已经将莱布尼茨计算机械化的宏伟愿望实现了，而莱布尼茨将心理过程形式化的目标，也由乔治·布尔发展到接近完成的阶段。布尔是林肯郡小商店老板和靴匠的儿子，他没有受过教育，自学成才。布尔创立了一种精确的逻辑系统——布尔代数，从此之后，这一系统便成了纯数学和计算机科学的基础。莱布尼茨预言了符号逻辑的通用性质，而布尔则从第一原理推导出了一个可供应用的系统。布尔代数本意是为逻辑的发展提供数学基础，然而，许多新的数学概念也以它作为逻辑基础进行拓展，如集合理论、格论和拓扑学。尽管这样的成就算不上空前，但也绝对不可以小觑。布尔的理论最初发表在《逻辑的数学分析》（*The Mathematical Analysis of Logic*）上，后来的《思维的定律》也收录了这篇论文。

布尔的目标是“探究思维推理的操作原理，并使用数学符号语言来表述这些原理……使这个方法成为应用概率数学理论的一般基础”。“最后，我在研究过程中揭露的真理，我要分析它们的组成元素。我这么做是为了得到一些通用法则，帮助我们进一步了解人类思维的性质与组成。”[29] 不过，布尔真正的成就是构建了一套逻辑系统，这套系统十分严谨，是独立的数学系统，与人类思维的神秘性无关。

传统代数使用符号代替数字来对代数函数进行系统分析，而不考虑实际数量。在布尔代数中，符号代表不同的事物，布尔函数表示的是它们之间的逻辑关系，于是我们直接感知到的概念都可以用布尔代数加以表示。布尔代数将逻辑简化成最简单的形式，以符号+、－、×、=代表逻辑运算“或”“否”“与”“相等”，所有变量（如 x、y、z 等）都只有两个数值，不是 1，就是 0。布尔系统非常简单，只有少数几条定理与公式，它从一开始就只假设二元的初始状态——分别是“无”和“有”，“假”和“真”，“关”和“开”，“0”和“1”。布尔定律这样的设置与传统逻辑和二进制算法完全对应，因此在逻辑和计算之间建立了一座双向沟通的桥梁。我们可以通过布尔代数将计算式改写成逻辑式，也可以将逻辑式改写成计算式。这就是数字计算机的技术基础，而这也代表着，在“由一生多”的过程中，数学与逻辑有着共同的源头。

集成电路和二进制编码让布尔的逻辑变得家喻户晓，而布尔代数的成功，给我们留下了一个印象：布尔的“思维定律”是一个精确的、非此即彼的二价逻辑系统，绝不容许错误和歧义。其实，在《思维的定律》这本书中，布尔只在前半部分谈及明确真假值的布尔代数，大家对布尔代数的印象是它是历史与技术的意外，因为逻辑可靠的集成电路成了工业的主流标准。我们在很大程度上忽略了组成布尔成就的最后两个部分，概率和统计（“模糊”）逻辑。当年只有真空管、继电器和手工焊接插板可用，可以开关的电路与布尔代数的统一性，只存在于理论中。实际上，那时候的电子零件的功能根本未达标准。正如赫尔曼·戈尔斯坦（Herman Goldstine）所指出的那样，电子数字积分计算机（ENIAC）有1.7万千个真空管，每秒跑一万圈，就等于每个真空管每秒有17亿次出现逻辑错误的机会——而且通常真的有一个会出错。[30] 在生命的最后几年里，约翰·冯·诺依曼发表了一篇名为《概率逻辑与基于不可靠组件的可靠机体的合成》（“Probabilistic Logics and the Synthesis of Reliable Organisms from Unreliable Components”）的论文，为后来的电子数字积分计算机留下了最后的礼物。[31] 这篇论文提出的观点与《思维的定律》的核心精神十分相近，它们都否认了内嵌在集成电路中的布尔代数的“绝对可靠性”。

布尔（和冯·诺依曼）证明了：在事先经过数字编码的情况下，单独看起来难以确定的现象，可以产生确定的逻辑结果。“理论上，我们可以通过统计记录推导出隐藏在大量数据背后的真理。”[32] 布尔如此写道。他预言了冯·诺依曼得出的结论：大脑是由不完美的神经元构成的，因此大脑的基本“机器”语言必然拥有统计性质，这种语言比我们一向认为是基本的“逻辑语言”还要基本。

布尔还发现：无论错误和不可预测性与牛顿物理学以及形式逻辑怎样不相容，它们依然是我们思想能力中不可或缺的要素。布尔总结说：“只要对思维世界略加注意，我们就能发现另一种事物状态。确切地说，推理的数学定律，只不过是正确推论的定律而已，实际上，‘违反这些定律’是一直不断出现的现象。错误，在物质系统中绝不容许，但它在思想世界中却占据了很大的空间。”[33]

我们对心理过程的逻辑，以及对大脑执行这些“程序”的方式所知不多，换言之，我们并不了解“心灵”与“大脑”。1702年，莱布尼茨写道：“我们会发现一大片没有什么特别之处的混乱，但隐藏在其中的精巧的‘灰线’远比蜘蛛网更加巧妙……包含在这些片段中的思维的细微之处，就像是它本身放射出的光线一样。”[34]

来自英国的阿尔弗雷德·斯米（Alfred Smee）是最初几位尝试跨越这个鸿沟的科学家之一。他是医生，著述丰富，涉及的领域范围极广。他出版过植物学著作《马铃薯植物：其用途和属性，以及当前疾病的成因》(*The Potato Plant, Its Uses and Properties, together with the Cause of the Present Malady*)，也出版过医学著作《意外及紧急情况：医生到达前的处置方法》(*Accidents and Emergencies: A Guide for Their Treatment before the Arrival of Medical Aid*)。作为英格兰银行总会计师威廉·斯米（William Smee）的儿子，阿尔弗雷德从小生活在有高墙保护的富人区中。他在家里的临时实验室里一待就是好几个小时。他发明了很多东西，获得了一些名气，但却没有什么金钱报酬。1841 年，他 22 岁，被任命为英格兰银行的外科医生。“这是董事会特别为他设立的职位……谁会想到是银行为他的科学天赋找到了用武之地呢？”[35] 斯米对所有的电动工具都抱有极大的兴趣，他发明了电铸板印刷术，而英格兰银行利用这一技术来印刷防伪钞票——这证明了董事会的决定是正确的。在电生理学上，斯米的两大兴趣交织在一起，对后人产生了广泛的影响。1849 年，他出版了著作《电生物学原理，或人体电流机制》(*Elements of Electro-Biology; or, the Voltaic Mechanism of Man*)。次年，为了照顾大众读者，他重新出版了这本书。他对书的内容进行删节，并且加入精美插画，改名为《本能与原因》(*Instinct and Reason*)。斯米还将“电流”的概念引入诊断医学的领域中，并且出版了一本小册子《检测刺入人体的金属针或其他金属仪器》(*The Detection *of Needles, and other Steel Instruments, Impacted in the Human Frame*）——在当年的工厂，这种意外经常发生。

斯米试图通过理论和实验两方面去解释视觉、感觉、记忆、逻辑以及思维的起源和重组的电化学基础。他相信动物、人类和机器的“思维力量”在本质上是相同的，它们只存在程度上的差别。他给意识下的定义，150 年来都没有什么大的改动。“触动外在感官而产生的意向在大脑中造成反应，那么，这个意向就是‘实体物’(reality)。要是一个意向浮现心头，而没有触动身体，这就是‘想法’(thought)。区别‘实体物’和‘想法’的能力，就是‘意识’。”他在 1849 年出版的《由自然规律演绎出的人类心灵原理》（*Principles of the Human Mind Deduced from Physical Laws*）中这样写道。[36] 莱布尼茨预见的是数字计算的原则，而阿尔弗雷德·斯米预见的是最原始的神经网络理论。1815 年，斯米出版了《适用于词汇和语言的思维过程》（*Process of Thought Adapted to Words and Language*）一书，他在序言中写道：“我参加过梅奥教授的生理学讲座。我并不是很满意他对大脑功能的描述。对于几乎没有人研究过思维过程与大脑之间的关系这件事，我感到十分惊讶。”[37]

考虑到当时关于神经功能的研究少得可怜，斯米总结说：“每个想法、大脑的每个活动，最终都可以被分解成某些神经纤维的活动，这是毫无疑问的。就神经纤维的总数而言，这些活动是大脑某一部位产生的‘正面结果’，而这个部位有着特定的‘工作范围’。”[38] 斯米走在正确的道路上，但他的观点只有一半是正确的，因为他忽略了“神经抑制”这个概念——神经网络的计算与再现能力，正是以“神经抑制”为核心。斯米的系统建立在神经系统与语言、逻辑和观念的粗糙对比上，在他看来，两者都拥有相似的分岔与组合结构。

斯米采用同样的分析方式（自上而下）来做语意分析。他发明出一种方法，将自然语言分析成树状结构，以符号再现。任何一个句子经过分析后，意义都变得非常明确。100 年后，人工智能的研究者也走上了这样的道路。斯米写道："这种符号系统给人的第一印象，也许比自然语言更复杂，但如果仔细研究，你就会发现它是一个人工推理模型。虽然它比不上精巧的'自然产品'，但是根据固定不变的规律，它就能进行推理。"[39]凭借这种"精确的语言"，斯米越过了思维与机制之间的鸿沟，他的结论是："很明显，思维经得起固定原则的检验。利用这些原则，我们也许可以设计出一种机械装置，只要它服从相同的原则，就能产生那些我们认为只有'思维'能够产生的结果。"[40]

与后期的神经网络和语义网络支持者不同，斯米并没有对"思维机器"做出夸张的承诺，他只想开发出一些小型逻辑机器来进行研究。他说："机器如果大到可以包括所有的词汇与组合，体积必然会非常庞大。考虑到这一点，我们就不难知道，制造出这样的机器是完全没有可能的，因为它的占地面积可能会超过整个伦敦。"他继续提醒我们："不过，那些小型机器只包括少量要素，但却足以演示运作的原理，找到归纳、演绎、关联的定律。如果能正确地使用这些机器，我们的思维一定会变得更加正确，我们的语言也会变得更加明确。"[41]

斯米了解，在形式系统中，层级结构与强加上的假设是不可避免的。他认同 13 世纪拉蒙·卢尔在《伟大的艺术》（*Ars Magna*）

一书中的观点。斯米指出，他的计算机器“对那些信仰固定、不变信条的人也许会大有用处。经过处理之后，任何‘有歧义’的‘信条’会立刻浮现出来。很明显，这样的机器不会评估信条的质量，只会显示新的信条（或者信条中的一部分）是否与之前的信条相符。不论信条的内容是什么，这台机器的作用是固定不变的”。[42]

“通过逻辑机器和计算机器，”斯米总结道，“我们能够从任何数量固定的前提出发，得出正确答案。因为机器会尽可能地模拟自然思维的过程。”[43] 但是，斯米建议读者“尽量多依靠上天赋予的能力，而不是外援”。他对电动逻辑机器的潜力一笔带过，他不想用这个话题来吸引眼球。“在动物体内，神经系统的确通过‘电流’来进行‘通信’。”他在《本能与原因》一书中这样写道。他还附上了两张插图，一张是大脑组织的显微图，另一张是他想象的大脑电子网络结构图——这两张图都是通过电铸版技术印刷出来的。他自己搭建了一个简单的电报系统，这个系统“与大脑有些相似，因为它能将信息从一个点传递到另一个点”。[44] 他将这个系统与温室中的温度计相连。一旦温度上升，超过某个限度，温度计就会发出警报声，让他有时间抢救苦心栽培的奇花异草。1849 年，他使用“极为原始的方式”构想出了制造人工耳的计划。人工耳可以将声音转化为电子信号。他表示：“毫无疑问，一个完美的电声器（也就是上文提到的人工耳）是可以被制造出来的。它能够接收声音，并且将声音传递到任何距离之外的地点。”[45]

斯米在讨论眼睛和大脑如何处理视觉问题时，引入了一些我们今天熟知的概念，例如像素、点阵图和图像压缩。虽然当时的摄影技术仍然处于萌芽阶段，但斯米已经在想象数字传真与数字电视了。“我认为，我的实验证明了光线投射到视觉神经上会产生电流，然后再传送到大脑中，”他写道，“根据这个事实，我们也许可以制造出人工眼球……我们可以将许多人工管道集中在一起，然后搭建起光电线路……这样，我们就有了一个神经单位，制造一双眼睛只需要大量的这种单位就行了，而且……伦敦圣保罗大教堂的影像通过管线传送到爱丁堡，就像它通过神经传送到我们大脑一样，不是不可能的。”[46]

但是，斯米更喜欢与植物待在一起，而不是机器。“有朝一日，人类能制造出一种精巧的机器，它依靠物质的变化（即电流）来提供动力……但是……人类必须认同《诗篇》作者（Psalmist）的观点——‘我实在不配拥有这样美好的知识’。”[47] 斯米晚年专心于园艺和生态学，出版了巨著《我的花园：设计和文化》（*My Garden: its Plan and Culture together with a General Description of its Geoglogy, Botany, and Natural History*），其中有 1300 多幅插图。《星期六评论》的批评者指出：“这么说吧，作者（斯米）试图在一个 7.5 英亩（约 0.03 平方千米）的花园里‘捕捉’自然——无论是生物的自然，还是非生物的自然——并以一种崇敬的笔调忠实地记录下花园中每日的特色。”[48] 巴贝奇过世时孤独一人，他始终没有忘记他没来得及完成的分析机器，以及那台机器预示着的美好未来；斯米走得安详，包围他的是满园的植物和关心他的孙儿。达西·鲍尔写道：“如果斯米能再多活几年，他肯定会成为著名的电子工程师。”[49]

霍布斯的推理、莱布尼茨的推理计算、巴贝奇（设计机器用）的“机器语言”、布尔的思维定律和斯米的符号树状图，都试图建立起机械系统、符号的数学系统以及我们的思维和观念系统之间的形式对应。自霍布斯以来，所有建立形式系统的尝试都面临着同样的困扰：所完成的系统是否内部统一？是否完整？与现实世界——即使只有部分——是否对应？是否与我们的思维方式对应？这些问题取决于我们对“一致性”和“完整性”的定义，它们的定义有强弱两个版本。如果一个系统不会证明任何一个命题的正、反两个版本都为真，那么这个系统在语法上（或者就内部而言）是一致的；如果一个系统能够证明任何一个命题的正、反两个版本中有一个为真，那么它在语法上是完整的。如果这个系统在某一个特定的解释体系中，只能证明真命题，那么它在语意上是一致的；如果这个系统能够证明所有的真命题，那么它在语意上是完整的。

1931 年，奥地利逻辑学家库尔特·哥德尔（Kurt Gödel）拓展了数学的领域，因为他证明了没有一个形式系统（包括基础计算）可以既一致又完整。在任何一个强而有力又不矛盾的系统中，语言、逻辑或者计算都有可能构建在系统中无法证明的真命题。

哥德尔是通过所谓的“哥德尔数”来得出这一结论的。简单地说，以任何一个形式系统的语言表述的所有命题，哥德尔都赋予了一个识别数字。这个数字必须服从一个严密的“计算阶层”的运算规则，它永远无法脱离这个“计算阶层”（“哥德尔是在奥地利帝国长大的，奥地利其严密的‘阶层组织’闻名于世，所以他对这个概念再熟悉不过了。”我母亲这样说道。她身为瑞士人，同样对“阶层组织”十分熟悉）。哥德尔数系统的核心基础是“质数表”，这与莱布尼茨发明的“观念—数字”对应表是一样的。但是，哥德尔与莱布尼茨不同，他设计了一种明确的编码机制，使得任何一个多项式与它对应的“哥德尔数”可以双向翻译。

“元数学的概念（判定）就是与自然数或自然数序列有关的概念（判定），因此我们（至少部分地）可以使用该系统自带的符号来进行表达。”哥德尔在他的证明的导言中这样写道。[50] 他巧妙地利用逻辑和数论构造了一个名为“哥德尔句”的公式，“它断言自己是不可证明的”，即尽管在系统之外，通过简单的推论，我们就能证明它是真命题。所谓的“哥德尔句”，大体而言，可以说是一个自我指涉的命题，就像是：“这个命题是不能被证明的。”但用语言说出这个命题，和用数学表达这个命题却是两回事。“哥德尔数”通过句子（G）让这个自我指涉的命题得以形式化，实际上这句话说的是：“含有哥德尔数 g 的句子是不能被证明的。”接下来，我们只需要处理该系统的细节，从而让句子 G 的哥德尔数成为 g 即可。G 在特定系统内不能被证明，因此它是真的。假定这个系统是一致的，由于命题的 G 的否定命题无法被证明，因此，该“哥德尔句”在形式上不可判断，这使得系统“不完整”。莱布尼茨和他的追随者，梦想着有朝一日能够发明一套万能的编码系统，所有真理都可以被计算（推理）出来。然而，哥德尔却证明了，即使一个像“自然算术”一样简单的系统，都不可能是完整的。就这样，哥德尔粉碎了莱布尼茨的梦想。

这场数学基础的剧变，以及发生在它之前的物理学基础的剧变，改变了我们对世界的看法。哥德尔攻下数学中“一致”与“证明”的据点，没收的土地以“直觉”与“真理”的形式，散布到数学四周的荒野上。形式的力量受到了限制，在真实世界的限制和不一致下运作的形式系统（或近似的系统），其有效性也会受到妨碍吗？ 1927 年问世的测不准原理告诉我们：精确的知识存在于观察者的观察动作之外，可是物理学并没有因此而丧失力量。哥德尔证明“计算”在形式上并不完整，“计算”的用途也没有因此而变少。事实上正相反，哥德尔证明了：最简单的计算也能构建出无法被证明的真理。

“证明与否”与“真理”之间的区别，以及平行的“知识”和“直觉”之间的区别，已经被当作证据，指出“机器”和“思维”的力量是有所区别的。我们也可以这么解释哥德尔提出的第二个“不完整定理”（没有一个系统能够证明自己的一致性）：机器无法理解我们的思维能够了解的意义。“机器”与“思维”的界限究竟在哪？这个问题由来已久。机器能够计算吗？机器能够思考吗？机器能够发展出意识吗？机器有灵魂吗？虽然莱布尼茨相信思维的过程可以被简化成计算，而且机器可以执行“运算程序”，但他不同意经过霍布斯加强的“人工智能”概念。这个概念将所有的事物都简化为机械，哪怕是我们的意识和灵魂也都无法逃脱机械规律的操控。

1716 年，莱布尼茨写信给他的朋友塞缪尔·克拉克（Samuel Clarke）：“人与动物的身体的运行规律，与手表的运行规律一样，都是机械性的。”[51] 但是，他在《单子论》中却指出：“知觉，以及依赖知觉的事物，都无法以‘机械原因’来解释。”他构想了一个思维实验来支持他的观点，“假设世界上有一台机器，它可以思考、感觉和认知。让我们想象一下，如果我们将它等比例放大，大到我们可以走进它的内部，就好像走进了一间工厂。现在，我们进入它的内部，我们发现只有一些零件在运转、相互支援。我们永远不会发现能够解释知觉的任何东西。结果是，我们只能在简单的物质

（而不是复合物或者机械内部）中发现知觉。与此同时，在简单的物质中，除了知觉与知觉的变化，我们什么都找不到。简单物质的内部活动也只能构成知觉”。[52]

霍布斯（普通物质经过恰当处理后，就能创造出暂时的人工物品——思维）与莱布尼茨（思维是宇宙的基本要素，是所有事物的内在本质，无法以事物本身的构造和组织来解释）的不同意见，是过去300年来一直争论不休的“核心问题”。霍布斯和莱布尼茨都相信制造出有智慧的机器是可能的。他们争论的是，机器所拥有的，到底是智慧，还是灵魂。

霍布斯的上帝是由物质构成的；莱布尼茨的上帝是由思维构成的。莱布尼茨至死反对霍布斯的唯物论，但我们能够感觉到，莱布尼茨知道这场辩论尚未结束。1716年，莱布尼茨写信给卡罗琳公主：“这些诋毁上帝概念的‘先生’，也同样诋毁灵魂的概念。他们很容易说服自己相信某个古代学者的想法……根据他们的想法，只要能够容纳灵魂的机器被制造出来，灵魂就会随之诞生。这就好像我们经常调试风琴管，扩大它们的触风面积，它们就能创造出更多的风一样。”[53]

第四章　计算理论

我们建造这样的机器时，不应该不顾一切地剥夺上帝创造灵魂的力量，这与我们生育自己的子女是一样的。无论在哪种情况下，我们都只是执行上帝旨意的工具，为它创造的灵魂提供“房屋”。

——艾伦·图灵[1]

1936年，英国逻辑学家艾伦·图灵成功地让自然数迎风起舞。

图灵这一代人是在大卫·希尔伯特（David Hilbert）的数学荫庇中长大的，他那雄心勃勃的数学形式化研究项目为两次世界大战之间的数学发展奠定了基础。19世纪结束的那一年，他在巴黎举行的国际数学家大会上发表演说，提出了23个悬而未决的问题。在具体介绍这些问题之前，他表达了他的信念：“如果一个命题可以用数学语言来明确表达，那么它的真伪就一定能够被证明。”有了逻辑和数论（数学的基础的共同语言）作为基础，希尔伯特学派相信所有的数学真理都能够以一系列精确的逻辑步骤求得。1928年，希尔伯特再度在国际数学大会上发表演说。他提出了3个问题，而我们可以通过这 3 个问题来判断“任何一套数量有限的规则”能否定义一个封闭的数学系统：这套规则“一致”吗（一个命题和它的否命题不可能同时被证明为真）？这套规则“完整”吗（所有的真命题都能在这个系统内得到证明）？是否存在一个“决断程序”，它能够在有限的步骤内证明“以数学系统的语言表述的任何命题”？

哥德尔在 1931 年提出的“不完整定理”使得希尔伯特的设想落空。希尔伯特学派希望构建一个涵盖所有数学真理的完整系统，但哥德尔却证明了：即使是“最普通”的“计算”都不可能以一个数学系统来囊括。也就是说，任何一个涵盖了所有“计算真理”的数学系统，都必须要借助“外部援助”才能保持“一致”。数学的丰富内涵必须依靠将“外部真理”与“内部证明”结合在一起的多元系统来体现。

希尔伯特提出的“判定性问题”——是否存在一个精确的机械程序，我们可以用它来区分特定系统中的“可以证明的”与“不可证明的”命题——始终没有答案。它和另外一些基本的难题纠缠在一起，比如“如何以数学语言定义‘机械程序’这个直觉的概念”。1935 年，图灵获得剑桥大学奖学金，他选择继续留在国王学院。这时候，图灵正在拓扑学家麦克斯韦 · H. A. 纽曼（Maxwell H. A. Newman）的指导下从事研究工作，而“判定性问题”引起了他的注意。哥德尔提出了“不完整定理”之后，数学界就一直充斥着一种直觉：希尔伯特的“判定性问题”迟早会被证伪，换句话说，不能以严格机械程序处理的数学问题必然存在。图灵的研究方法充满了想象力，让人耳目一新。图灵成功地实现了“机械程序”

和“有效可计算”之间的对应形式化，也就是将它们与递归函数的定义联系起来——这一概念是哥德尔在 1931 年提出来的。想出这一方法时，图灵年仅 24 岁。数学家亚历山大·迪尤德尼（A. K. Dewdney）对此的评论是：“图灵到底有多疯狂才会发现这三个概念其实是一样的。”[2]

图灵试图证明“不可计算函数”是存在的，但他必须先界定到底什么是“可计算”的。“函数”本质上就是一张列出问题与答案的清单。如果一个函数是“可计算”的，那么它就能够依据一组有限而清晰的“步骤”（运算法则）计算出所有答案。“运算法则”精确地规定从某一时刻到下一时刻必须要做的事。“可计算函数”就是它的值可以用机械程序求得的函数，而我们可以使用某台机器来执行这个机械程序。这台机器的行为是可以通过数学来预测的——从某一时刻到下一时刻，这台机器会做什么，我们都能知道。“可计算”与“可以用机械计算”似乎成了同一件事，互相定义。要证明它们是等价的，我们就必须通过“递归函数”——那个“三位一体”体系中的第三项——将“三位一体”的结构建立在稳固的数学地基之上。

我们可以这样来定义“递归函数”：基本组成元素的累加。然后，基本组成元素之间有着严格的代换规则。例如乘法可以简化为一系列的加法，加法可以简化为后继函数的重复迭代，所有的递归函数都可以简化为数量有限的基本步骤。于是我们只需要很少的元素，就能让机器执行“乘法法则”：数字 0 和 1、“后继”概念，“恒等”概念、数值最小的算子，以及一些常规的代换规则。基本上，我们只要会计数就能理解这些元素，并不需要学习特别的数学技巧。很明显，计数的能力是计算能力的基础。然而，我们要如何证明“一台机器只要会计数，它就能用常规程序构建出所有递归函数和所有‘可用机器计算’（可以有效地计算）的函数”这个命题呢？以耐心代替智慧，这种做法产生的结果更实用，影响也更加深远。

图灵并没有依靠前人的研究成果来解决“判定性问题”，他白手起家，将自创的“第一原理”当作立论起点。他从一开始就构建了一个名为“图灵机”的虚拟设备。如果图灵只是遵照阿隆佐·邱奇（Alonzo Church）或埃米尔·珀斯特（Emil Post）的工作成果来进行研究，那他也许就不会另辟蹊径，开创一个新的局面了。图灵的同事罗宾·甘迪（Robin Gandy）评论说：“图灵成功的秘诀，在于他不熟悉其他人的研究成果。我们应该赞美这颗‘单纯’的心灵。”[3]

图灵是通过排除法得到“图灵机”的想法的。最开始，他想象的是一个“计算者”——一个人，而不是我们熟悉的计算机。图灵给计算者准备了铅笔和纸张，并告诉他明确的指令，让他在规定时间内做完题目。然后，图灵将计算者的“零件”一一用机器替代，直到计算者最后只剩下对“可计算”概念的形式描述。如此一来，图灵机就是一个“黑箱”（箱子里可能是一台打字机，也可能是一个人）。这台“黑箱”能够读、写有限的符号系统，“黑箱”读取的符号印在大小有限的纸带上，而纸带是无限量供应的。除此之外，“黑箱”的配置（心理状态）也是可以被改变的。

图灵写道：“我们可以比较一下，一个人处理实数的过程，和一台只拥有有限数字能力的机器处理实数的过程……我们称这种常规的配置为‘m- 配置’。每台机器都配有一个‘带子’（纸带）。机器被‘带子’分割成几个部分（“格子”），每个部分各带有一个‘符号’。在任何时刻，都只有一个格子……‘存在于机器内部’……然而，通过改变机器的‘m- 配置’，机器可以有效地记住它所‘看到’的符号……在某些配置中，被扫描的‘格子’是空白（即不带符号）的，机器在空白的格子上写下新的符号；在其他配置中，机器会擦除被扫描的符号。机器也可能改变正在被扫描的‘格子’，但只能将其位置向右或向左移动。除此之外，其他的许多操作都能改变机器的‘m- 配置’。”[4]

图灵介绍了两个基本假设：时间的离散性和思维状态的离散性。从图灵机（以及数字计算机）的角度来看，时间由不同的原子性时刻组成，一个紧随一个，就像是时钟的“滴答声”和电影的“帧数”。这种对离散序列的推定，让我们能够理解世界。逻辑规定了因果关系的序列，物理定律规定了可观察事件的序列，数学证明规定了离散的逻辑步骤的序列。在图灵机中，这些过程由一系列被编码在无限供应的纸带上的离散符号，以及离散的连续性改变（图灵称它为“机器状态下的思维”）来表示。图灵假定了有限数量的可能状态。图灵解释说：“如果我们允许‘无限状态’的存在，那么其中一些状态将会‘接近于无限’，这很混乱……但这一限制不会对‘计算’造成严重影响，因为机器可以通过在纸带上写入更多的符号，来避免使用更复杂的思维状态。”[5]

图灵机因此体现了空间中有限的假设任意大的符号序列，与时间上有限的假设任意大的事件序列之间的关系。图灵小心地抹去了所有的“智能”痕迹。在任何给定的时刻，除了留下一个标记、清除一个标记，以及将纸带和“格子”向左或向右移动以外，图灵机不能做任何更复杂或更有“智慧”的事情。纸带和图灵机之间的每个步骤，都由一个列出所有可能的内部状态和外部符号的指令表（现在它被我们称为“程序”）来确定，并且这也同样适用于每个可能的组合——当组合出现时，机器知道自己应该要做什么（写入或清除标记、向右或向左移动、改变内部状态等）。图灵机严格地遵循指令，从不犯错。它们不需要复杂的思维状态就能做出复杂行为。图灵机器可以运行得很好（只不过需要大量的说明和注解），但它的步伐单调，只存在两种内部状态。无论是在复杂思维状态（m- 配置）中，还是在经过编码的复杂符号系统（或简单符号串）中，图灵机做出的行为的复杂度是相当高的。

图灵看似简单的模型却产生了令人惊讶的结果。他证明了“通用计算机器”的存在，这台机器可以完全复制任何其他计算机的行为。而通用计算机器又体现了现在被我们称为“软件”的概念。通用计算机器将其他机器编码为一串符号，例如 0 和 1。当该代码被通用机器运行时，它产生的结果与其他机器相同。因此，我们可以用有限长度的字符串来编码所有的图灵机和可计算函数。由于可能的机器数量是可数的，但是可能的函数数量却是不可数的，因此不可计算函数（以及“不可计算数”）一定存在。图灵甚至可以通过哥德尔的方法，来构造出可以给出有限描述但不能通过有限方法去计算的函数。其中最重要的是“停机函数”：给定图灵机的数量和输入纸带的数量，机器根据计算是否会停止来返回数值 0 或者 1。图灵将这样的配置称为“停止‘循环’的配置”，或者“无限‘自由循环’的配置”。图灵表示停机问题是不可解决的，这意味着其他类似的问题，例如判定性问题，也是不可解决的。这与希尔伯特的期望正好相反——没有任何机械过程可以在有限的步骤中被确定下来，不论给定的数学命题是否可证。

最后，图灵指出：他对于“可计算”概念所下的定义，与阿隆佐·邱奇提出的“有效计算”概念，以及斯蒂芬·科尔·克莱尼（Stephen Cole Kleene）提出的“一般递归性”，是等价相同的。对于一个直觉概念，表面看起来非常不同的形式化结果居然是等价的！这是最令人信服的证据：它们再现了一个共同的真理——否则该如何解释？哥德尔对这个概念的评价是：“这就像是一个奇迹。‘可计算’居然超越了表述它的形式系统。”[6]

对于图灵机来说，这既是一个好消息，也是一个坏消息。好消息是，理论上，所有数字计算机都是等价的。任何机器，只要它会计数、做记录、服从指令，就能计算任何可以计算的函数——只要我们提供不限量的计算纸和时间。软件（编码）可以随时取代硬件（开关），因此，尽管硬件进化得很缓慢，但软件能够帮助机器迅速地适应变化。坏消息是，无法计算的数学函数的确存在，任何机器都无法处理这样的函数，给它再多的时间都不行。

令人惊讶的是，不可计算的函数比可以计算的函数多得多，但我们却很难发现不可计算函数的存在。这不只是因为不可计算函数难以识别或者难以定义，还有一些更加深刻的原因。我们要么生活在一个可计算的世界中，要么被困在可计算的思维框架中。某些大问题永远无解，例如人类的智慧是可计算函数吗？生命的组装存在运算法则吗？但可计算函数似乎承担了大部分工作。计算机专家丹尼尔·希利斯解释说：“不可计算函数理论上也许是最常见的函数类型，但实际上却几乎没有人碰到过它们。我们很难找到一个有人想要计算出的、确定的不可计算函数的好例子。这个事实意味着物质世界（和心灵）与‘可计算’有着密切的联系。”[7]

1937 年，图灵完成了名为《论可计算数字》（“On Computable Numbers”）的论文。当年秋季，他到普林斯顿大学访问，第二年论文正式出版，他也获得另外一份奖学金，可以继续留在普林斯顿大学做研究。当年的普林斯顿大学高手云集，拥有邱奇、冯·诺依曼和哥德尔等大师级学者，因此它也成为数学逻辑研究的圣地，不断有著名学者前来访问，为逃避纳粹迫害而来的“难民学者”也越来越多。图灵的理论（图灵机）动摇了数学的基础，通用计算机的概念造成了深远影响。根据加拿大物理学家马尔科姆·麦克菲尔（Malcolm MacPhail）的回忆，图灵在普林斯顿的时候，大概是 1937 年吧，可能已经预感到英国与德国终有一战，于是他自己动手制造了一台计算机。图灵打算用这台计算机来破解密码。麦克菲尔这样说道：“图灵实际上设计了一个电子乘法器，并且构建了前三四个阶段，以观察其能否成功运行。”普林斯顿物理系有一个设备不错的机房，麦克菲尔教会了图灵如何使用机房里的机器，他还（违规地）将机房钥匙借给图灵。“他（图灵）需要继电器开关，但当时这个小玩意儿还没有被批量生产，于是他就自己制造了一个……他尝试改造继电器，但是弄坏了它……令我们惊讶的是，计算机居然真的被制造出来了。”[8]

普林斯顿是美国新泽西州中部的一个安静的小城市，它至今仍然沉湎在 1777 年 1 月华盛顿在当地击败英军的历史记忆中。实际上，普林斯顿在数字革命中扮演了两个重要角色。1881 年，普林斯顿大学的艺术史教授艾伦·马昆德（Allan Marquand）制造出了一台二元辑机器，50 多年后，图灵进行了他最著名的思想实验。马昆德报告说："这台新机器于 1881 年的冬天在普林斯顿建成……制造它的材料是红柏木桩，这曾经是普林斯顿最古老的围墙的一部分。"[9] 马昆德对机械逻辑的研究，引起了逻辑学家查尔斯·桑德斯·皮尔士（Charles Sanders Peirce）的兴趣。1886 年，皮尔士写信给马昆德："我认为你应该继续研究这个问题。制造出一台可以解决困难数学问题的机器并非不可能之事，但你必须一步一步地进行研究。我认为电力应该是最佳的动力来源。"[10]

马昆德似乎对这个项目失去了兴趣，不过他留下了一张设计草图。这份草图可能是有史以来的第一个电子逻辑机器电路图。[11] 没有人知道马昆德是否真的制造出了这台机器，但是乔治·帕特森（George W. Patterson）认为"这很可能是世界上第一台被设计出来的电子数据处理器"。帕特森进行了逻辑和电磁学分析，并且愿意"在没有证据的情况下相信设计者"——虽然这台机器的某些功能还有缺陷，但它是一台成功的机器。[12]

马昆德的逻辑机器是英国经济学家逻辑学家威廉·斯坦利·杰文斯（William Stanley Jevons）在 19 世纪 60 年代开发的"逻辑钢琴"的"回响"。马昆德发表的论文促使皮尔士撰写了一篇名为《逻辑机器》（"Logical Machine"）的简短文章，讨论"人类的思考，究竟哪些过程可以用机器执行，哪些必须留给'心灵'"。[13] 虽然当时"逻辑机器"的功能还非常原始，皮尔士还是建议大家耐心点："纺织业不可或缺的织布机，不也是一步一步发展过来的？"[14] 皮尔士从哈佛大学毕业后，进了美国海岸调查测绘署，为他们工作了整整 30 年。他主要的工作是协助科学家进行天文计算，例如用天文观测数据来确定美国各观测点的经度。他不仅能一心二用，而且能左右开弓，以双手同时写下问题与答案。

皮尔士指出："每一台机器都是推理机器，因为它的零件之间存在确定的关系，这些关系又涉及其他未被确定的关系。"[15] 他不知道巴贝奇正在制造分析机器，可是他预言机器将能够进行更复杂的推理，他也讨论了这一发展的意义。"机器没有主动意志，只会做它被设计来做的事。不过，这可不是机器的错；我们并不需要它做自己想做的事，我们只希望它做我们要它做的事……我们并不想招聘一名熟练的房屋建造商，也不想雇用一位大学董事。我们对机器的要求和我们对人的要求是不一样的。"（这是皮尔士的亲身感受。）皮尔士继续说道："迄今为止，我们知道的逻辑机器只能处理有限数量的不同字母，我们的思维，如果不借助外力，也会遭受同样的限制。但是，如果我们有一支笔和一张纸，那么我们的思维就能挣脱这样的限制……无论它今天受到的限制是什么，明天也许就被克服了。"[16] 皮尔士看到了如果存储信息的数量没有限制，机器的威力会有多大——这是巴贝奇的分析机器的"核心原理"，而图灵的通用机器将它形式化了。

图灵机和数字电脑，到底是哪一个先出现的？那要看你怎么回答"先有鸡，还是先有蛋？"这个问题。图灵的分析超越了硬件设计细节与历史传承之间的关系，他揭示了数字计算机的普遍关系。《论可计算数字》出版时，世界上已经有大量的图灵机器正在运转，例如以打孔卡片制表、计算和处理数据的机器。这些机器都是图灵理论的原型化身：从白纸上读到一个记号，随即改变内部的配置，在另一个地方产生另一个记号。打孔卡片机器形成规模庞大的系统后，各组成部分就会依据功能进行分化——输入、输出、储存和中央处理——我们用这些功能固定的零件组装出了后来的电子计算机。

利用打孔卡片机器处理信息的先驱是美国人赫尔曼·何勒内斯（Herman Hollerith）。1879年，他从哥伦比亚大学毕业，加入美国人口统计局，为1880年的人口普查做准备工作。1880年的人口普查花费将近7年时间才统计完成。美国每十年做一次人口普查，如果方法没有改进，那么1890年的人口普查说不定到1900年都没有办法统计完成。何勒内斯的领导约翰·比林斯博士（Dr. John S. Billings）鼓励他用打孔卡片机器汇总数据。比林斯引用了火车票（不是巴贝奇的分析机器，也不是织布机）的例子。机器可以读取打孔卡片上的信息，然后进行分类，并制作成表格。比林斯安排何勒内斯用打孔卡片机器处理巴尔的摩卫生署的统计资料。何勒内斯充分利用了这个机会，不过根据他岳母的描述，那时候“他筋疲力尽。每天平均给1000张卡片打孔，每张卡片上至少有12个孔。打完孔之后，他的双手极其疼痛。他的脸色看起来糟透了”。[17]但这个（打孔卡片）系统确实有用。

何勒内斯拿到了1890年人口普查数据处理的合同，他统计了6200万人口的资料，用掉了5600万张卡片。每张卡片上有288个打孔位置，可以储存36个8位元字节（36 8-bit bytes）的信息。这次人口普查的数据在两年内就处理完了，甚至还揭露了许多以前的人口普查从来没有关注过的细节。针对每十年一次的人口普查发展出来的技术，经过调整后，我们就可以将它应用到其他领域中，于是打孔卡片机器的数量迅速增长。何勒内斯于1896年成立了制表机公司（Tabulating Machine Company），与此同时，他收购了其他电子零件公司，最终创建了计算—表格—记录公司（CTR），并于1924年改名为国际商业机器公司，也就是我们熟知的IBM。除了迅速地传递和处理信息，我们还可以使用打孔卡片和纸带来“控制信息”。1922年10月，《科学美国人》（*Scientific American*）刊登了一篇文章，题目是《纸带如何让无生命的机器拥有了自己的智慧》（“How Strips of Paper can Endow Inanimate Machines with Brains of Their Own”）。作者伊曼纽尔·沙耶尔（Emmanuel Scheyer）在这篇文章中预言：“事物似乎正在以某种不可思议的方式进行‘自我运行’。”[18]

当图灵让我们意识到计算机的威力时，离散状态机器的时代早已经开始了。数学家万尼瓦尔·布什（Vannevar Bush）在1936年10月发表了一篇文章，他指出：“我们现在每年要用掉5万吨（40亿张）卡片，这意味着现在世界上的‘数字’比过去更多、更好，这个发展趋势还会持续下去。”[19]早期一张计算机卡片的功能相当于图灵机卡片的一格或几格。机器可以被编程为一次扫描整个卡片（卡片上可以打孔的地方有10列、80行，换句话说，每张卡片有800个孔位，因此它能够表现的符号，一共有2^{800}个）；每次只扫描特定孔位（不是0就是1）。或者某一中间位置（把信息分化成不同的场域）。当年的信息处理工业更接近于图灵机器的原始化概念（而不是今天的信息工业），它们的特色是以纸带或卡片顺序（而不是机器的内部配置）去再现复杂的内容。反复排序的程序和其他反复执行的程序让原始打孔卡片处理机拥有了执行复杂任务的能力。但是，它们与图灵机器的原型一样，只有几种可能的内部配置。

信息的基本单位是“比特”，它是“二进制数字”的缩写。1947 年 1 月 9 日，约翰 · W. 图基（John W. Tukey）在贝尔实验室的实验备忘录上第一次写下这个单词。[20]1948 年，克劳德 · 香农（Claude Shannon）在《通信的数学理论》（*Mathematical Theory of Communication*）中第一次将这个单词介绍给世人。[21] 其实香农早在与麻省理工学院（MIT）教授万尼瓦尔 · 布什讨论一张打孔卡片能够储存多少信息时（1936 年），就已经使用这个单词了。在那段时间里，这些二进制信息被飞快地处理成电子形式。大多数时候，二进制信息都只是纸张上的“信息”（或者是被丢弃的纸张上的信息——成千上万的打孔卡片最后都被送去了垃圾处理场）。布什写道：“我们从一台机器向另一台机器运输大量的卡片，而每个问题都是独一无二的，需要用到不同的卡片。”布什以微分分析机而闻名于世，而这台机器就是仿真计算机的“祖父”。早在 20 世纪 30 年代，布什就已经预见到数字计算机的时代即将来临。“我们可以想象一下‘主控制’这个过程，它应该是自动的，完全由机器完成。我们只需要一叠卡片再加上一个‘主卡’，就可以发出各种指令，从而操控机器来完成不同任务……如果商业需求足够大，这样的配置很快就会被制造出来……如果这一过程的运行速度很快，并且能够与其他机制互相配合，那么我们就可以通过‘计算’来完成很多事……我们现在已经可以制造一台数字机器了，它的操作顺序可以被随意改变，以覆盖更广阔的实用领域。只要我们分配给它一个‘序列号’，它就能马上实现自动化。”[22]

何勒内斯公司生产的机器，成为商业、工业和科学界用来分析和储存数据的利器，大量的无序资料也可以被整理成有序资料。打孔卡片“程序”能够协助我们寻找潜在的规律模式并且分析积累的结果。一旦机器发现了可计算函数与输入资料间的对应关系，它就能够模拟这种关系，甚至还能预测未来的发展。

我们也可以调整图灵机的内部配置，进行反向操作：不是在输入序列中寻找模型，并输出可理解的结果，而是将可理解的信息转换成复杂的序列，并生成一个不可理解的结果。如果用可计算函数来对输入信息进行编码（换言之，机器输出的结果是用“可计算的数”编写而成的），那么以同样的函数进行反向操作，就能够还原看起来十分凌乱的符号序列。第一次世界大战快结束时，德国电子工程师亚瑟·谢尔比乌斯（Arthur Scherbius）发明了这种机器，并取名为“恩尼格玛”(Enigma)。这一机器被商业界用来进行秘密通信，例如银行之间的转账。恩尼格玛密码机受到了一定程度的追捧，但销量始终有限，直到它引起了德国海军的注意。1926 年，德国海军采购了改良后的恩尼格玛密码机，德国陆军与德国空军也分别于 1928 年和 1935 年购入恩尼格玛密码机。

恩尼格玛密码机的核心是一系列轮型转子，每个转子表面上有 26 个电子接点，每个点代表一个英文字母。不同转子上的电子接点互相以不可预测的顺序相连，因此，一端输入某个字母，另一端会输出另外一个字母。这样一来，每个转子就有 26！（或者说 403291461126605635584000000）个可能的“转换态”。每个收发站的机器都匹配有配置不同的转子。恩尼格玛密码机和打字机一样，都有一个键盘。每个按键按下后，就会发送一个特定的信号。这个信号从按键出发，经过三个相邻的转子，到达第四个转子；该信号到达第四个反射转子后原路返回，反向经过前三个转子，结束于 26 个灯泡中的一个。总之，按下键盘上的某个按键（输入），就有一个灯泡亮起，指示编码后的字母（输出）。转子与键盘之间的机械对应关系就像车轮和里程表一样，因此，上述过程中的每一步都在改变机器的“思维状态”。但如果信息接收者拥有一台完全一样的机器，同样的转子、同样的配置、同样的线路，那么只要他输入经过编码的字母，就能还原最初的信息。

1939 年 9 月，德国发动闪电战入侵波兰，第二次世界大战爆发。9 月 4 日，图灵前往隶属于秘密情报局（MI6）的密码破译学校报到，这是他第一次与恩尼格玛密码机正面交锋。后来他还见到了被英国密码破译者称为“鱼”的恩尼格玛密码机数字后续版本。密码破译学校坐落在白金汉宫外的布莱切利庄园，除了图灵以外，那里还聚集了来自世界各地的数学家、语言学家、工程师、技术员、政府工作人员以及职业棋手。妇女海军支援大队也在为整个学校服务。作为密码破译学校的客人，密码分析人员的行动一直保持低调，但是这么多的天才数学家（特别是职业棋手）突然间销声匿迹，实在是很可疑。德国军队的警惕性很高，他们修改了恩尼格玛密码机的配置，并经常改变解码表。他们只要找到了情报外泄的证据，就一定会搜查内奸。为了加强通信的保密性，特别是与大洋中的潜艇舰队的通信，德国军队在原先的恩尼格玛密码机中增加了一个编码转子，以及一个辅助插板，进一步加密由 10 个字母组成的额外编码，只留下 6 个字母保持不变。当年担任图灵统计助理的欧文 · 古德回忆道:“因此，那台机器开始传送信息时的初始状态数量约有 9×10^{20} 个。对于 U 型潜艇的密码机来说，这个数字大约是 10^{23}。”古德当时只有 25 岁。[23]

破译三转子恩尼格玛密码机传递的信息，如果我们使用试错法，将所有可能的“配置”都运行一遍，即使一秒能测试一千种“配置”，也要花费30亿年，才有可能破译成功。至于四转子的恩尼格玛密码机，即使每秒能测试20万种“配置”，我们也要花费150亿年的时间，才能破译信息。在战争的关键时期，布莱切利庄园成功破译德军密码信息的速度至关重要。战时情报往往在几天内就过时了，有时候几个小时后就过时了。英国在这一方面取得了巨大的成功，这主要有两方面原因：一方面，聚集在英国的密码专家们夜以继日地努力破译密码；另一方面，德国军队总是犯下一些让人抓住把柄的小错。1942年加入布莱切利庄园的牛津大学学生彼得·希尔顿（Peter Hilton）回忆道：“纳粹的夸夸其谈和德国人的严谨自律，给了我们很大的帮助……纳粹喜欢歌功颂德，因此每场战役的捷报都会传送给各地的军事单位；而德国军人讲究秩序与纪律，因此所有的捷报都以同样的字句，在同一时间由所有频道传送出去。”[24]

波兰密码学家在战争爆发前就破解了三转子恩尼格玛密码机，这使得同盟国在破译密码的战场上取得先机。波兰政府早在1928年就对破译恩尼格玛密码机传递的信息产生兴趣，因为那一年，一位波兰海关官员截获了一封德国密电。1932年，法国情报人员弄到了一份恩尼格玛密码机的操作手册，然后复制了两份，分别赠送给波兰和英国。波兰政府聘请了三名年轻的数学家——亨里克·佐加尔斯基（Henryk Zygalski）、耶日·鲁日茨基（Jerzy Różycki）和马里安·雷耶夫斯基（Marian Rejewski）——对恩尼格玛密码机进行研究，他们想出了一个绝妙的破译方法：应用数学逻辑“搜寻”恩尼格玛密码机转子的配置，以缩小配置的范围，然后再用一个电子或机械装置以试错法测试剩余的“配置”，一旦撞上了正确的配置，机器就会停下来。也许正是因为这个机器运转时会发出巨大的噪声，然后又突然静止下来，所以它被命名为“轰炸机”。

第二次世界大战开始后，德国继续改进恩尼格玛密码机，经常改变转子设定。英国设计的“轰炸机”因为图灵的研究成果，功能强过波兰的原型，但依然比不上德国改进的恩尼格玛密码机。到了1943年底，每个月有9万个通过恩尼格玛密码机传递的信息被解密，密码破译员全天24小时在布莱切利庄园轮流值班。与此同时，布莱切利附近的几个小镇都建立了装备有“轰炸机”的解码支援中心。“‘轰炸机’是8英尺（约2.4米）高、7英尺（约2.1米）宽的青铜色柜子……每一次运行，它都会发出巨大的噪声。这台机器每一行的运转速度都不同。有时候，哪怕耗费了8个小时的时间，机器也没破译出什么。”戴安娜·佩恩（Diana Payne）这样回忆道，她根据当天的密码分析表格对“轰炸机”进行设置（编程）。她在密码破译学校工作了整整三年。“对于‘轰炸机’的技术原理，我基本上不太了解。机器会突然停止，这时我们就会拿出磁鼓，从中读取数据……当自己面前的机器成功停止时，那一瞬间的高兴，是什么都比不上的。”[25]

德国新一代密码机“鱼”传输的信息比较长，而且这些信息能够通过高速电缆和无线电报线路以二进制代码进行自动传输，这就超出了“轰炸机”的能力范围。而解决这一难题唯一的希望就是使用“电子数据处理技术”。一系列以希思·罗宾逊（Heath Robinson）[26]命名的打孔纸带机被制造出来。这一打孔纸带机的原理是：通过对两个不同长度的连续循环的编码纸带进行同时扫描，我们可以得到两个序列的所有可能的组合。希思罗宾逊纸带机使用了光电技术，能够高速读取纸带上的信息，与此同时它内部的电子电路能够对这两个序列进行计数、组合和比较——方法是以极快的速度执行布尔运算。但保持两个磁带之间的同步是件很困难的事。此后，一位在多利士山（Dollis Hill）电信研究站工作的工程师，托马斯·弗劳尔斯（Thomas II. Flowers）提出，通过将其序列转移到内部记忆（或者图灵所说的“思维状态”）中，我们能够“取消”其中一个纸带。拥有这种内部记忆的机器在电路设计上更复杂，但从机械上来讲，它的结构却更加简单。最后，内部序列可以被精确地同步到由纸带输入的脉冲序列中，为这一过程提供动力的，不再是齿轮，而是“摩擦”——摩擦提供的驱动力能够让纸带以更快的速度移动。

杰克·古德回忆说：“打孔纸带机每秒读取 5000 字符，它的电路是并行的，因此它每秒能够处理 25000 个二进制数字……1 英尺（约 30 厘米）长的纸带只能记录 10 个字符，因此每秒 5000 个字符的速度意味着纸带的移动速度会达到将近每小时 30 英里（约 48.2 千米）。我认为能够让打孔纸带机以这一速度运行的技术原理，将会是第二次世界大战中最伟大的秘密之一！”[27] 通过反复测试，打孔纸带机最多能够运行长达 200 英尺（约 61 米）的纸带，而且如果纸带比较长，那么机器在运行的过程中就会发生纸带边缘在通过不锈钢导销时被切掉的问题。在托马斯·弗劳尔斯的监督下，新的机器被制造出来，工程师们对机器进行了设置和编程（在纽曼的指导下，图灵于 1936 年写出了关于可计算数字的论文）。新的机器被命名为“巨人”，它的内部有1500个真空管（或者英国人所说的“阀门”）。这台机器非常成功，在战争结束之前，一共有10台“巨人”被投入使用，后来被制造出来的“巨人”内部的真空管数量增加到了2400个。实验室里的加热器一直开着，因为重新加热最有可能导致真空管失效。“啊，凌晨两点，潮湿、寒冷的英国冬天中的温暖！”[28]霍华德·坎佩恩（Howard Campaigne）回忆道。他是为美国海军服务的密码分析师，1942年被分配到布莱切利庄园。第二次世界大战结束之前，德国人改变恩尼格玛密码机和“鱼”的转子模式的频率已经变成每天一次，而不再是每月一次。

“鱼”一共有两个种类，分别由西门子（Siemens）和洛伦兹（Lorenz）制造。洛伦兹制造的机器是“巨人”的目标，以“金枪鱼”（Tunny）之名而为英国人所知。当然，“金枪鱼”还有不同的亚种——“水母”“鲷鱼”“鲂鱼”“鲟鱼”——不同的德国指挥部使用不用型号的机器。而“鱼”的本质是自动电传打字机，它能以普通的“5笔码”（用5个二进制数字来表示每个字母）传送编过码的信息，接收方可以用同样的机器自动接收、解码和打印。该机器一共有12个长度不相等的转子，负责产生“数码遮罩”（“解”）。它的初始配置一共有10^{150}种，任何一个配置产生的“数码遮罩”（“解”）的数量是1.6×10^{16}个。“鱼”的编码方法是以“2”为模数，再加入明文信息（即用2作为“基准”来计数，就像我们以12作为“基准”来计算小时，因此$0+1=1$，而$1+1=0$），其中1和0表示纸带上存在或不存在孔洞。只要知道运算方法，将密钥第二次添加到加密文本后，我们就能得到原始文本。每条“鱼”都是图灵机器的一种，而“巨人”破解“鱼”的程序就是教科书般的例子：

一台图灵机器的功能（或者部分功能）可以用另一台图灵机器来模拟。然而，英国密码专家面临的问题是，“鱼”的配置总是在不停变化，他们只能依靠猜测来走出破译的“第一步”。

工程师可以通过插件板和机器背面的拨动开关对“巨人”进行编程，而编程的基础是“布尔逻辑”。“‘巨人’的程序都很灵活，这大概是由纽曼设计的，又或者是图灵，他们都熟悉布尔逻辑。这种灵活性为后续的工作带来了极大的便利，”欧文·古德回忆道，“‘巨人’的工作方式是：一位密码分析员，坐在机器前面，他根据打字机呈现出来的东西，指挥英国皇家海军妇女服务队队员在机器后面的插板上按下按键，改变电路。在这个阶段，男人、女人和机器之间有着紧密的联系。这种联系，在后来大型计算机快速发展的十年中，并不常见。”[29]“巨人”并不会直接打印出破译后的文本，但是，一旦破译成功，机器就会产生一连串有关“鱼”发送信息时使用的“数码遮罩”的线索，例如“鱼”当时的配置以及各转子的初始位置。密码分析员通常要依靠“小抄”（德文中最常出现的字母串）来搜寻线索，搜寻线索的程序的基础是语言学家对德语做的某种细致的统计学分析，而这一分析结果是英国在战争期间严守的秘密。经过训练之后，“巨人”能够分辨经过编码的德语与随机乱码。见过这样惊人的“机器智慧”后，纽曼与图灵对这一技术的发展更加有信心了。安德鲁·霍奇斯对此表示：“‘机械’和‘智慧’之间的分界线稍微变模糊了一些。”[30]

“巨人”并不是程序存储计算机（它不能执行和修改内部存储的指令），但是它已经与美国陆军支持研发的电子数字积分计算机非常接近了，并且还领先了两年。“巨人”与其他电子计算机的区别在于，它执行的是以布尔运算为基础的程序，而其他电子计算机执行的是以数值运算为基础的程序（它们输出的是数字）。“巨人”违反了当时流行的标准，但如果以现代电脑为标准，“巨人”那出色的逻辑运算能力则让它脱颖而出。

图灵在“巨人”的研发过程中扮演着什么样的角色？在战争期间，“巨人”的研发计划一直受到战时保密措施的保护，因此这个问题至今没有答案，而“通用计算机”的传奇也给这个问题带来更多的迷惑性。古德认为图灵“在统计原理方面，做出了突出贡献，但是他与‘巨人’的研发计划没有什么关系”。[31] 这个观点得到了纽曼、弗劳尔斯等人支持。然而，布莱恩·兰德尔（Brian Randell）采访了这些参与者，他注意到“事实上，我采访过的人都记得，他们曾经在战争期间讨论过图灵对‘通用计算机’的想法”。[32] 彼得·希尔顿写道：“图灵先设计了‘轰炸机’，然后设计了‘巨人’。图灵非常‘刻意’又非常‘深思熟虑’地发明出了电脑。”[33] 到了实际制造和操作“巨人”时，图灵的兴趣已经转移到其他领域（例如让人无法窃听电话的“即时声音加密”技术）了。那时候，布莱切利庄园已经发展成为一个拥有 7000 名工作人员，10 台“巨人”，无数台“轰炸机”，大量何勒内斯打孔纸带机，以及广泛的长距离通信支援的“秘密基地”。“巨人”是第一代可以用程序操作的电子数字计算机，只不过它是针对特定功能设计的。“巨人”是一台完整的信息处理机器，它所使用的技术领先于整个时代。

第二次世界大战结束后，曾经在布莱切利庄园工作过的工程师，首次研发出了可运行的程序存储计算机（曼彻斯特马克 1 号，这台机器于 1948 年 6 月 21 日完成了它的“处女秀”），以及全电子存储器（威廉姆斯管）。然而，计算机的研发中心还是转移到了美国。研发计算机的动力不再是解决密码分析师的逻辑难题，而是完成设计原子弹需要的大量计算工作。布莱切利庄园团队解散后，其成员仍然受到英国保密法的约束：不得讨论战争期间的破译工作。直到 32 年后，英国政府才最终承认“巨人”的存在。

第二次世界大战期间，图灵曾经认真地思考过计算机的研发问题，最好的证据是他在 1945 年最后 3 个月向英国国家物理实验室（NPL）数学组提交的报告，题目为《关于研发自动计算机的提议》（*Proposal for the Development in the Mathematics Division of an Automatic Computing Engine*）。[34] 图灵的提议最后来到了数学组的负责人约翰 · R. 沃默斯利（J. R. Womersley）的手上。沃默斯利在战前就已经对建造“图灵机器”的想法产生了浓厚兴趣，他甚至建议英国政府尽早建造出一台能够实际运行的“图灵机器”。战争结束时，沃默斯利前往美国访问了两个月，调查当时还是国防机密的新型计算机，其中包括通过磁带进行控制的电子计算器——哈佛马克 1 号。他给妻子寄了一封信，他在信中将见到的机器描述为“图灵硬件”（Turing in hardware）。[35] 沃默斯利向道格拉斯 · 哈特里（Douglas R. Hartree）进行汇报，而道格拉斯 · 哈特里向美国国家物理实验室的主管人达尔文爵士（查尔斯 · 达尔文的孙子）进行汇报。可惜的是，达尔文对图灵的项目没有多大兴趣，而他领导的官僚机构的瘫痪程度严重地削弱了该提案获得的支持力度。在一连串的部门推诿后，图灵的提案被认定为“失败的项目”。就像巴贝奇的分析机器一样，图灵设计的“自动计算机”从未被制造出来。

根据学者的分析，图灵的《关于研发自动计算机的提议》“综合了好几个概念：程序存储计算机、浮点子程序库、人工智能，以及硬件引导加载程序”。[36] 在那个时代，这种计算机还不存在，冯·诺依曼的架构也才刚刚问世，图灵就完整地描绘出一个以每秒百万周期的速度进行运算的计算机，这预言了后世的精简指令集计算机（RISC）的架构——这一结构要等到50年之后才成为主流。图灵在报告中附上了电路图、内部存储系统的物理和逻辑分析、示例程序、丰富的子程序（当然还有些小错误），以及一份标明了“11200英镑”的成本估算单——当然，这个数字是不符合实际的。图灵的母亲后来回忆道，图灵的目标是“通过硬件来实现《论可计算数字》中的通用机器逻辑理论”。[37]

在图灵的设计中，计算机主要依靠水银声波延迟线来进行高速存储，这是一种处理雷达信号的“专用技术”——通过比较一系列回波来辨别已经移动的事物。这种技术后来被应用在早期的电脑中，正如纽曼所说，“它的编程过程，与我们捕捉正要进入墙洞的老鼠的过程一样”。[38] 在大约1微秒的时间里，接连不断的电脉冲被转换成一串声波，然后继续在两端装有晶体换能器的水银长管中循环。作为有限态图灵机的一部分，延迟线代表了长达1000英尺（约305米）的纸带的“连续循环”——它能通过读写磁头在每1秒内完成1000个完整的传递。图灵详细说明了（大约）200个真空管的用途。每个真空管能够存储32个有32位字节的字符，因此整台机器总共能存储大概20万位字符——这已经和“美诺鱼的记忆容量”不相上下。[39]

1947年，图灵在伦敦数学学会上指出：“我设计的自动计算机（ACE）最有意思的特点是‘电子’，而不是‘数字’。”[40] 存储是以什么形式实现的并不重要，纸带、真空管触发器、水银脉冲串，或者纸莎草卷轴都可以，只要我们使用的是离散符号，机器就可以自由读取、写入和重新定位数据，甚至还可以清除数据。随机存取存储器的概念（以及因此而具备的存储和操作指令和信息的能力），被认为是电子数字计算机发展的关键创新。这些发展全都隐含在图灵于 1936 年发表的论文中——图灵第一次提到了“单带图灵机”的概念。二进制数字（指令、数据或临时记录）是以声波的形式存储在振动的汞柱中，还是作为符号存储在纸带上，没有任何区别。然而，“巨人”的五频纸带读入机必须以每小时 1200 英里（约每小时 1931 千米）的速度运行，它的读取速度才能跟得上水银声波延迟线的存储速度。

图灵在自动计算机上展现的眼光，陷入了行政的泥沼之中，无从落实。第二次世界大战期间，在剑桥工作的理论家们拥有无限的工程资源，他们甚至连邮政局的研究员都能征召，必要时工厂能够连夜赶制新的硬件，现在回想起来，这真是一个奇迹。图灵主张将制造自动计算机的工作外包，但实际上这是一个错误的想法，哪怕图灵已经给出了完整的设计原则。1950 年 5 月，图灵设计的自动计算机的简易原型机终于被制造出来，“功能比我们预期的还要强大”。詹姆斯·哈迪·威尔金森（James Hardy Wilkinson）继续写道：“尽管它的存储器只能保存 300 个有 32 位字节的字符。但奇怪的是，它的效率正来源于它的弱点——因为经费有限，所以工程师在设计机器时只好一切从简。”[41]

1947 年 7 月，图灵请假一年，他再次回到剑桥大学国王学院进行研究工作。1948 年 5 月，图灵辞去国家物理实验所的职务，接受曼彻斯特大学的任命——纽曼正在那里召集布莱切利庄园的同事，筹备创建数学计算系。图灵一向不安分，在曼彻斯特大学，除了协助设计计算机硬件与程序以外，他还对另外一些新领域产生了兴趣。第一个领域是生物形态生成过程的数学理论。他用机器语言编写程序，然后使用他自己发明的基底32编码（base-32）去模拟整个理论。第二个领域是“人工智能”，或者更精确地说，“机械智能”。在这个领域里，他的反传统态度表现得最彻底。图灵在1948年写道：“许多人不愿意承认人类在智能上可能存在对手，知识分子也一样。与普通人相比，这些知识分子的损失更大。”[42]

图灵对于硬件和软件的想法，远远领先于当时的任何人。他处理机械智能的方式，与他十年前处理“可计算数字”问题的方式一样直截了当。他再一次遇到了“不完整性”的问题。哥德尔证明了任何形式系统都不完整，许多人试图绕过这个证明，以论证这个问题会（或不会）限制计算机复制人类思维的能力。1947年，图灵点明了这一复杂论证的核心论点（和弱点），他说：“换句话说，如果你期待一台机器永远不会出错，那么这台机器就不可能是智能的。”[43]对图灵来说，这并不是一个理论障碍，反而表明了：我们必须研发会犯错的机器，让它们在自己犯的错误中学会自我进化。

1948年，图灵在给国家物理实验所的一份报告中说：“哥德尔定理和其他定理所做的论证，基本上依赖一个条件，那就是机器不能犯错。但这并不是‘智慧’的必要条件。”[44]图灵提出了几个具体的建议。他主张加入随机元素来制造所谓的“学习机器”。这样一来，我们就不必事先给机器设定好所有的运转条件。机器有能力进行随机猜测，并且根据结果决定是否往猜测的方向前进。机器不仅在面对外部问题时进行猜测，它甚至可以凭借猜测的结果修改内部指令，那么机器就能够自我学习了。“我们需要的机器，必须能够从经验中学习，”图灵写道，“机器有机会改变自己的指令，那么它就有了学习的机制。”[45]1949 年，图灵在研发曼彻斯特马克 1 号（第一台商用电子数字计算机的原型机）的过程中，设计了一个随机数产生器，它不是通过计数法产生伪随机数，而是真正拥有一个随机电子杂音音源。

图灵将这些想法向前推进了一步，提出了“无组织机器”的概念：“它们的架构大部分是随机的，而且是由大量的相同单位组合而成。”[46]他想到了一种简单模型，该模型的每个构成单位都分配了两组可能的配置，还配备有两个输入端和一个输出端。图灵得出结论：“如果构成单位的数量足够多，那么这种机器就能执行复杂的命令。”图灵展示了如何让这种无组织机器（“大概是最简单的神经系统模型”）自行修正自己的行为。只要经过适当的“训练”，这台机器就能完成非常复杂的任务，以其他方式建造的“其他机器”都做不到这一点。人类大脑一开始必然是类似这样的无组织机器，因为对于人类大脑这么复杂的器官而言，这是唯一可行的复制方式。

图灵发现了智能与“遗传或进化搜索”之间的对应关系，“搜索的判断标准是生存价值，这样一来，基因才会受到照顾。这种搜索方法极为成功，这在某种程度上证实了，智慧活动主要是由各种不同种类的搜索组成的”。[47]图灵认为：研究真正的“智能机器”，进化计算是最佳的途径。他问道：“为什么不尝试着写一个模拟孩子思维的程序，而是要写一个模拟成年人思维的程序？”[48]图灵继续说:“我们可以一点一点地让机器做更多的‘选择’或者‘决定’。最后我们会发现，我们能够写出让机器依据少量普遍原则行动的程序。一旦这些原则足够普遍，我们就不再需要干预，于是机器就能‘自我成长’。”[49]

这是一条向着“人工智能”前进的道路，这条道路的特色是允许经验累积，允许试错，允许机器从错误中自我学习。许多人对图灵机器的刻板印象是：它们只能根据事先写好的程序按部就班地行动。于是这些人误解了图灵，以为图灵相信单独的程序可以模拟人类智慧，只要指令和行动顺序足够清晰明白。图灵知道人类的大脑是由多少个相互关联的神经元组成的，也知道一个社会要点燃语言与智慧的火花、创造烈焰，需要多少个大脑。莱布尼茨幻想过一个理想的、完全形式化的逻辑系统，图灵在1936年就粉碎了它。1939年，图灵试图超越哥德尔的“不完整性定理”而写下的《基于序数的逻辑系统》(“Systems of Logic Based on Ordinals”)也是一篇失败的论文。图灵在《论可计算数字》的续篇中讨论了“是否可能消灭直觉，只留下‘才智’”。他指出，“才智”总是被耐心所取代，所以“我们不在乎‘才智’。我们假定世界上有无限的‘才智’”。[50]

智慧永远不会清晰有序，它也不会是完美的“组织”。就像大脑一样，智慧存在于无序的状态中，它的细节很不稳定。图灵强调：制造大型、可靠并且灵活的机器的秘诀在于使用大量的单独组件，每个组件都拥有犯错的自由和随机搜索的能力。这些组件的行为无法被我们预测，这样一来，它们组成的机器才会有能力进行“智能选择”。这个模型很吸引人。奥利弗・塞尔弗里奇（Oliver

Selfridge）在 1959 年提出的“鬼域”（Pandemonium）项目，欧文·古德在 1965 年发表的名为《对第一台超级智能机器的沉思》（“Speculations Concerning the First Ultra intelligent Machine”）的论文，马文·明斯基在 1985 年出版的《心智社会》（*Society of Mind*）都对这个模型大加称赞。布莱切利庄园团队之所以能够在破译密码的工作上取得如此大的成功，便是因为“分布式智能”的原则实在太有用了。

图灵机器能够重现空间模式和时间序列之间的关系，它为这些直观的智慧模型提供了共同语言，让实体与理论这两个领域中的内容能够互相翻译。图灵机器在这 60 年里一直不断“进化”，它已经变得越来越通用。1943 年，沃伦·麦卡洛克（Warren S. McCulloch）和瓦尔特·皮茨（Walter Pitts）证明了图灵机器与神经网络是等效的。约翰·冯·诺依曼对此表示：“就机器而言，整个外部世界不过是一条很长的‘打孔纸带’。”[51] 图灵机器成为定义所有计算机模型的标准。只有在量子计算的理论（量子叠加允许多个状态同时存在）里，离散状态图灵机器才会毫无用处。

所有的智慧都是集体的。莱布尼茨没有想到的“真理”，最终还是被图灵捕获：所谓的“智慧”，不论是 10 亿个神经元、10 亿个微型处理器，还是一个细胞里的 10 亿个分子，它都不是由一个事先已经规定好的计划发展而来的，它来源于“微小错误”形成的随机组合。布莱切利庄园的逻辑学家让“巨人”迸发出了智慧的火花，他们的方法不是训练机器寻找正确的答案，而是训练机器排除成千上万个不可能是正确答案的组合。

图灵粉碎了智慧的“神秘性”，但是，这样反而展现了另一个更大的神秘性：智慧的机制与思维不可预测的特性如何调和？20世纪30年代，逻辑学界发生了一场剧变，这让人想起了19世纪末的物理学革命——原来牛顿力学的确定性是由“不确定性”伪装的。神秘的性质依然神秘，只不过神秘的对象已经从“最大”变成了“最小”。所有可计算的过程都可以通过图灵机器被分解成基本步骤，就像所有的机器都能被分解成越来越小的零件一样。图灵以严格的形式实现了莱布尼茨的思想实验（在莱布尼茨的想象中，进入一台思维机器与进入一个磨坊是一样的）。智慧的神秘性被一系列更小的神秘性给取代了，最后只剩下思维的神秘性，难以消解。

莱布尼茨认为："虽然最简单的实体不是由零件构成的，它也不能再被分解了，但它的内部仍然会存在多个条件与关系。"[52] 图灵的分析也表明，思维的力量不仅来自大数域（仅通过组合过程运行），而且也来自小数域（任何被观察到的事件都自带“概率”）。霍布斯和莱布尼茨也许都是对的。

第五章　试验场

我正在思考一件比原子弹更重要的事情。我正在思考计算机。

——约翰·冯·诺依曼[1]

我们会对逼近的敌人和逃走的猎物丢石头，还特别讲究出手的时间。有学者认为，人类的智力就是在这样的淬炼中，变得更加发达。弹道学同样影响了计算机的发展。弹道学是有关“如何向远处投掷物品”的学问。数学和弹道学之间的密切关系可追溯到阿基米德、列奥纳多·达·芬奇、伽利略和艾萨克·牛顿。大家都对牛顿与苹果的故事津津乐道，这是科学史上最著名的案例（虽然是假的），它推动自然科学进入飞速发展的时代，而它的灵感就来源于弹道学。罗伯特·波义耳（Robert Boyle）在1671年出版的《自然哲学机械学科的实用性》（*Usefulnesse of Mechanical Disciplines to Natural Philosophy*）中，第一次使用了“弹道学”（Ballistics）这个术语。他将弹道学描述为“致命的艺术”。提高火药“精确性”的技术当年被认为是人道主义的进步，但随之而来的是我们持续到今天的对“聪明武器”（例如引导炸弹）的过度热情。

第二次世界大战期间，图灵与他在布莱切利庄园的同事就像是专业棋手，以集体的力量对抗希特勒。战争一结束，他们就恢复了普通人的身份。和他们不同，约翰·冯·诺依曼终生都没有离开这个棋局。冯·诺依曼亲眼见证了，数字计算机是如何从密码破译机变成原子弹制造机的。冷战的来临与高速电子计算机的研发有着密切关系。有了高速电子计算机，我们就能够计算新武器的威力，而不必像过去那样，亲手点燃引信，然后迅速跑开。

不可计算的事，冯·诺依曼都能计算出来，他就是有这样的天赋。他让“核末日”成为人力可及之事，然后又对某种特别冷血的生命形式产生了兴趣。机器会有自我复制的能力吗？他提出了一个理论，而这个理论让图灵设计的通用机器拥有了无限的自我复制能力。尽管这些成就在一定程度上威胁到人类的生存，但冯·诺依曼并不是一个邪恶的天才，他从来都不是。他是一个数学家，情不自禁会将解构和建构的概念推向逻辑的极限。他关心的是事件在未来发生的概率，而不是大众所热衷的“道德判断”。

冯·诺依曼对氢弹和弹道导弹的研发、核威慑博弈理论的应用，以及其他“黑魔法”的研究做出了巨大贡献。参与到曼哈顿计划的科学家中，只有少数几个没有隐居在洛斯阿拉莫斯，而他是其中之一。他就像颗彗星，定期在那里现身，但其实这只是他长途旅程中的一站。他是个鹰派，主张以强硬手段对付苏联，他公开支持“预防性核打击”计划。他对核战争的看法，可以用他在1959年说过的一句名言来概括：“别问是不是，只问‘什么时候’。”然而，他协助制定的“和平政策”（用保证毁灭敌人的力量来威胁敌人），使世人免受核战争的灾难，已经长达 50 年。冯 · 诺依曼会说出那句名言，不仅因为当时的政治背景十分紧张，而且还因为“博弈论”在那个时代取得了重大突破。冯 · 诺依曼证明了：在危险的不稳定情境中，令人信服的威胁姿态能够稳定大局——关键是支持行动的决心。

“冯·诺依曼似乎很崇拜军人，而且他和军人相处得很好。”[2] 斯塔尼斯拉夫 · 乌拉姆（Stanislaw Ulam）这样回忆道。他是冯 · 诺依曼的朋友兼同事，在氢弹研究计划中扮演了关键的角色。冯 · 诺依曼受邀加入军方，担任专业的“冷战分析师”，他做到了。在生命的最后十年里，他成了一名锋芒毕露的军事战略家。冯 · 诺依曼与癌症整整战斗了 9 个月，在那段时间里，艾森豪威尔专门为他安排了一间高级的私人病房，并且指派空军上校文森特 · 福特（Vincent Ford）和经过彻底调查的 8 名飞行员对他进行 24 小时的贴身保护。

冯 · 诺依曼在弥留之际，不再使用“军事秘语”来说话，而是说着他的母语——匈牙利语。约翰 · 冯 · 诺依曼于 1903 年出生在布达佩斯，他的父亲马克思 · 诺依曼（Max Neumann）是一位成功的银行家和经济学家（于 1913 年被奥地利皇帝册封为贵族）。冯 · 诺依曼从小就接触到了经济学理论，以及政治“计谋”。他的父亲尽可能让他进入自己的圈子。冯 · 诺依曼的弟弟尼古拉斯（Nicholas）回忆道：“如何管理银行变成了整个家庭讨论的问题，这已经超出了学校教授的知识的范围。我们所有人（特别是冯 · 诺依曼）都因此学到了父亲的商业手段。”[3] 尼古拉斯记得，父亲投资过一家纺织厂，随后带回了一台由打孔卡片控制的自动织布机。尼古拉斯相信，冯·诺依曼后来会对电子计算机如此迷恋，很大程度上是因为这台机器给他留下了深刻印象。

冯·诺依曼在17岁时写出了他的第一篇数学论文（共同作者是他的导师迈克尔·费克特）。从此之后，他就一直保持着旺盛的创作热情。1969年问世的《论自我复制的自动机器》(*Theory of Self-Reproducing Automata*)，就是逻辑学家亚瑟·伯克斯（Arthur Burks）从冯·诺依曼的未完成的手稿和笔记中整理出来的。冯·诺依曼的《量子力学数学基础》(*Mathematical Foundations of Quantum Mechanics*）和《博弈论与经济行为》(*Theory of Games and Economic Behavior*）在数学领域一直是经典之作。与冯·诺依曼相识的尤金·维格纳（Eugene Wigner）评论说："没有人能弄清楚所有的科学，冯·诺依曼也不能。但是就数学而言，除了数论和拓扑学之外，冯·诺依曼对其他的每个领域都做出了贡献。我认为这确实是罕见的成就。"[4]冯·诺依曼的杂技般的思维已经成了一个传奇。氢弹之父爱德华·塔勒（Edward Teller）说："如果你喜欢思考，你的大脑就会进化。冯·诺依曼就一个喜欢思考的人。他喜欢让大脑处于工作的状态。这就是为什么我认为他超越了我所知道的所有人。"[5]匈牙利在两次世界大战之间，诞生了一批优秀的科学人才：冯·诺依曼、泰勒、维格纳和利奥·西拉德（Leo Szilard)。这让同时代的数学家和物理学家感到非常奇怪：为什么一个这么小的国家可以同时孕育出四个如此伟大的头脑？根据乌拉姆的说法，冯·诺依曼对此的回答是："……生存压力。如果没有优秀的人才，这个国家就会灭亡。"[6]——这是典型的冯·诺依曼极端推理。尤金·维格纳在1964年写道："与我们人类的意识相比，也许动物的意识更加混乱，也许它们的知觉永远像梦境一样模糊……另一方面，在我认得的人里，冯·诺依曼的思维是最锐利的。每当我和他谈话的时候，他总会给我留下一个印象——只有他才是完全清醒的，而我还沉浸在梦境中。”[7]

冯·诺依曼认为他的祖国因为两次世界大战以及大战之间的一系列动乱而变得面目全非。[8]在共产党短暂的执政期间，冯·诺依曼一家人搬到了意大利的亚得里亚，他本人并没有遭遇到生命危险。1921 年到 1926 年，冯·诺依曼在布达佩斯大学、柏林大学和苏黎世联邦理工学院（ETH）之间来回奔波，他获得了化学工程学位（足以谋生）和数学博士学位（在欧洲几乎找不到工作）。1926 年到 1927 年这个学年，他拿到了美国洛克菲勒基金会的奖学金，随后前往德国哥根廷大学跟随大卫·希尔伯特做研究。他试图公理化集合论的内容，以支持希尔伯特将所有数学领域都重新形式化的宏伟目标。后来，冯·诺依曼承认自己曾经对这个题目有过质疑，这些疑问也让他对哥德尔的“不完整理论”产生了亲近感。同样是在 1927 年，他在希尔伯特那里，开始使用数学方法处理量子力学的问题——无论是在数学界，还是在物理学界，这都是一座值得后人铭记的里程碑。1926 年到 1929 年，他一共发表了 25 篇论文。1930 年他到美国普林斯顿大学访问，第二年被聘请为教授。

冯·诺依曼从战火纷飞的欧洲逃出，决心让他所选择的一方拥有人类最具破坏力的武器。他与爱德华·特勒都认为苏维埃的威胁已经近在咫尺，这两位匈牙利人在年轻的时候，都亲眼见到过没有自卫能力村庄会被蹂躏成什么样子。冯·诺依曼对罗伯特·奥本海默（Robert Oppenheimer）说：“我不认为任何武器的威力会达到

'足够大'。"[9]原子弹在日本爆炸后，奥本海默受到了良心的谴责，而冯·诺依曼却从未退缩。

1946年，冯·诺依曼告诉友人，他认为原子弹并没有电脑重要。但这不意味着他对原子弹的兴趣已经消退了。他同时思考着这两件事情。世界上第一台电子积分计算机所执行的第一项工作，就是对氢弹（当时被称为"超级炸弹"）的可行性进行研究，这个项目的负责人就是冯·诺依曼。在这个研究项目里，为了定义边界条件，冯·诺依曼从洛斯阿拉莫斯运送了50万张IBM打孔卡片到费城，总共耗费了6个星期的时间进行计算。1945年11月至1946年1月期间，还有更多的卡片被运送过来。负责监督机器计算过程的尼古拉斯·梅特罗波利斯（Nicholas Metropolis）回忆说："接触到这样一台神奇的机器，再加上实际试爆的亲身体验，这种感觉一点都不真实。"[10]普林斯顿高等研究院（IAS）的计算机在1951年的夏天第一次运行，它的工作是为位于洛斯阿拉莫斯的研究所提供热核反应测试的计算结果。这台计算机连续运行了60天，直到第二年，公众才知道它的存在。1954年，冯·诺依曼在忠诚调查委员会起诉奥本海默的听证会上说道："研发氢弹的时候，我们用到了大量的计算机。然而，目前计算机的数量还是太少了……你必须四处求人，这儿找一台，那儿找一台，然后才能勉强支撑一段时间。"[11]拉尔夫·斯鲁兹（Ralph Slutz）当年参与过高等研究院的计算机的早期研发工作，后来他又去了美国国家标准局（NBS），负责研发标准电子自动计算机（SEAC）。他记得，计算机开始运转的时候，"几个从洛斯阿拉莫斯来的家伙"突然出现，他们"带来了一个程序，非常希望能够在计算机上运行……如果我们答应了他们的要求，他们就会从午夜开始工作”。[12]

冯·诺依曼认为，包括纯数学在内的所有科学领域，都应该与物质世界中的真实问题互相接触。军事领域往往走在最前面。科学在军事领域上的应用，无论是善是恶，都与科学之美无关。“如果科学没有因为帮助社会而显得更加神圣，那它也不会因为危害社会而显得更加丑陋，”冯·诺依曼在1954年写道，“自由放任的原则导致了古怪而美好的结果。”[13]

美国陆军在马里兰州东北的阿伯丁试射场进行弹道学研究。这个试射场建立于1918年，当时的野战炮仍然依靠马匹来移动，但是它们已经具备了发射高速、长距离炮弹的威力。如果目标距离较远，而且还是会移动的（比如飞机），那么炮兵就很难通过对打击范围进行反复调整来击中目标。相反的情形也会造成同样的问题：从移动的飞机上投下一枚炸弹，炮弹无法击中固定的目标。因此，“射表”成了每个炮兵的必备装备。射表列出了一系列变量（例如炮口高度、大气条件、气温等）与目标距离之间的函数。然而，编制射表需要大量复杂的计算，这主要依靠人工来完成。这个工作与编制每年的航海历是一样的，唯一的区别是：每一种火炮都要编制一张射表。

数学家奥斯瓦尔德·维布伦（Oswald Veblen）是试射场的第一任主管，他在第一次世界大战期间集合了一批优秀的数学家到阿伯丁，其中包括了诺伯特·维纳。这一群人，在两次世界大战之间，尽情挥洒他们的天赋与才智，推动了计算数学与计算机技术的发展。1905年到1932年间，维布伦在普林斯顿大学担任数学系主任。很快，普林斯顿大学就发展成为和德国哥廷根大学一样享誉世界的数学圣地。1924 年，维布伦为普林斯顿数学研究所制订了一个计划。6 年后，这份计划成为创建高等研究院（IAS）的“范本”。冯·诺依曼和维布伦都被高等研究院聘请为终身教授。第二次世界大战期间，维布伦回到阿伯丁试射场担任首席科学家。1937 年，冯·诺依曼成为美国公民，没过多久，他就被招募进弹道研究实验室的科学咨询委员会。武器的进步并没有改变战争的原则——招募数学家协助调整机弩或者火炮的精确度，这可是个源远流长的传统。

“因为介质的阻力而产生的扰动……存在多种形式，它们不服从固定的规律，也没有办法被精确地描述出来，”伽利略在 1638 年解释道，“影响弹道的扰动因素也千变万化。抛射物（如炮弹）的形状、重量和速度都会对弹道产生影响。”[14] 伽利略发现，高速火炮的运动轨迹很难用数学方法来描述，因此他只制作了低射速炮弹的射表。“我们通过迫击炮来射出炮弹。这种射击方法用到的火药很少，也不会产生巨大的动能，因此炮弹会遵循固定的弹道移动，不会偏离轨道。”[15] 第二次世界大战刚刚爆发时，冯·诺依曼登场了，他编制的射表是科学和艺术的完美结合。冯·诺依曼先在试射场用固定参数来测试炮弹，然后记录下基本数据。他综合考虑了所有变量，然后使用之前记录的数据进行模拟，最终便能确定出弹道扰动因素之间的数学函数。最终编制完成的射表涵盖了 2000—4000 条弹道，就每条弹道而言，我们需要进行 750 次乘法运算才能确定一个炮弹的移动路径。

一个人用台式计算机来计算一条弹道路径，需要 12 个小时；弹道研究实验室使用机电微分分析器（万尼瓦尔·布什在麻省理工学院开发出来的新机器）来计算一条弹道路径，只需要10—20分钟。这意味着，弹道专家需要花费750小时，才能编制完一份射表。即使使用宾夕法尼亚大学摩尔电机工程学院设计出来的最新型计算机，24小时不间断地进行计算，弹道专家也需要将近3个月的时间才能编制完成一张射表。弹道研究实验室雇用了将近200名专业人士，但射表编制进度依然落后了一大截。赫尔曼·戈尔斯坦在1944年8月报告说："由于缺乏计算机设备，尚未开始编制的射表的数量远远超过了正在进行编制的射表的数量。平均下来，我们每天都会收到6份制作新射表的申请书。"[16]

电动机械装置还是太少了。1943年4月，美国陆军发起了一项紧急计划，他们要制造一台电子数字计算机，而这台计算机使用的是以真空管组成的十进制计数电路。在这台计算机的内部，单个触发器的环（两个真空管）互相连接，形成了圆形十阶计数器，以及一组存储寄存器。这实际上就是莱布尼茨"序列推进"机制的电子版，只不过它的运转速度是每分钟600万次。约翰·莫克里（John W. Mauchly）、约翰·普雷斯伯·埃克特（John Presper Eckert）和赫尔曼·戈尔斯坦上校组建的团队发明了电子数字积分计算机。作为20世纪30年代的机电微分分析机的"直系后代"，电子数字积分计算机是模拟计算机和数字计算机的交汇点，虽然它出现的时间很短暂，但却是一次让人赞叹的技术突破。电子数字积分计算机使用了18000个真空管，每秒钟产生10万个脉冲，功率高达150千瓦，而它内部的存储装置的容量是20个10位数字。1953年，电子数字积分计算机新增了一个可容纳120个10位数字的磁核存储器，它一直运转到了1955年10月。

程序员可以用手动配置的插板（如电话交换机）和电阻矩阵转换装置（只读存储器或 ROM）来对电子数字积分计算机进行程序控制。经过改装后，程序员可以使用原始的预存储程序控制器来操控电子数字积分计算机。这台机器的输入和输出装置都是专门向 IBM 定制的标准打孔卡片机器。因此，从洛斯阿拉莫斯来的数学家，才能用自己携带的卡片在这台机器上运行程序，并且得到了可以解读的结果。电子数字积分计算机唯一的工作目标，就是计算弹道路径。它于 1945 年底开始运行，刚好错过了战争。1946 年 2 月，它在 20 秒内计算出了炮弹轨迹，比炮弹的飞行时间快了 10 秒，比过去的方法快了 1000 倍。但实际上，电子数字积分计算机并没有对战争造成多大影响，因为它诞生的时候，战争已经停止了，军队对射表的需求也随之消失了。

在生物或技术进化的过程中，有时候会发生一些突飞猛进的事件，例如一个现成的结构或者行为突然被“赋予”了某种新功能，它就会在进化地形（evolution landscape）上迅速扩散，因为它占据了“先发”的优势。羽毛在成为飞行工具之前，必然有其他用途，例如保温。最初被应用于金融业的“恩尼格玛”密码机变成了德国潜艇指挥官的专用机器。查尔斯·巴贝奇设想利用伦敦空的教堂尖顶来搭建信息交流网络。根据神经生理学家威廉·加尔文（William Calvin）的观点，人类思维占用的大脑区域，最初只是执行抛射动作的一个缓冲区。他在 1983 年观察到：“即使用石头去砸那些静止不动的猎物，我们也需要仔细调整出手时间。就新手而言，当投掷的距离加倍时，出手时间的‘窗口’就缩小了 8 倍。”“并行的正时神经元可以通过大数定律克服常见的神经噪音限制，如果‘加强投射技巧’成为生存的选择，任何产生正时神经元的机制都会感受到强大的‘鼓励’……并行正时线路产生的这种‘突现性质’（emergent property），对我们了解人类大脑尺寸的演化过程以及大脑的功能重组过程有所启发，因为另一个增加正时神经元的方法，就是从大脑的其他区域借用另外一些神经元。”[17]根据加尔文的理论，大脑的剩余产能（暂时下班的神经元）被语言、意识和文化给占用了，它们入侵邻居的地盘，就像艺术家聚集到仓库区——过不了多久，这片区域就会变成艺术区。同样的事也发生在电子数字积分计算机身上：原本为弹道学而发明的机器，最终被拿去做别的事。

参与研发电子数字积分计算机的约翰·莫克里和普雷斯伯·埃克特等人，当然希望他们设计出来的计算机能有更广泛的用途，而真正带来巨大影响的是冯·诺依曼——他打算使用电子数字积分计算机来对氢弹的威力进行数值模拟。冯·诺依曼使用简单粗暴的数值方法对三个偏微分方程系统进行分析，这种方法能够消解“分析”过程本身的破坏力。100 万个质点一次性通过位于电子数字积分计算机核心的累加器和寄存器，涌入 IBM 制造出来的打孔卡片——这是引爆氢弹的第一步。就像奥本海默说的，“所有的实验都证明，这种方法是成功的”。[18]然而，实验给出了一个错误的结果：数学算法是对的，但它用到的物理理论是错误的。实验者和他们的同事都相信这个超级设计会成功运行，而美国政府则认为如果美国不制造氢弹，那么苏联很可能会成为第一个制造出氢弹的国家。等到发现了错误之后，美国的氢弹计划已经开始了，好在后来问题被解决了，氢弹最终还是被制造出来。

虽然最初的氢弹计划并不是那么成功，但高速运转的电子数字积分计算机还是出尽了风头。由于整个氢弹计划是保密的，所以来自洛斯阿拉莫斯的数学家们必须亲自操作电子数字积分计算机，他们也因此更加了解这台机器。他们提出了许多改进的建议。如果一台计算机能够处理洛斯阿拉莫斯的数学家们的问题，那么理论上，它就能解决任何一个数值问题。冯·诺依曼发现电子数字积分计算机能够让他的天赋才智得到充分发挥，他甚至发明了一种新的“数学”，专门处理计算问题。威利斯·韦尔（Willis Ware）在1953年解释说：“我认为，数学家要想开拓新的领域或者拓展既有领域，那就应该利用电子数字计算机来寻找线索作为指引。因此，冯·诺依曼试图独占电子数字积分计算机，也就不是什么奇怪的事了。”[19]

在第二次世界大战期间，冯·诺依曼参与了原子弹的研发工作。他负责计算弹道路径以及爆炸和冲击波效应，他甚至还为穿甲弹设计了定向爆破用的锥形装药。冯·诺依曼专门研究过与锥形装药有关的数学理论，原子弹后来采用的内爆点燃设计就得益于他的经验。原子弹让冯·诺依曼对计算机产生了兴趣，而计算机的能力越来越强，这也让他对研发威力更大的炸弹产生更多的兴趣。“你在地面上引爆一个炸弹。你想知道原始波如何撞击到地面，形成一个反射波，然后在地表附近和原始波合并，产生另一个强大的冲击波，”普林斯顿天体物理学家马丁·史瓦西（Martin Schwarzschild）回忆道，“这是一个涉及高度非线性流体动力学的问题。当时，我们只能描述现象。我相信，这是引起冯·诺依曼最初的兴趣的问题。他一直都在寻找一个需要计算机才能解决的‘实际问题’。”[20]史瓦西提出的恒星演化数值模拟理论与氢弹威力数值模拟理论有许多相似之处。

软件——最初被称为“编码”，后来则是“编程”——是让现成的电脑进行工作而被发明出来的。1944 年春，物理学家理查德·费曼（Richard Feynman）正在洛斯阿拉莫斯编写计算方法排错程序，当时他手边只有像打字机一样的台式计算机和使用打孔卡片的简易计算器。实际的计算工作由几十个人（根据费曼的回忆，她们都是女孩子）用纸和笔来执行，她们互相传递计算出来的结果，形成了一个很长的“计算序列”或者“算法”——其中的每个步骤都是简单计算。“如果我们在房间里有足够多的计算器，我们就能拿着卡片，将它们排成一个圆圈。做过数值计算的人都知道我在说什么。但在当时，‘以机器进行大量生产’还是件新鲜事。”问题在于，负责数值计算的斯坦·弗兰克尔（Stan Frankel）向 IBM 订购的机器并没有能按时交货。因此，为了测试弗兰克尔的程序，费曼回忆道，“女孩子们进到这个房间，她们每个人手里都有一台名叫‘商人’的简易计算器……我们这个系统的速度，可以与 IBM 机器的速度媲美。唯一的区别是，IBM 机器不会疲劳，可以 24 小时不停工作，而女孩子们则需要休息”。[21] 通过费曼的仔细安排，“计算圈”里的每个阶段都运行得很顺利，而这条“流水线”也成了日后高效率微型处理器的原型。

许多被广泛应用的计算机算法，都来自当年的人工“计算圈”——将大问题化解为单个步骤，而这些步骤都是可以计算的小问题。不同的物理现象在计算程序上往往呈现出相同的模式。许多具有军事价值的问题，可以用流体动力学来解决——这门学问引起了冯·诺依曼的兴趣，因为它用到的数学理论非常高深，而且物理世界中的许多现象都牵扯到流体动力学。从某天下午的天气变化，到导弹在大气中的飞行轨迹，再到原子弹的内部引爆机制，它们都用到了同样的理论。但运动中的“流体行为”，看起来是透明的，它难以用数学方法来进行分析。从20世纪30年代开始，冯·诺依曼逐渐对湍流现象产生兴趣。他试图归纳出雷诺数的性质——雷诺数是一个无量纲数，它可以界定从层流到湍流这一转换过程的特点。1883年，奥斯本·雷诺兹（Osborne Reynolds）报告说：“水流的运动，基本上有两种可以分辨的形式。一种是沿着动线，直接朝目的地流去；另一种则是以蜿蜒的路线打转（涡流），以最间接的方式朝目的地流去。”[22]

雷诺兹解释说：“不过，如果涡流是单独的特定因素造成的……那么涡流是否出现，就取决于一个固定的数值。”[23]这个数值是：cρU/μ，即长度（在流体中移动的物体的长度，或者流体与物体或墙壁接触的距离）、流体密度和流速（流体流动速度或者物体在流体中移动的速度）的乘积，再除以流体黏度。雷诺数代表这四个变量的相对影响力。所有的流体运动，不论是水流流经管道、鱼群在海洋中穿梭、导弹在大气中飞行，还是空气绕着地球流动，它们的行动轨迹都可以用雷诺数来预测。低雷诺数意味着，流体黏度（各个流体粒子之间的分子力）在流动运动中起到了主导作用；高雷诺数意味着，惯性（单个粒子的质量和速度）在流体运动中占据优势。雷诺兹发现这个数值可以用来区分线性流体和非线性流体，而且，一旦接近临近数值，微小、不稳定的涡流就会突然形成能够自我持续的大涡流。因此，从有序、确定的界域转换到无序、不确定的界域（其中的现象只能以统计方法来描述，细节却很模糊）的过程，我们可以使用临界雷诺数来进行描述（但我们无法解释它）。

“这是个让人非常困惑的大数值，冯·诺依曼……想要找到解释（或者至少能够理解）它的方法，”乌拉姆写道，“像 π 和 e 这样的小数值，在物理学上是经常出现的。但雷诺数却是千位级的大数值，而且它没有向度，是个纯数值。它当然会激发起我们的好奇心。”[24] 冯·诺依曼后来指出：计算复杂性（computational complcxity）时，也存在类似的分界线。一方是有序、确定的系统，由相当小的单位组成；另一方则是一个统计系统，由大量相关的组建组成——我们只能对整个系统做统计性描述，而没有办法描述它。冯·诺依曼对复杂系统中的自我组织现象很感兴趣，这种现象很容易让人联想到湍流的形成过程（但是两者的尺度是不同的）。冯·诺依曼明白，物理学和物理学的计算模型之间，并没有精确的界限。如果想要预测涡流流体系统的行为，我们只能在分子层面上下手。我们可以用计算机来模拟它的行为，要么收集随机样本的数据，最后得出统计性结论；要么就逐渐放慢计算速度——如果要预测正在进行的过程（例如明天的气象），那么我们要加快计算的速度。

气象预测在好几个方面推动了电子计算机的发展。约翰·莫克里最开始设计电子数字积分计算机，是想要找出气象中的长程循环——至少要在下一场战争来临之前完成这项工作，一旦战争爆发，工程师们就要开始忙着计算弹道路径了。弗拉基米尔·兹沃尔金（Vladimir Zworykin）在 1923 年发明了光电摄像管（也就是摄像管），将电视机带到这个世界。这位苏联移民也察觉到了电子计算机能够进行气象预测的潜力。参加过防空炮研发的控制论之父诺伯特·维纳，也大力鼓吹大气模拟研究，并且预言计算机的能力在未来会强大到能够模拟非线性系统（例如天气和大脑神经系统）——“神经系统本身就可以被视作是某种‘大脑气象’”。[25]

第一次世界大战期间，英国物理学家刘易斯·理查森（Lewis Richardson）研究出一种用数值模拟气候的“细胞方法”。他在“冰冷的军营里的一大堆干草”上，通过纯手工计算，进一步完善了大气模型。“1917 年 4 月，在香槟战役中，”理查森在《通过数字处理的天气预报》（*Weather Prediction by Numerical Process*）的序言中写道，“工作用的草稿纸曾被后方部队的人拿走，不知下落。几个月后，我在一个煤堆下面重新发现了它。”[26] 在理查森的想象中，地球表面可以被划分为几千个“气象小细胞”，每个细胞的观测资料可以被立即传送到气象中心，那里有 64000 个数学家在进行计算。相邻细胞间的关系可以被写成函数，因此气象专家可以利用函数和观测到的数据，来构建气象的线上实时数值模型。“有朝一日，计算的速度会超过天气变化的速度，”理查森对未来充满憧憬，“因获得的信息而节省下来的花费将会超过预测成本。”[27]

因此，我们可以说理查森预见了后来出现的大规模并行计算。70 年后，丹尼尔·希利斯发明的“联合机器”（combination machine）最终取代了气象中心里的 64000 个数学家。希利斯记得是理查德·费曼协助他完成了理查森的梦想，他解释说：“我们一开始只安装了 64000 个微处理器。”[28] 即使没有“联合机器”，只要有一台高速数字计算机负责跟踪每个细胞的数值和关系，那么理查森的“细胞方法”就会被广泛应用。刘易斯·理查森的“灵魂”至今仍然徘徊在我们使用的每一个电子表格里。

战后理查森继续在位于牛津本森郡的气象局研究站工作。除了对湍流的数学理论做出巨大贡献之外，理查森还发明了一种用于远距离观测大气上层气流运动的新方法，那就是：向天空发射小钢球（大小介于豌豆和樱桃之间），然后记录小钢球的掉落地点。与传统的“气球观测法”相比，这个方法取得信息的速度更快，信息也更准确。没过多久，气象局就被英国国防部空军总部接管，作为坚定反战的贵格会教徒，理查森毫不犹豫地辞去了职位。后来，理查森发现施放毒气的技术人员对他预测大气流动的方法颇感兴趣，于是他就不再研究气象学，转而进行战争起源的数学研究，并为此贡献了自己的后半生。理查森过世后，他的著作分成两卷出版，分别是研究军备竞赛的《武器和不安全感》（*Arms and Insecurity*）和研究暴力冲突的《死斗的统计学》（*Statistics of Deadly Quarrels*）。后一本书详细记录了每一项暴力冲突（从谋杀到战略轰炸）造成的死亡人数，而理查森从时间和死亡人数的规模（用死亡人数的对数来表示）这两个角度对暴力冲突进行了科学分析。[29]

第一次世界大战之前，理查森曾经管理过一个电学实验室。如果他能找一个不直接涉及军事研究的实验室，或许他能对计算机的发展做出更大的贡献。20 世纪 20 年代末，理查森独自在苏格兰佩斯利进行研究工作，发表了一篇古怪但很有洞察力的论文——《思维图像与电火花的类比》（“Electrical Model Illustrating a Mindhaving a Will but Capable of only Two Ideas”）。理查森专门画了两张简单的电子设备示意图来解释他对大脑深处神经突触的性质的理解。其中一个电路图的说明文字是：“用电子模拟的思维具有某种‘意志’，但实际上，它只能识别两个概念。”[30] 理查森在没有任何设备的情况下，凭借自己的想象力为大规模并行计算奠定了基础。他手边只有几台普通的电学仪器，但他却对人类思维的物质基础提出了大胆的假设。他没有兴趣进一步阐述这些原则，也没有兴趣利用这些原则制造更复杂的机器。他的想法沉眠在《心理学评论》（*Psychological Review*）这本杂志中，没有引起世人的注意。

电子计算机的力量让理查森的梦想（以及他的噩梦，原子弹）变成了现实，这同样也是冯·诺依曼的功劳。1946 年 1 月，《纽约时报》（*New York Times*）首次公开了冯·诺依曼的计算机计划。那时候，兹沃里金、冯·诺依曼以及美国气象局局长弗朗西斯·W. 赖克尔德费尔（F. W. Reichelderfer）刚刚见过面。“据报道，他们正在研发一种全新的电子计算机，这种计算机将会拥有惊人的潜力……甚至能够‘完成某些与气象有关的工作……也许我们能够利用原子能来改变飓风的路径。”[31] 乌拉姆对这个计划所需要的能量规模做了暗示：“就‘控制气候’而言，我们必须同时考虑好几个炸弹同时引爆后产生的影响。除此之外，还有其他问题需要我们解决。”[32]

电子数字积分计算机那时仍然是军事秘密，因此《纽约时报》得出结论：“现有的（计算）机器，没有一台比得上冯·诺依曼和兹沃里金计划研发的那台。”的确，这样石破天惊的计划，也只有冯·诺依曼能够想出来。冯·诺依曼和兹沃里金提议建造的，不是一台计算机，而是全球的计算机联合而成的网络。“只要有足够的机器（有人说是 100 台，但这只是随口一提的数字），我们就可以在各个区域设立站点。这样一来，我们就能预测全球的天气变化了。”[33]

理查森的方法——将一个复杂的问题分解成可以计算的“细

胞”——不只适用于气象预报。我们同样能使用这个方法来分析流体力学以及原子弹爆炸前和爆炸后产生的冲击波。冯·诺依曼首先处理了原子弹问题。后来，他在普林斯顿高等研究院成立了一个数学气象小组，负责人是朱尔·查尼（Jule Charney）。数学气象小组将理查森的理论转化成可行的运作模式，也就是今天我们仍然在使用的气象预报系统。

冯·诺依曼一直想制造出通用电子数字计算机。“冯·诺依曼很清楚图灵于1936年发表的《论可计算数字》的重要性。图灵描述了‘通用计算机’的原理，而每一台现代计算机都是（也许电子数字积分计算机刚被制造出来的时候并不是，但这之后的所有计算机肯定都是）‘通用计算机’的化身。”曾经在洛斯阿拉莫斯研究所负责数值计算的斯坦·弗兰克尔回忆道：“冯·诺依曼向我介绍了这篇论文，在他的敦促下，我仔细地阅读了它。许多人将冯·诺依曼称为‘电脑之父’（以‘电脑’的现代意义而论），但我确信，他本人绝对不会犯这样的错误。”[34] 图灵和冯·诺依曼的个性完全不同，他们各自独立发明了数字计算机。1937年，图灵还在普林斯顿大学学习，当时他在阿隆佐·邱奇的手下准备博士论文。他曾经和冯·诺依曼有过交流，不过，他拒绝了冯·诺依曼助理的职位。他选择回到英国，接受自己的命运，成为布莱切利庄园里光芒万丈的主角。

冯·诺依曼与图灵维持着不冷不热的关系，但他却成了布鲁塞尔大学理论物理研究所所长鲁道夫·奥特维（Rudolf Ortvay）的至交好友。改进数字计算机的方法有两种。一种是莱布尼茨和图灵使用的“简易法”。它从最基本的层面出发，只使用0和1进行判断，而所谓的"开关"，就是 0 和 1 的物质形式。另一种是奥特维提倡的"复杂法"。它从相反的方向出发，以最复杂的计算机（也就是人类大脑）作为起点进行逆向分析。

1941 年，奥特维写信给冯·诺依曼："我读过你的博弈论论文，它给了我希望。如果我能成功地让你注意到大脑细胞的开关问题，那么你也许就能解决这个问题。"在奥特维鼓励下，冯·诺依曼提出了著名的"通用自动机理论"。我们不仅可以使用这个理论来制造数字计算机，也可以用它来解释大脑的运行机制。"我们可以想象大脑是一个网络，脑细胞是网络上的节点。这些节点的连接方式，使得每个单独的细胞都能接收另外两个细胞发送出的脉冲，并且可以将脉冲发送给其他细胞。在这些脉冲中，哪一个是从其他细胞接收来的，哪一个是要发送给其他细胞的，这取决于细胞的状态，而细胞的状态又反过来受到先前条件的影响……各个细胞的实际状态（我将它们编了号）决定了大脑的状态。每一种精神状态，都对应着一个特定的细胞分布……该模型看起来有点像自动电话交换机。不过，每一次通信之后，细胞都会改变连接方式。"[35] 冯·诺依曼未能将博弈理论与神经网络理论之间的联系变为现实，但他的自动机理论正在朝着这个方向前进。

图灵机将复杂计算分解成一系列单独步骤，而大脑，正如奥特维所说的那样，展现出的是内部部件在神经网络中相互通信的计算过程。连续的事件分布在不同空间，而且一次通信不一定只完成一个计算步骤。1943 年，神经精神病学家沃伦·麦卡洛克和数学家瓦尔特·皮茨共同发表了一篇名为《普遍存在于神经活动中的观念的逻辑计算》("Logical Calculus of the Ideas Immanent in Nervous

Activity”）的论文。他们指出，在原理上，就简单的理论神经元而言，神经网络中的任何计算行为都可以被等价的图灵机器复制出来。[36] 这篇论文的引用率很高，大家都用它来支持“数字计算机和人类思维是可以类比的”这一观点。冯·诺依曼编写的《电子数据计算机报告初稿》（*First Draft of a Report on the EDVAC*），开启了“程序存储计算机”（也就是我们现在使用的计算机）的时代。他用简单的插图来解释这台机器的逻辑结构，并引入了麦卡洛克－皮茨的符号系统以及“器官”“神经元”和“记忆”等术语——这些术语在生物学领域更常见一些。

制造电子离散变量自动计算机（EDVAC）的想法是在制造电子数字积分计算机的过程中产生的。它能够修正自身的指令，因此它是第一台完整的程序存储计算机。然而，由于技术的滞后和行政延误，第一台电子离散变量自动计算机直到 1951 年年底才开始运行——那时候，美国和英国已经发明出了更智能、更灵敏的新型计算机了。尽管如此，电子离散变量自动计算机仍然是伟大的，后来的计算机都是它的核心概念的延伸。莫克里、埃克特、戈尔斯坦和亚瑟·伯克斯等人组成了电子离散变量自动计算机的研发团队，不过，冯·诺依曼才是真正让这台电脑在全球范围内造成广泛影响的人。电子离散变量自动计算机通过二进制代码将数据和指令存储在水银延迟线存储器中。长串的二进制数值不仅定义了执行指令的“数字”，而且定义了执行程序的顺序和潜在的动态结构——就像图灵设计的通用机那样。因此，电子离散变量自动计算机体现了图灵的原则：与机器（硬件）相比，编码（软件）更适合处理复杂性和适应性问题。

1994年底到1945年初，冯·诺依曼担任了电子离散变量自动计算机的研发顾问。他专门写了一份细节处理意见，详细讨论了这台计算机的工程原则、逻辑架构和程序语言。他将这份细节处理意见提交给研发小组以做参考。赫尔曼·戈尔斯坦找人将未完成的意见草稿打印出来，作者只署上了冯·诺依曼的名字。这份打印稿流传很广，引起了极大的争议。一方面，这份文件曝光了电子离散变量自动计算机的研发计划，而战争时期出现的电子数字积分计算机和“巨人”都因为保密措施而不为世人所知。这份文件使用的语言并不高深，许多人因此而得到灵感，开始亲自动手研发计算机以及设计程序——尤其是在英国。那些在布莱切利庄园工作过的人，都因为严格的保密法律，而不能谈论过去的工作内容。另一方面，这份打印稿上只写了冯·诺依曼一个人的名字，这让埃克特和莫克里感到十分愤怒。他们选择离开电子离散变量自动计算机的研发团队，成立了自己的计算机公司，专门生产二进制自动计算机（BINAC）和通用自动计算机（UNIVAC）。这家公司最终被兰德公司收购。埃克特和莫克里认为，冯·诺依曼的细节处理意见损害了他们的利益，这份文件曝光了他们本来可以申请专利的技术细节。这确实是有道理的。冯·诺依曼热衷于传播技术信息。他希望这些技术不仅能够向公共领域的政府和学术机构免费开放，而且也能够向私人领域开放。除此之外，冯·诺依曼与埃克特和莫克里的竞争对手（例如IBM）进行频繁合作。对埃克特和莫克里来说，这无疑就是一种羞辱。

1945年底，冯·诺依曼在高等研究院发起的计算机研发计划，得到了来自美国陆军、美国海军和美国原子能委员会（AEC）的支持。商业利益的流动方向则是反过来的，IBM 和其他机构可以自由使用高等研究院的科研成果和经过高等研究院培训的科研人员。高级研究不愿意与工业界签订合同，他们更愿意接受美国陆军军械部、美国海军研究所和美国原子能委员会的资助。1946 年到 1960 年 6 月，冯·诺依曼的计算机研发计划总共获得了 772000 美元的资助，其中的 82000 美元（不包括冯·诺依曼的薪金）来自高等研究院。[37]

刘易斯·施特劳斯（Lewis Strauss）、罗伯特·奥本海默和冯·诺依曼都在高等研究院和美国原子能委员会担任过重要职务。最后，影响力过大反而成了一个问题。计算机研发计划的行政主管赫尔曼·戈尔斯坦解释道："如果有一天，美国原子能委员会决定不再支持计算机研发计划，那我们就找不到人申述了，因为了解我们的人都和这个项目有着利益关系。"[38] 到了美国原子能委员不再对计算机研发项目全力支持的时候，高等研究院的研发成果已经流传开了，而且，IBM 正在对其衍生版本（最开始的名称是"国防计算机"）进行商业开发。IBM 本来只是将这台机器销售给为美国国防部研发新武器系统的承包商。后来，IBM 发现市场对"国防计算机"的需求量很大，于是他们就将它正式改名为"701 型号"。冯·诺依曼被 IBM 聘为技术顾问，每年工作 30 天。

冯·诺依曼设计出来的计算机无疑是战争的产物，但就像喷气式飞机和吉普车一样，它不可能一直都是战争机器。国防行业雇用了当时最聪明的科研人员，他们不仅对未来的计算机时代充满期待，而且掌握着能够使之成为现实的资源。"这些年来，国防部门一直持续不断地将资金投入到计算机科学（甚至整个科学领域）

中，”尼古拉斯·梅特罗波利斯和吉安–卡洛·罗塔（Gian-Carlo Rota）在数字电脑历史研讨会（1976年）上总结道，“虽然国会中的老先生会为了几万美元的拨款而争论不休，但有远见的陆军和海军上将则毫不犹豫地对普林斯顿、剑桥和洛斯阿拉莫斯设计出来的‘怪物’进行投资。”[39]结果，那些“怪物”成了人类最好的助手。

氢弹是个三阶段装置：热核聚变是由核裂变爆炸触发的，而核裂变爆炸是由烈性炸药引发的。因为没有“试错”的余地，所以高速计算机执行的模拟程序是氢弹制造过程中最关键的一个步骤——氢弹内部的每一个零件都要经过计算机的模拟。电子数字计算机与氢弹自始至终都有着密切的关系，由于“爆炸”而获得的光环至今仍然环绕在计算机四周。虽然计算机是氢弹三个阶段的“催化剂”，但它仍然产生了另外一些影响。一方面，计算机对氢弹的数据进行测试；另一方面，氢弹也在测试着计算机，加快了计算机的“进化”速度。

50年来，核武器一直处于可控状态。20世纪结束后，我们最糟糕的噩梦已经变得不再那么恐怖。冯·诺依曼创造出来的两大奇迹，最终爆炸的是计算机，而不是氢弹。

第六章　冯·诺依曼架构

控制中心还必须下达一个指令。计算机应该能够通知操作人员，计算任务已经完成了，或者计算机已经到达了之前设定好的状态。因此，我们需要一个结束指令。这个指令能够让计算机停止运行，并且发出闪光或者巨大的响声。

——亚瑟·伯克斯、赫尔曼·戈尔斯坦和约翰·冯·诺依曼[1]

1961 年，我刚刚 8 岁。我在一个旧谷仓里，偶然发现了约翰·冯·诺依曼的计算机研发计划遗留下来的“古老文件”。这个谷仓本身就是个遗迹，它早在普林斯顿大学高等研究院成立之前就已经建好了。成捆的干草、弹齿耙地机和其他工具在谷仓里散落一地。如今，谷仓成了高等研究院物理工厂的仓库。周末时，研究所宿舍区的男生们会结伴一起去这附近的森林里游玩。森林里有沼泽和溪流，男孩们还可捉青蛙和乌龟。古老的本能驱使我们去捕捉小动物和拆卸机器。谷仓就在路边，大伙儿会在那儿停下来休息一下。我们的眼睛逐渐适应了黑暗，几缕阳光穿过屋顶，鸽子到处乱飞，扬起了一阵灰尘。我们一停止说话，四周就一片寂静。

老谷仓是“幽灵”的避难所。废弃机器里的某种东西——已经“停止”但却并未腐坏的生命——让人感到害怕又充满期待。机器一旦停止，我们面对的就是划分生死的东西，不论那是什么。

我们的父亲都是理论家。在高等研究院，找到一个天体力学专家比找到一个懂得自己修车的人要更容易一些。这些农具是干什么的，我们并不清楚。不过，我们发现谷仓的中央堆着好几个沉重的木箱，箱子里塞满了地中海的古地图，还有一本高等研究院古典学者的著作——这本书在等待第二次印刷，可惜最终还是没有被印刷出来。我们发现，这只是对宝藏的“记录”，而不是宝藏本身。于是我们继续搜寻下去。就像许多盗墓者一样，我们认为肯定有人先我们一步抢走了好东西。谷仓的另一端堆放着战争时期留下来的电子设备，而设备里的零件（比如真空管）已经被人拿走了。这些被人掏空的“尸体”看起来就像是废弃木棚里的牲口。

我们环顾四周，然后变得更加大胆。我们从家里找来扳手和螺丝刀，再回到谷仓，继续刺激的“探险”。我们拆下继电器，偷走电磁铁——就是在电池电源内部或者门铃变压器内部起到连接作用的那个小玩意儿。后来我们发现了“微型开关”。它叫这个名字，不是因为它尺寸小，而是因为它的开关机制就像头发那样细微，它可以随意改变设备的内部状态。它隐藏在电线环绕的迷宫里，外面还包裹着一层硬木胶。“微型开关”就是我们寻宝活动中找到的珍贵奖杯。继电器、螺线管和微型开关完全缠绕在一起。继电器和螺线管相连，螺线管和微型开关相连，继电器再依次与其他继电器相连——有时还会再次连接到相同的继电器上。这就是电子机械逻辑的“化石痕迹”，数字计算机的时代一开始就是以这样的形式诞生的。我们可以用螺丝刀拆解硬件结构，但我们又该如何分解无形的思维呢？

高等研究院周围的田野和树林的土地最终变成了思想的避难所。高等研究院的创始人一开始希望它能成为乌托邦式的学校，因为当时的美国大学在官僚主义的影响下已经是一潭死水。他没有想到，因为战争爆发，这片学术园地不久后就成了欧洲学者逃离迫害的出路。1980 年，哈里·伍尔夫主任在回顾过去半个世纪的历史时写道："夜幕低垂，而高等研究院就是黑暗中的灯塔……它是通往新生活的大门，同时也是最后仅剩的乐园。他们在那里继续工作，最终将大西洋彼岸的思想传统和学术知识传播开来。"[2]

第二次世界大战后，高等研究院成为阿尔伯特·爱因斯坦（Albert Einstein）、库尔特·哥德尔、约翰·冯·诺依曼、乔治·凯南（George Kennan）和其他学者的永久居所，这些学者对整个社会做出了巨大贡献（虽然有些学者并不出名）。1947 年到 1966 年，高等研究院的主管领导是罗伯特·奥本海默，在他眼里，高等研究院就是一个"知识旅社"。正是由于他的工作，高等研究院才一直在数学和物理学领域保持着领先地位。研究所还接待过形形色色的客座学者，比如儿童心理学家让·皮亚杰（Jean Piaget）和诗人 T. S. 艾略特（T. S. Eliot）。艾略特获得诺贝尔文学奖的那一年（1948 年），他正在高等研究院交流访问，他将《鸡尾酒会》（*The Cocktail Party*）指定为他写下的唯一"与高等研究院住宿区有关的作品"。[3] 研究所附近的森林里有着蜿蜒的小溪，那是野生动物保留区。由于经济发展，城市迅速扩张，美国东海岸地区的田地与森林的面积逐渐减小，对比之下，这片野生动物保留区就显得十分珍贵。

“成立高等研究院”这个想法是由亚伯拉罕·弗莱克斯纳（Abraham Flexner）提出的。他的父母都是移民，他在肯塔基州长大后，创办过一所大学预科学校，成为著名的美国高等教育批评家和改革家。他在自传中表达了对父母——埃丝特·弗莱克斯纳（Esther Flexner）和莫里茨·弗莱克斯纳（Moritz Flexner）——的感激，他认为他的父母是非常精明的人：“他们懂得想要得到必先给予的道理——给予儿女充分的自由反而能够加深亲子之间的感情。”[4]这个观点成为弗莱克斯纳教育事业的指导性原则：“毫无疑问，我们会制造出一些无害的怪物。我们应该放手，让它们自由去活动。”[5]学术自由并不意味着要降低学术工作的标准。弗莱克斯纳强调：“对平庸的宽容与对学术的热情，这二者不可兼得。”[6]1887年，为了维护他作为教育家的声誉，他给班上所有的学生都打了不及格的分数。

高等研究院是弗莱克斯纳晚年的意外收获。1930年，弗莱克斯纳64岁，他还记得：“有一天我正在安静地工作，电话铃响了，有两位先生要求与我见面。他们想和我讨论一笔巨款的用途。”[7]最后拜访弗莱克斯纳的是路易斯·班伯格（Louis Bamberger）和他的妹妹卡罗琳·富尔德（Caroline Fuld）。他们在1929年股市崩盘之前，将班伯格百货商店出售给梅西公司，从零售商转变成为慈善家。他们原本想出资建立一所医学院或者地方大学，但弗莱克斯纳说服他们建立一所研究机构，也就是后来被称作“学者乐园”的高等研究院。在这所乐园里，学者就像诗人和音乐家一样，充分地享受自由。[8]

多年来，弗莱克斯纳一直在批评美国高等教育和研究机构的不足之处，班伯格兄妹的提议给了他实践理想的机会。他最主要的抱怨是："大学……太过于'组织化'了……成立高等研究院的目标是避免委员会、社团或教职人员参加日益频繁的沉闷会议。'成立组织'和'参加会议'的趋势一旦形成，就停不下来了。"[9]1930年5月20日，高等研究院正式成立，弗莱克斯纳担任第一任院长，1939年法学家弗兰克·艾德洛特继任，1947年罗伯特·奥本海默继任。1932年年底，爱因斯坦和奥斯瓦尔德·维布伦被任命为首席教授。1933年，约翰·冯·诺依曼、赫尔曼·韦尔和詹姆斯·亚历山大（James Alexander）也加入了首席教授的团队。高等研究院的数学研究所于1933年成立，人文学科研究所与经济研究所于1935年成立，历史研究所于1948年成立，自然科学研究所于1966年成立，社会科学研究所于1973年成立。据说，下一个要成立的研究所是理论生物研究所。

"从某种角度来看，高等研究院是你所能想象到的最简单也最不正式的组织了，"弗莱克斯纳解释说，"每个研究所的团队都由终身教授与每年来访的访问学者组成。每个研究所都能按照自己喜欢的方式来管理内部事务；在每个团队中，每个人都按照自己的喜好来安排时间和精力……个人和团队的研究成果都由他们自己来负责。"[10]在高等研究院成立后的第一个十年里，它没有自己的科研大楼，研究团队只能借用普林斯顿大学的教学楼进行办公。高等研究院与普林斯顿大学也因此建立了密切的合作关系，延续至今。"高等研究院里的数学家经常到普林斯顿大学数学系的法恩大楼（Fine Hall）去做客，"弗莱克斯纳在1939年写道，"人类学家则是普林斯顿大学人类学系的常客，他们喜欢在麦考密克大厅（McCormick Hall）举行聚会。至于经济学家，他们正在普林斯顿酒店的套房里眺望远处的高尔夫球场——就像大家想象的那样。”[11]

弗莱克斯纳认为高等研究院的行政人员和教授都应该获得丰厚的薪水，当然，他也知道“财富”有可能导致学者分心，但是“我们不能因为财富可能害了他，就给他们较低的薪水。”[12]访问学者的待遇就没有这么好了，因为“如果薪水给得太高了，他们就会赖着不走”。[13]弗莱克斯纳给出的规定是：“教授、得到研究资助的学者和访问学者之间没有明确的界限……大家自由行动。”[14]不过，只有在学术活动中，这个原则才成立。在薪资和住宿方面，不同身份的学者获得的待遇是很不一样的。终身教授居住的房子颇为体面，分散在高等研究院附近的街道小巷里。他们的邻居是投资银行家、制药企业继承人、成功的新泽西黑道组织成员和其他付得起昂贵租金的人。高等研究院保留了这些房子的优先购买权，这就相当于它将自身的影响力向外延伸了数百千米。相比之下，前来高等研究院访问的访问学者却被分配到不伦不类的四层公寓里，这些公寓被当地人称为“居住项目”。公寓围成一个圆圈，中间是公共洗衣店和一片保养得很差的草坪。农场主人原先居住的房子建在一座低矮的山丘上，现在已经被改建成院长宿舍。房子四周有马夫房、马厩与佣人房，冬天到了，孩子们还能在山坡上滑雪。院长在宿舍里可以俯瞰整个野生动物保留区。

谷仓位于访问学者宿舍的下方，即欧登巷的尽头。在 1939 年富尔德大楼（Fuld Hall）建设完成之前，它是欧登农场里占地面积最大的建筑。富尔德大楼是一座壮观的红砖格鲁吉亚建筑，气势雄伟。大楼内部设有高等研究院的行政办公室、图书馆、餐厅和通往相邻建筑（终身教授的研究室）的走道。富尔德大楼一进门就是一间大厅，大厅里有一架老爷钟、皮革扶手椅和紧靠窗户摆放的棋盘。从大厅的窗户望出去，你能看到研究院附近的森林。每天早上，新出炉的报纸都会被送到木制的报架上。每天下午三点，大楼会提供茶点和饼干。除了没有网球场，这座大楼和私人俱乐部或者欧洲的乡村别墅（疗养院）几乎没有任何区别。“我希望大家在非工作时间也能互相交流。投资者将修建一栋建筑，而这栋建筑就是大家聚会的地方。它的名字是‘富尔德大楼’。”[15] 弗莱克斯纳在1539年这样写道。“数学家可以和物理学家或者院长一起共进午餐。他们一起抽烟、聊天、散步，甚至一起打高尔夫球。还有其他学术组织能提供这样灵活、亲密、放松的工作环境吗？”[16] 我父亲对此评论道：“大部分大学教授都是寄生在活人身上的寄生虫，但是高等研究院的教授则是腐生植物，以腐烂的尸体为食。”

在谷仓与访问学者宿舍之间，有一座低矮的砖制建筑，屋里的百叶窗总是拉下来。它看起来像是个小型发电厂或者电话交换机房。1947年，这座建筑突然建设完成，里面放着一台高速电子计算机。这台高速电子计算机的电路板，前一年才在富尔德大楼里被制造出来。1951年，高速电子计算机开始试运行。1952年，它正式投入使用。这台计算机被命名为“高等研究院计算机”，或者简称“IAS机器”。它的名字从未有过缩写，但它的衍生版本却有各式各样的缩写，例如伊利诺伊大学研发的“伊利亚克”（ILLIAC）和“奥达法克”（ORDVAC）、兰德公司研发的“乔尼亚克”（JOHNNIAC）、洛斯阿拉莫斯国家实验室研发的“曼妮亚克”(MANIAC)、阿尔贡实验室研发的“艾维达克”(AVIDAC)、橡树岭实验室研发的“奥瑞克”(ORACLE)、斯德哥尔摩研发的“贝斯克”(BESK)、澳大利亚研发的“斯利亚克”(SILLIAC)、莫斯科研发的“贝斯恩”(BESM)以及以色列研发的“卫扎克”(WEIZAC)。1957年，冯·诺依曼去世，这个项目也逐渐停止运行。1958年，普林斯顿大学接收了高等研究院计算机，然后于1960年将它拆分成部件赠送给位于华盛顿的史密森学会。虽然我们这些居住在高等研究院宿舍的孩子，争先恐后地探索着研究院周围的每一寸土地，从野生动物保留区里被废弃的养猪场，到富尔德大楼地下室里的秘密通道，可是计算机大楼却是一个“禁地”。1994年，计算机大楼被改建成育婴中心。在育婴中心里，新的一代正茁壮成长，而在过去，它孕育出了微型处理器的前身——使用了2600个真空管的高等研究院计算机。

参与过电子数字积分计算机和电子离散变量自动计算机研发项目的专家学者，最后因为专利权闹得不欢而散。埃克特-莫克里和冯·诺依曼分道扬镳。冯·诺依曼意识到，为了直接参与电子计算机的设计，并且确保计算机的使用不受专利限制，他必须自己制造一台计算机。“如果你真的想要一台计算机，”亚瑟·伯克斯解释说，“你应该做的，就是制造出一台。”[17] 冯·诺依曼开展研发计划的方式，就是在好几个地方同时制造新的计算机。不仅是出资机构和各地的研发团队能够得到进展报告，任何有可能充分利用高速电子计算机的机构和组织都能得到进展报告。因此，我们现在使用的绝大多数计算机，遵循的都是冯·诺依曼架构，它的特征是：有一个可以一次并行运行数据的多个字节的中央处理器；有一个分层存储器，包括快速但有限的随机存取存储器，以及缓慢但容量无限的存储媒体，比如软盘或者磁带。最后是硬件和软件之间的区别，这个区别能够让强大的计算机（和计算机行业）通过每个元素的自主进化，实现交替跳跃式的发展。

在冯·诺依曼开展计算机研发项目的时候，好几个不同的计算机架构也在孕育之中。冯·诺依曼选择了那匹最终获胜的马。威利斯·韦尔解释说："他在正确的时间，正确的地点，遇到了正确的想法……并且将永远不可能解决的争论搁置一旁，比如'这个想法究竟是谁第一个提出来的'。"[18] 虽然冯·诺依曼并没有预见到个人电脑的兴起，但他的确指出了："科学与技术在不久的未来，就会逐渐从涉及强度、质量和能量的问题，转向涉及结构、组织、信息和控制的问题，而且这个趋势会持续下去。"[19]

麻省理工学院和芝加哥大学都提供了丰厚的福利来招揽冯·诺依曼，可是他仍然决定留在高等研究院研发计算机，尽管那里根本没有什么先进的实验设备。威利斯·韦尔在 1953 年回忆道："高等研究院是一个依靠黑板、草稿纸和铅笔工作的地方。物理实验仪器和实验技术在这里派不上用场……当我们看到 6 位工程师带着示波器、电烙铁和车间机器来到研究院时，我们感到十分震惊。"[20] 冯·诺依曼逝世后，高等研究院结束了计算机研发计划。董事会强调他们将会对纯理论研究投入更多资金，并且建议研究院不再批准与理论研究无关的实验。亚瑟·伯克斯回忆道："高等研究院的同事们认为，冯·诺依曼并没有在计算机研发计划中好好地使用他的数学天赋。"[21] 冯·诺依曼下定决心要证明他们是错误的。他与普林斯顿大学进行初步协商，建议普林斯顿大学为计算机研发计划提供更多的实验资源和科研人员。然而，冯·诺依曼的希望还是落空了。美国无线电公司（RCA）在普林斯顿大学创办的实验室则是冯·诺依曼坚定的盟友，它在冯·诺依曼走投无路的时候提供了技术支持。在实验室主管艾德洛特的支持下，冯·诺依曼坚持认为高速计算机将成为一种革命性手段，改变数学研究的性质。冯·诺依曼在每一个科学领域，都能举出具体的例子证明：拥有强大计算能力的研究工具将会帮助我们找到未知的真理。他申请到了研发经费，因此无论如何都要自己制造出一台计算机。如果高等研究院不支持他的计划，他就去其他地方。高等研究院的董事会不希望失去冯·诺依曼这位天才，于是只能放手让他做。

1945 年 11 月，由冯·诺依曼领导的另一个委员会，在美国无线电公司的办公室里举行了一次会议，出席的人包括赫尔曼·戈尔斯坦（他当时是电子数字积分计算研发项目组的成员）、弗拉基米尔·兹沃尔金，以及来自贝尔电话实验室的统计学家约翰·图基。约翰·图基是普林斯顿大学数学系的教授，后来他发明了“二进制数字”（binary digit）这个词，而这个词最后被克劳德·香农缩写成“字节”（bit）。冯·诺依曼在笔记中写下了研发目标，他写道：“我认为，通过执行这个计划而获得的经验，必然会对高速计算机在未来的进化产生决定性影响。”[22]1946 年春季，该项目正式展开，戈尔斯坦是项目负责人。

戈尔斯坦、亚瑟·伯克斯和冯·诺依曼于 1946 年 6 月发表了名为《电子计算工具逻辑设计初步探讨》（*Preliminary Discussion of the Logical Design of an Electronic Computing Instrument*）的报告。1947 年 9 月，冯·诺依曼对报告进行了修订，然后又发表了长达三卷的报告《利用电子计算机工作的问题：计划与编码》(*Planning and Coding of Problems for an Electronic Computing Instrument*)。这些报告的传播范围很广，它们创下了先例，日后的计算机架构与程序写作方式都是在这几份报告的基础上发展而来的。就像古德所说的："报告最吸引人的特点就是……每一个设计决策背后的理由都被清晰地标注出来。后来的人几乎都不这么做了。"[23]

冯·诺依曼在高等研究院里有专门的工作室，金斯丁和伯克斯则利用走道尽头的一个小房间来进行办公——这个小房间曾经是哥德尔的研究室。伯克斯回忆道："库尔特·哥德尔没有秘书，我认为他根本不想要一个秘书……在那个炎热的夏天，我们还没有计算机大楼，赫尔曼和我就占用了哥德尔的办公室旁边的'秘书办公室'。办公室的墙上有一个黑板。"[24] 与高等研究院的工程师们相比，这个待遇好太多了。工程师们只能在富尔德大楼空空荡荡的地下室里工作。毕业于普林斯顿大学的拉尔夫·斯鲁兹回忆道："我做的第一份工作是给自己制作一张工作台……我们问冯·诺依曼，如果要给墙壁重新刷一层油漆，让它变得更好看一些，他能不能报销购买油漆的花费。他同意了这个提议。"斯鲁兹刚从普林斯顿大学获得毕业证书，就立刻加入了冯·诺依曼研发团队。[25] 同时加入团队的还有威利斯·韦尔，一位28岁的电气工程师。他回忆道："地下室二层的临时办公室的中央位置有一个锅炉。你知道的，这还不错，因为当时是夏天，所有的锅炉都被关闭了。后来我们搬到了隔壁楼的地下室一层。"[26]

冯·诺依曼从来没有亲自动手做过任何东西，他也不想动手。无论是在沙漠进行氢弹试验，还是在董事会上介绍计算机研发计划，他总是穿着一身三件套西装。冯·诺依曼的周围是一群不修边幅的同事，而他就像一个正经的银行家。戈尔斯坦表示："一旦他了解了原理，就不会对复杂的细节产生兴趣，比如'必须把旁路电容器放在其他物品之上'这样的规定以及其他无关紧要的小问题……他肯定是一个糟糕的工程师。"[27] 为了将他的逻辑计划变为现实，他需要其他人的帮助。这些人不但能够设计和构建逻辑控制、运算器和高速存储器，而且还熟练地掌握了从稳定的电源供应，到空调系统的控制，再到通过机器读取和写入数据的方法等一系列技术细节。冯·诺依曼选择朱利安·比奇洛（Julian Bigelow）来做整个项目的总工程师。诺伯特·维纳（Norbert Wiener）认为这是一位 33 岁的"安静的'纯种'新英格兰人"。在第二次世界大战期间，比奇洛与维纳进行过一次合作。他们一起研究了防空火力控制的实时计算问题。维纳向比奇洛推荐了这份工作。"普林斯顿大学给比奇洛打了一个电话，而比奇洛也同意开车过来与我们谈论这件事。然而，等到了约定的时间，比奇洛并没有现身。一个小时后，他还是没有现身。正当我们要放弃时，我们看到一辆残破不堪的老车正慢悠悠地赶过来。他终于出现了，我们听到了老旧汽车上最后一个气缸的垂死哀鸣。辛亏比奇洛是个高明的工程师，不然这辆车早在几个月之前就彻底报废了。"[28]

比奇洛不只是一位机械工程师，他同时也是一位理论家。他是控制论研究团队的创始成员之一。诺伯特·维纳和阿图罗·罗森布鲁（Arturo Rosenblueth）于 1943 年合著了一篇论文《行为，目的与目的论》（"Behavior, Purpose and Teleology"），提出了生物和机器智能行为统一的原则。比奇洛总结说："进一步比较生物和机器……要看两者之间是否存在质的差异……到目前为止，我们还没有找到这种质的差异。”[29] 非正式的“目的论学社”，其名字便来源于这篇论文。而“目的论学社”是“梅西会议”（Macy conference）的“原型”，后来的“控制论运动”也可以追溯到“目的论学社”。1961 年，沃伦·麦卡洛克解释说：“朱利安·比奇洛指出了一个事实——只有与前一个行为的结果有关的信息，才会被传递回来。于是控制论就成了独立的理论。”[30]

比奇洛发表的论文并不多，但他将维纳和冯·诺依曼的数学世界与现实的机器世界联系在了一起。他有天赋，能够制造灵活的新玩意儿，也能修复坏了的物品。他也许是高等研究院里唯一一个会自己修车的终身教授。“有一天，我从那栋小砖房（计算机大楼）的后门走出来，”韦尔说，“一眼看见朱利安正躺在他那辆奥斯汀汽车底下。他在焊补油箱上的一个漏洞。他说，‘不会的！肯定不会爆炸！’他运用物理学原理完美地解释了为什么油箱不会爆炸。”[31]

比奇洛的工作就是将冯·诺依曼布局的抽象逻辑设计转变成一台能够运行的机器。“朱利安提出想法，拉尔夫敲定细节，最后詹姆斯·波默林（James Pomerene）和我会尝试着让电子去实现这些想法，”韦尔说，“与其说他是工程师，不如说他是物理学家和理论学家……用现在的说法，朱利安就是这台机器的架构师。”[32] 他的职责包括设计和制造电路、制造解析度达到千分之一秒的测试设备，以及收集罕见的电子元件。他甚至还负责安排工作人员的住宿。比奇洛找到一些战争时期遗留下来的住房，并把它们转移到普林斯顿大学校园内。这引起了高等研究院的工作人员的抗议，他们觉得这些房屋破坏了原有的建筑景观。比奇洛的团队利用一间很小的机械车间设计出了计算机的主体结构和外部设备。他们用自行车轮胎改造出一个 44 轨的高速线路驱动器，它的运行速度达到了每秒 100 英尺（约每秒 30.48 米）。轮胎只是高速驱动器中的一个元件，它可以被移动和拆除，就像今天我们使用的磁盘盒或者其他可移动介质一样。

比奇洛手下有一群年轻、有天赋又对机械充满热情的工程师。一些著名数学家和物理学家经常拜访比奇洛，他们想借用那台还未被制造出来的机器。然而，如果想用计算机来解决问题，他们首先要把问题转换成代码。比奇洛回忆说："一系列不太可能发生的'概率事件'让我们成为一个团队……通常情况下，我们都是胸无大志的人。我们相信，我们知道，这是千载难逢的机会。我们能够创造历史，这真是一件非常幸运的事。我们之所以如此确定，是因为冯·诺依曼让我们的头脑活跃了起来，只有他做到了这件事。计算机的力量风起云涌，即将改变科学和其他领域的面貌。它将改变整个世界。过去几十年里的疑难困惑，都将被一扫而空。真正知道自己在做什么的人，正在用编码指令来表达他们的想法。他们用强大的机器来运行计算程序，找到答案，并通过数值试验来证明答案。这个过程能够'增加'和'整理'知识，同时让人变得更加诚实。"[33]

由于比奇洛对细节吹毛求疵，所以计算机的研发进度有所耽搁。但是在研发团队的努力之下，计算机还是被制造出来了，而且运行顺利。"朱利安思考的速度，以及朱利安将想法组合在一起的速度，就是项目进展的速度。"[34] 韦尔评论道。高等研究院对研发团队很冷漠（"我们用自己的双手来制造东西，制造那些又脏又旧的老玩意儿。这一点都不符合高等研究院的作风。”韦尔说），然而，工程师在冯·诺依曼的家里受到了热情接待——这可是冯·诺依曼科学生涯的“商标”。1948 年，我的父亲是高等研究院的访问学者，他还记得“冯·诺依曼和他的怪胎小分队”给当时抽象而理论的研究院带来了多么活跃的气氛。高等研究院里的学者以古怪的开车习惯而闻名于世。詹姆斯·波默林和尼古拉斯·梅特罗波利斯就是两个活生生的例子：某天晚上，他们从冯·诺依曼的家里离开，居然倒着开车回到了家。

1946 年底，美国原子能委员会同意提供资金，修建一座无筋混凝土建筑来放置计算机以及其他外部设备。研究所同意让这座建筑成为富尔德大楼的“卫星楼”，与此同时，他们也会提供装饰墙砖。亚瑟·伯克斯回忆道：“我和赫尔曼以及奥斯瓦尔德·维布伦要一起去给大楼挑一块地。我们路过一片树林，但很明显，凡勃伦不想砍树……最后，他选中了一块低地，距离研究所大楼不远，因此交通很方便。他希望这个建筑只有一层，这样它才不会过于引人注目。”[35]

另一方面，这台计算机实在是太显眼了，它拥有史无前例的计算能力、低廉的成本以及完美运行各个机制的“智能”。这台机器优雅地实现了冯·诺依曼的数学愿景。在物理外观上，它长得有点像涡轮增压的 V-40 引擎，大约 6 英尺（约 1.8 米）高，2 英尺（约 0.6 米）宽，8 英尺（约 2.4 米）长。这台机器的重量只有 100 磅（约 45.4 千克），而空调系统却重达 15 吨。计算机的内部有一个冷却管构成的网络，每小时散发 52000 英热（Btu）的热量。计算机使用了大约 2600 个真空管，它们整齐地排列在移位寄存器和蓄能器之间。真空管通过闸门、触发器和开关以每秒最多 100 万转的速度来排列电子，精确地运行莱布尼茨于 1679 年构思出的二进制计算程序。整台机器的结构非常精巧（“也许正是因为它太小巧了，所以工程师才要耗费大量精力进行维护工作。”比奇洛承认），组件之间的最短联系通道位于计算机底盘下方。在颅内植入一大片大脑皮层会形成复杂的褶皱，因此底盘下方的线路就和大脑神经一样盘根错节。计算机的随机存储器（RAM）由 40 根圆筒组成。怎么放置它们？这可是个设计难题。最终它们被分为两列，放在计算机的底部。每个圆筒只能储存 1024 字节的信息，但是其存取所花费的时间只有 24 微妙。在当时的电子计算机中，这样的计算速度让人惊艳。

自巴贝奇以来，数字电脑的存取速度就一直依赖于串行存储器的性能（不过把巴贝奇似乎已经意识到随机存取的重要性）。无论使用的介质是什么——纸带、打孔卡片或者磁性介质——处理器都必须对信息进行依序搜索，因此免不了耽误时间。IBM 研发的选择顺序电子计算器（SSEC）于 1948 年正式面世，它被安置在位于纽约第五十七大街的一个陈列室内。与高等研究院研发出来的咆哮着的计算机“老鼠”相比，选择顺序电子计算器就像个没有翅膀的恐龙。选择顺序电子计算器在 80 条纸带上存储了 2 万个长度为 20 字节的信息。这些信息由 3 个冲孔单元写成，它们被交付给由 66 个读取头组成的巨大阵列。这台计算机能够在存储器中读取来自 66 个不同位置的信息，但想找到一个固定地址，就要花费 1 秒钟的时间。旁观者可能对这台机器赞叹不已，但它却没有对 IBM 的未来造成任何影响。声波延迟线的存储速度虽然要快上 1000 倍，但它需要更精巧的编码设计和同步机制——这就好像我们要在打牌的同时进行洗牌。

冯·诺依曼找来美国无线电公司的弗拉基米尔·兹沃尔金和约翰·赖赫曼（Jan Rajchman）一起研发数字存储管，并将它命名为“选数管”。信息由投射在通过数字切换控制的电磁掩模上的电子束写入。选数管在 4096 个独立目标物（微小的镀镍孔眼）中读取信息，这些独立目标物会改变自身的状态来存储数据（这个过程被称为“随机访问”）。两年后，选数管还是没有被制造出来。只有少量的“微型选数管”最终被应用在由兰德公司制造的“琼尼阿克”计算机（JOHNNIAC）中（“他们尝试使用真空管来做些事，以前从来没有人这么做过。”韦尔说）。

高等研究院计算机研发小组放弃了选数管，他们决定使用市场上可以买到的零件来制造计算机。他们选择的是威廉姆斯管，也就是常见的阴极射线管（CRT）。威廉姆斯管的内壁涂有荧光物质，这些荧光物质可以在管壁上通过“带电点”（受到电子撞击的点）来读取和写入信息，而且带电点组成的图案可以持续更新。我们可以利用短暂的电子脉冲来监测和区分每个带电点的状态，然后再将它们记录在覆盖于外壁的电子屏幕上。电子撞击到电子屏幕上会释放出次级电子，但它们产生的电流很微弱。冯·诺依曼曾经（1944 年）与高等研究院计算机研发团队讨论过阴极射线管的基本原理。它的原理与兹沃尔金构想的光电摄像管的原理相似，只不过操作过程是反过来的。冯·诺依曼在 1945 年发表的关于电子离散变量自动计算机报告中，探讨了利用阴极射线管进行高速存储的可能性。第二次世界大战期间，弗雷德里克·C. 威廉姆斯（Frederick

C. Williams）在英国电信研究机构对脉冲编码敌我识别（IFF 敌我识别）雷达系统进行了解构分析，之后于 1946 年开发出更为简便的实用版本。1948 年 6 月，威廉姆斯在纽曼的指导下，制作出一台小型电脑，向公众展示了建立在阴极射线管基础之上的存储器和初级存储程序。这台计算机的原型在串行模式下进行运算，每秒可以读写信息序列多达几千次。与布莱切利庄园里的使用纸带的“巨人”相比，它的速度快得多。在计算过程中，你可以看到信息节在屏幕上跳动——后来加入曼彻斯特大学的图灵就能直接从屏幕上读取信息。当他还在布莱切利庄园时，他就已经能够在电子打字机前从截获的德国文件中直接读取用二进制密码写成的信息。

很明显（正如兹沃尔金在 20 世纪 30 年代已经认识到的那样），如果电子工程师能够设计出用于电子束偏转电压的控制电路，那么“随机存取”就有可能成为现实。1948 年 6 月，比奇洛成为曼彻斯特大学的访问学者，而高等研究院计算机研发团队随后开发出了可以随时读取或写入任何位置的开关电路。这个电路将恢复正常扫描和刷新周期的时间缩短到只需要几微秒。他们制造出的存储器实际上是一个由电子控制的电容器阵列，正如比奇洛所说：“这是人类制造出的最敏感的电磁扰动探测器。”[36] 每根威廉姆斯管内部的涂层必须毫无瑕疵，屏蔽层也必须定期进行清理。美国无线电公司和另外一家制造商允许高等研究院计算机研发团队检测他们的库存，寻找无瑕样品。结果，80% 的样品都没有通过高等研究院的检验。操作者在监视阶段中可以检查存储器的内容，以查看计算进度如何，以及为什么程序意外停止了。后来人们通过一个单独的 7 英寸（约 17.8 厘米）阴极射线管来完成“监视”工作——这根阴极射线管每秒钟能够制造出 7000 个带电点。

40 根威廉管必须完美地同时运行，数据才能同时进入存储器(这并不是今天所说的“并行处理”)。40 比特的信息可以是一个数字，也可以是一对 20 比特的指令，其中 10 比特是指定命令，另外 10 比特是存储地址。在另一根威廉管中，组成一个数字的 40 比特的信息中的每一比特都被“安排”了相同的位置，这个寻址方案类似于在 40 层高的酒店给出给定的房间号码。每一根威廉管都受到同样的控制，就像电视墙上的每一台电视机都被调到同一个频道一样。因此，计算机的速度比之前提高了 40 倍。然而，在许多怀疑论者看来，这样的机器肯定是会出差错的。比奇洛表示：“这台机器可以被看成是一个大型的试管架。”可令人惊讶的是，拥有 40 根威廉管和 2600 根真空管的高等研究院计算机，超过 75% 的时间是在正常运行的。[37]

1949 年 7 月 28 日到 7 月 29 日，高等研究院设计的存储器经过 34 个小时的测试后依然没有产生错误的信号，研发团队知道他们遇到的最大难题已经被克服了。计算机的其余部分都可以用市面上的标准组件来制造，研发团队对这些组件已经非常熟悉。运算器的设计非常简单：一个累加器、两个移位寄存器、两个加法器，再加上一个数字解析器。计算机的核心组件是运算速度非常快的加法机。正如托马斯・霍布斯在 1651 年指出的那样，我们可以通过简单的加法（以及二进制算法）来构建一切。电子脉冲能够表示所有的二进制数字，它们互相平衡，一次一步地小心前进。“信息首先被锁定在发送触发器中，然后门控让发送器和接收器接触到信息。当这两步都完成后，发送器可以被移除了，”比奇洛解释说，“信息的传输过程很稳定。它就像患有恐高症的毛毛虫那样，安稳地趴在红杉树的树顶上。”[38] 高等研究院计算机并没有安装浮点组件，研发团队觉得这一组件并不重要。因此，程序员不得不靠运气猜测重要的数字会出现在哪里，并进行相应测试，以便让它成为计算过程中的“焦点”。这台计算机使用了 20 个基本指令，44 个指令码。比奇洛说：“1951 年春天，这台机器的运行越来越顺利。于是程序员开始在计算机上测试自己的程序。那时候，计算机的出错率已经非常低，大多数的错误都是程序本身的错误。”[39]

高等研究院计算机最开始的输入和输出媒介是电传打字机五孔纸带，它在被称为“刻录机”和“输出记录机”的定制接口上执行读写程序。存储器要花费将近 30 分钟才能读取完 1024 个字符。重新调整线路后的 IBM 516 标准复制孔机能够瞬间读取 40 比特的信息，这就让载入存储器的时间缩短到五分钟之内。高等研究院计算机的输出速度是每分钟 100 张卡片，技术熟练的操作员“即使不在计算机面前，也能够直接用肉眼看出代码背后的信息，从而判断计算过程是否出现问题”。[40] 当时的 IBM 还不允许客户对其设备进行改造。高等研究院获得的“特权”，产生了始料未及的结果。高等研究院匆忙研发的“混搭机器”，直接推动了 IBM 701 的上市。从此之后，IBM 就是信息工业领域里的领头羊。

冯 · 诺依曼游走在科学界与政治界之中。类似的计算机研发计划很快就在世界各地发展起来，这都要归功于冯 · 诺依曼强大的影响力。在建造实用计算机的竞赛中，“再过几个月”被圈内人称为“冯 · 诺依曼常数”，因为每一台新的计算机开始运行之后，“再过几个月”就会有一台更新的计算机问世。好几个研发团队（例如伊朗伊利诺伊大学、美国国家标准局、阿贡国家实验室和洛斯阿拉莫斯实验室）赶在高等研究院举行计算机揭幕仪式（1952 年 6 月 10 日）之前，公开展示了他们的计算机模型。一方面，击败“冯·诺依曼常数”是个刺激的挑战；另一方面，“搭便车”总是比“亲自架桥”节省力气。1953 年，兰德公司的威廉·格宁承认：“我们这些正在‘复制’高等研究院计算机的人，都倾向于强调自己计算机的与众不同之处，却忘记我们亏欠朱利安·比奇洛及其团队的实在太多了。我们能够制造出一台运算器，并且这台机器一插上电就能运行，这个事实就足以证明我所说的并没有错。”[41]

许多学者前往普林斯顿大学借用高等研究院计算机来解决问题。他们有的是已经成名的科学家，有的是默默无闻的科研人员。高等研究院是从事这种工作的理想地点，它的管理制度很宽松，也很人性化。与其他实验室相比，高等研究院的计算机研发项目只获得了少量的资金支持，但这份资助却从未中断过。学院里的设施可以根据访客的需求而做出调整，访客想要在学院待上一天、一个月或者一年，都没问题。普林斯顿大学就在高等研究院的附近，访客随时可以去普林斯顿大学图书馆查找资料。高等研究院里的学者并没有“垄断”计算机。虽然朱尔·查尼（Jule Charney）手下的气象小组会定期使用计算机进行气候模拟，但计算机的优先使用权仍然是属于氢弹研发小组的。数学家理查德·海明（Richard Hamming）回顾美国早期的计算科学史时写道：“我的体会是，与亲密的朋友相比，圈外人其实更有机会使用计算机来解决重要问题。”[42]

计算机可以被复制，但冯·诺依曼只有一个。从建立在纳维斯托克斯方程基础上的可压缩流体编码，到交通流量（交通拥堵程序）模拟程序，再到基督诞生之前600年的天文星历表，计算机上运行的每一个程序都体现了冯·诺依曼的智慧。天文物理学家马丁·史瓦西（Martin Schwarzschild）说："如果冯·诺依曼不在计算机房，那么程序员最后得到正确计算结果的可能性要大得多。因为当他在场时，每个人都很紧张。但是，如果你真的遇到了问题，你不会去找别人，你肯定直接去找冯·诺依曼。"[43]

在冯·诺依曼死后的50年里，损害他声誉的，不是大众对他的批评，而是他自己的成功事迹。冯·诺依曼架构的巨大成功，掩盖了他对大规模并行计算、分布式信息处理、进化计算和神经网络做出的贡献。冯·诺依曼为西利曼学院讲座准备的演讲稿由于他病情恶化而一直没有完成，最后耶鲁大学出版社还是编辑出版了这篇名为《计算机与大脑》（"The Computer and the Brain"）的讲稿。许多人认为计算机与人类大脑是可以类比的，而《计算机与大脑》这篇文章让人以为冯·诺依曼也持有同样的观点。但实际上，冯·诺依曼一直在解释计算机与大脑的差异。人类大脑内部有大约100亿个神经元，由这么多不可控的组件构成的机制为什么可以稳定地运转？计算机内部的组件只有1万个，但它却经常出错。这又是为什么？

冯·诺依曼认为，即使是最简单的神经系统，我们也需要一个完全不同的逻辑基础来了解它，更不用说这么复杂的人类大脑了。他的《概率逻辑：用不可靠的组件构建可靠的生物》（*Probabilistic Logics and the Synthesis of Reliable Organisms from Unreliable Components*）探讨了并行架构和容错神经网络的可能性。这个思路很快就被冯·诺依曼意料之外的一种发明给取代了，那就是集成电路。集成电路是由逻辑复杂但结构统一的微观部件构成的一块“金属板”。串行架构开始登上历史舞台。很快就没有人再提及概率逻辑、真空管和声波延迟存储器了。如果固态电子技术的发展速度没有这么快，那么我们可能早就已经在神经网络、并行架构、异步处理机制等领域取得丰硕的探究成果了——正是有了这些机制，大自然才能通过糟糕的“硬件”计算出可靠的结果。

机器到底能不能思考？对于这个问题，冯·诺依曼很少发言，但图灵却直言不讳。1949 年，埃德蒙·贝克莱（Edmund C. Berkeley）出版了《巨大的大脑》（*Giant Brain*）一书。他在书中写道：“机器可以处理信息。它可以计算、总结和做出选择。它可以对信息进行理性操作。因此，机器是能够思考的。”[44] 这个宣言捕捉到了当年的“大众情绪”。冯·诺依曼从来没有认同过这样的观点。他将数字计算机视作数学工具。计算机只是一种更为通用的自动装置，神经系统和大脑也可以被视作某种自动装置，但这不意味着计算机和大脑一样可以思考。冯·诺依曼很少讨论人工智能。他不关心自己成功制造出来的计算机能否学习和思考，他更感兴趣的是，这台机器能否学会“繁殖”。

“较低层次的‘复杂性’可能会退化，也就是说，每个可以复制出其他自动装置的自动装置，只能产生出不那么复杂的自动装置，”冯·诺依曼在 1948 年指出，“然而，到了某个最低层次，这种退化特征就不再是普遍的。因此，自动装置可以自己复制自己，甚至还能构建出更高级的‘实体’。”[45] 超大规模集成电路是微米级的超小型组件。和高等研究院研发的其他组件一样，超大规模集成电路每天都在被数以万计地复制出来。这些“新生电路”是冯·诺依曼“自我复制自动机理论”的产物。就像他预测的那样，机器逐渐变得越来越复杂。虽然这些机器能够执行越来越复杂的指令代码，但它们永远不会变成大脑。但如果有人把它们组合起来，那么这个组合体有可能成为“超级大脑”。

斯坦·乌拉姆提醒我们，冯·诺依曼为西利曼学院讲座准备的演讲稿“只是草稿，它只告诉了我们他打算思考的事情……他走得太早，虽然看到了应许之地，但却没有找到入口”。[46]冯·诺依曼也许已经看见了一条直接通向人工智能的道路，而著名的冯·诺依曼架构则是历史的产物，有其内在的限制。高速电子开关让计算机有能力评估各种不同方案，评估的速度比生物的神经元还要快上数千倍，甚至百万倍。但是大脑内部有数十亿个神经元和数不清的突触，它们的组合能力，哪里是计算机能够比得上的。冯·诺依曼知道，计算与思维之间的鸿沟既宽阔又模糊。要想让电子跃过这条鸿沟，我们就需要一个比计算机更复杂、更灵活和更不可预测的架构。半个世纪过去了，数字计算机仍然只是在思维地下室里的二维迷宫中奔跑的小白鼠。

作为一名实践数学家和非实践工程师，冯·诺依曼知道，像大脑一样复杂的东西，是永远不可能被设计出来的——“演化”是它必须经历的过程。我们要想制造出一个人工大脑，首先必须先培育出人造神经元矩阵。1948 年，在一场名为“行为的大脑控制”（Hixon Symposium on Cerebral Mechanisms in Behavior）的研讨会上，冯·诺依曼回应了沃伦·麦卡洛克的观点，他指出：“生物的不同器官能够彼此对抗，而进化在某种程度上带有‘恶意入侵’的性质。我相信这两件事是有关联的。”他接着介绍了大量互通的次级机器是怎样利用初级机器制造出向自组织发展的趋势的。他相信，次级机器的选择性演化（类似于经济竞争的机制）是一个不可思议的复杂过程，“可以理解的行为”最后会出现在初级机器的层级上。

“如果你掌握了这种构建原则，”冯·诺依曼继续说，“那么所有你需要详细规划和了解的细节就是初级机器，而且你必须给它提供一个定义相当模糊的基体矩阵，例如在大脑皮层上自由活动的 10^{10} 个神经元……如果你不想分开它们……那么，我认为，用初级机器来‘监测’是可行的。在必要的时候，初级机器还能够自我重组。如果初级机器是平行运作的，如果它有各种不同的零件，可以独立地针对不同目标来做出不同反应，那么你就会看到‘冲突’的症状……而且，如果你特别关注细微变化，那么你可能会观察到随之发生的‘模棱两可’的情况……尤其当你关注的对象是高级的复杂情况时，这种症状不出现是绝对不可能的。”[47] 冯·诺依曼和在场的神经学家所关心的“这种症状”，就是高阶的“随之而来的混沌现象”——它通过某种方式搭建起了以逻辑和算术作为基础的思维大教堂。

1948 年，冯·诺依曼评论道：信息理论和热力学理论有相似之处，如果用数学方法来研究它们，或许我们能找到更明显的相同点。冯·诺依曼在他短暂生命的最后几年里，开始研究通信自动机器的群行为理论，这是信息理论与热力学理论（以及流体力学理论）交叉融合的领域。冯·诺依曼在 1945 年写道：“许多问题乍看之下与流体力学无关。但要想解决它们，我们就必须先解决流体动力的问题，或者计算出流体的种类……应该是这样，这样才是自然的。”[48]

刘易斯·理查森提议的“64000名数学家”，不是只会模拟大气层巨大涡流的“机械零件”。如果他们的计算速度和信息传输速度足够快，那么他们就有可能创造出自己的大气涡流。在流动的流体中，当流速超过黏度达到一定比例（雷诺数）时，持续性的涡流就自动产生。因此，在计算介质中，当各个组件之间的信息流速超过计算黏度达到一定比例时，持续性的信息流也会随之出现。不幸的是，约翰·冯·诺依曼还没来得及将最关键的比例计算出来，就离开了这个世界。

第七章　共生起源

在某一个领域，我们也许可以把一只猫传送过来，而不只是发送一张猫的照片。

——马文·明斯基[1]

"1951年夏天，"朱利安·比奇洛说，"洛斯阿拉莫斯科研团队来到我们的实验室，还在高等研究院计算机上进行了大量的热核计算。计算机连续24小时不间断地运行了约60天。许多中间结果都被重复计算了好几次，而其中只出现了六七个错误。我们的工程师分成好几个小组，全程参与，每天运行好几回诊断和测试程序。除此之外，他们也没有其他事可以做。我们的计算机通过了考验。"[2]数字计算机时代的曙光出现在美国新泽西州的乡间，而1952年11月1日科学家们在埃尼威托克珊瑚岛（Eniwetok Atol）进行的一系列热核试爆则证实了计算机的威力。

新型的电脑不仅可以被用来摧毁生命，也能被用来探索"繁殖"的原理。数学生物学家尼尔斯·巴里切利（Nils Barricelli）相信："基因最初是独立的，是像病毒一样的生物。它们通过共生组合形成更复杂的单位。”1953 年，巴里切利来到高等研究院，调查研究“共生起源”在生命起源过程中的作用。他在《电子计算机项目 3 月份进度报告》（*Electronic Computer Project's Monthly Progress Report for March*）中宣布：“我们目前正在进行一系列数值实验。我们的目标是证明生物体能够在人工创造的世界里自发进化。”

共生起源理论是由俄国植物学家康斯坦丁·梅列日科夫斯基（Konstantin Merezhkovsky）在 1909 年首次提出的。1924 年，植物学家波利斯·米哈伊洛维奇·库佐 – 波利扬斯基（Boris M. Kozo-Polyansky）对这个理论做出了重要的补充。[3]“细胞学和生物化学中的许多事实，特别是与低等生物有关的事实，”梅列日科夫斯基在 1909 年写道，“都指向了生物起源的秘密……因此我决定着手研究……生物起源的新理论。因为生命共生现象在生命起源过程中扮演着重要的角色，所以我决定将这个理论命名为‘生物共生起源学说’。”[4] 共生起源学说为达尔文主义提供了一个有争议的论点：复杂生物体都是由低等生物形式之间的共生关联演变而来的。地衣就是藻类和真菌的共生体，它们在俄罗斯北部贫瘠的土地上顽强地生存着——难怪俄国的植物学家和细胞学家会对共生起源学说做出如此巨大的贡献。由于梅列日科夫斯基是俄国人，他的理论在其他地方要么被忽略，要么受到强烈批评，其中最著名的批评者是美国哥伦比亚大学动物系的教授，埃德蒙·威尔逊。威尔逊认为共生起源学说是“一个很有趣的幻想……它认为细胞的二元性——细胞核与细胞质的区别——来源于两种不同类型的原始微生物……”[5]

梅列日科夫斯基认为植物和动物都是由两种种质结合而成。这两种种质分别是以细菌、真菌、蓝绿藻和细胞器为代表的“菌质”，以及某种以“没有细胞核的原核生物”为代表的“阿米巴质”(amoeboplasm)——真核细胞里细胞核以外的“物质”就来源于“阿米巴质”。梅列日科夫斯基认为，“菌质”是最先出现的。后来演化出来的“阿米巴质”吞噬掉了“菌质”，“菌质”就变成了细胞核。同样可能的是：“阿米巴质”最先出现。“菌质”随后演化出来并且寄生在“阿米巴质”内部，最后与寄主“阿米巴质”发展出共生关系。这两种生物理论，无论细节正确与否，它们都触碰到了一定程度上的“事实”。梅列日科夫斯基的生物双种质理论也反映在高等研究院的计算机实验中——计算机技术的两种种质（硬件和软件）留下了明显的发育轨迹。事实上，它们的合并才刚刚开始。

根据共生起源学说，如此复杂的生物结构是不可能被设计出来的，因此合理的解释是：不那么复杂的（现成）“零件”结合在一起，变成了现存的复杂生物。用现成的词语组成句子，比直接使用字母要容易得多。句子组合成段落，段落组合成章节，最后，章节组合起来变成一本书——如果直接搜寻词语或者字母的可能组合空间，然后找到一一对应的组合，也不是不可能，只不过概率太低。在梅列日科夫斯基和库佐－波利扬斯基眼里，生命史再现的是“简单生物联盟”的发展过程，说到底，生物是从不怎么像生物的零件发展而来的。真核细胞本身就是共生起源学说的证据。近年来，在林恩·马古利斯所撰写的一系列论文的影响下，这个理论又重新焕发生机。只可惜微生物学家出生得太晚了，无缘目睹细胞共生的全过程。

巴里切利扩展了细胞共生起源的理论，提出了一种更为一般化的“共生生物”理论。所谓的“共生生物”就是指“由几个能够自我复制的实体共生组合而成的能够自我复制的结构”。[6]这个概念可以被应用在化学领域——能够自我繁殖的分子群体也许可以通过自我催化反应来成形。无论是在大家熟悉的环境（比如地球）中，还是在大家不熟悉的环境（比如太空）中，这个化学反应都是有可能发生的。巴里切利将相同的逻辑应用于空间或时间中任何性质的自我复制模式，例如新型高等研究院计算机的存储器里一共存有40960比特信息，这些信息的子集永远在持续不断地变换位置。巴里切利观察道：“数字信息的进化实验结果与核苷酸的进化实验结果，几乎是完全一样的。”[7]

在巴里切利眼里，高等研究院计算机是一种将自我复制结构引入空白领域并观察其结果的手段。他在1962年发表了一篇论文，回顾并评估自己利用高等研究院计算机进行的实验。他说：“根据达尔文的进化论，进化是随机遗传变异和自然选择共同作用的结果。然而，这个理论从一开始就没有办法被实验‘证明’，因此我们无法得知这种进化是否真的存在，也不知道进化是如何在特定条件下发生的。我们或许可以使用进化迅速的生物（病毒或细菌）来进行实验，但这也存在一个严重缺陷，即适应或进化的成因依然模糊不清，我们无法排除拉马克或其他生物学家提出的进化原因。”繁殖加上进化，也并不一定等于生命。1954年，《方法论》（*Methodos*）期刊发表了巴里切利进行的第一轮实验的早期报告。巴里切利在报告中告诫读者：“一个可能让乐观主义者感到尴尬的问题如下：‘如果创造生物是如此简单，那你为什么不自己创造几个？’”[8]

半个世纪过去后，巴里切利的实验看起来已经过时了。它就像是伽利略第一次尝试使用单筒望远镜——它的功能还不如我们今天普通的双筒望远镜——所进行的天文观测。然而，与这两位意大利人充满智慧的眼光相比，这些简陋的工具算不上什么。巴里切利设计的进化宇宙，与高等研究院计算机中 40 个威廉管的有限存储容量是匹配的——用我们今天的单位来计算，当时计算机的存储容量只有 5 千字节（kilobyte）。操作系统和编程语言根本不存在。詹姆斯·波默林回忆起高等研究员早期的编程过程："程序员必须将他们的问题编写在'绝对地址'上。"当时，程序员必须手动编码每一个计算机指令，并且将它们分配到存储器中的固定地址。"换句话说，你不得不向机器妥协，而机器也必须向你妥协。"[9]

巴里切利直接使用二进制机器指令代码，构造了有 512 个单元格的循环域，每个单元格里有一个 8 位编码的数字（或者无数字）。被巴里切利称作"规范"的简单规则控制着数字（或"基因"）的繁殖，新一代数字（或"基因"）以变形的方式出现在中央运算器对某个特定数字周期执行程序之后。这一繁殖规律被描述为："只有当其他不同基因存在时，基因才有可能繁殖。因此不同的基因只能共生。"[10] 繁殖规律简明扼要，它规定了每个数字在下一代中的新位置，由同世代中某些"基因"的位置与数值决定。每个基因的存活都依赖于其他基因，合作（或寄生）的奖赏就是"成功地活下去"。如果两个或者更多基因在同一位置发生冲突，那么第二层繁殖规律（"突变"规律）就会发挥作用。巴里切利发现，这些规则对于基因宇宙的进化有着显著影响。在这个微小的领域里，巴里切利扮演着上帝的角色。

巴里切利设计的空荡荡的宇宙里充满了随机数字。只要能够自我复制的"数字联盟"（我们也可以称它为"生物体"）足够强大，它就能够自我进化。巴里切利宣布："我们已经创造了一组能够自我复制并且发生遗传变化的数字……根据达尔文的理论，这是进化的必要条件。在环境中存活最好的数字……会继续存活下去。其他数字会逐渐消失。对环境条件的适应过程，即达尔文进化过程，最后将会发生。"[11] 几千个世代后，巴里切利观察到一系列"生物现象"，例如，当个体生物体的基因中的数字被随机移除时，双亲共生生物体之间会进行合作性的自我修复。

生物经常遭遇到的问题，也同样出现在巴里切利进行的实验里：寄生虫、自然灾害，以及"停滞不前"（环境中缺乏挑战因素，例如竞争者出局，就会导致进化规律失去作用）。1953 年的实验里就出现了寄生虫。为了控制寄生虫，巴里切利修改了"规范"，禁止寄生虫（特别是单基因寄生虫）每代繁殖多次，于是寄生虫便不能轻易地缠住比较复杂的生物，使它们的演化停滞下来。"剥夺了寄生虫快速繁殖的特权之后，最原始的寄生虫就不能与进化程度更高的物种竞争……而在其他条件下，一个危险的单基因寄生虫可能会进化成无害的或者有用的共生基因。"[12]

巴里切利发现，进化是通过有性生殖（而不是偶然的基因突变）达成的。数字生物之间的基因转移和互换，与适应和竞争成功的相关性非常高。"虽然在实验中，突变（特别是有害突变）发生的频率非常高，但是具有扩张能力的大多数新物种是基因互换的结果，而不是基因突变的结果。"[13] 巴里切利回答了塞缪尔·巴特勒 70 年前在《幸运？还是狡猾？》中提出的问题："突变和选择还不足以解释进化现象。"[14] 巴里切利认为共生起源加速了进化过程，与此同时，"基因能改变它寄生的身体，还能自我重组，这是基因天生就具有的本领。有性生殖改善了这些本领，增强了基因的适应能力”。[15] 生物共生现象直接导致了遗传密码在单个多细胞生物内（甚至是整个物种之间）的并行处理机制。自然界允许大量的处理器同时存在，但它们的运行时间却是有限的，而“并行处理”则是搜寻个体和物种进化基因序列的最高效率机制。

有效的搜索就是“智慧”的全部意义。“尽管生物是基于随机突变、基因交换和自然选择而进化的，但进化并不是一个盲目的试错过程。”1927 年，巴里切利回顾了他的数字生物进化研究实验。他说：“构成某个物种的所有遗传材料，在严格的遗传规则的影响下，被组织成一个名为‘集体智能’的运行机制，其功能是确保解决各种新问题的速度和效率达到最快最大……解决问题的能力，就是智力的基本组成要素，智力测试检验的就是这种能力……就生物世界的成就而言，这种机制确实充满了智慧。”[16]

《物种起源》让查尔斯·达尔文和托马斯·赫胥黎站到了主教威尔伯福斯的对立面。一个世纪过去了，达尔文提出的自然选择进化论与神学家坚信的超自然智慧创造论，依然没有妥协的空间。塞缪尔·巴特勒主张的“物种智慧”——既不是盲目钟表匠的偶然成功，也不是全能之神的预定计划——本来已经没人相信了，但巴里切利成功地让这个理论再次回到公众面前。巴里切利声称他在纯数字的自我复制行为中找到了这种智慧的微弱痕迹，就好像生物学家第一次在生物体液中找到了病毒那样——体液中所有的已知生物都被过滤掉后，剩下的就是病毒。

数字共生生物进化花费的时间比预期的时间要少。巴里切利报告说：“即使是存储容量有限的高速计算机，也能在几秒钟内产生大量的共生生物……几分钟之内，我们就能观察到所有的生物学现象。”[17] 巴里切利必须对“数字宇宙”的各个细节进行调整，才能保证进化过程不会因为速度太快而陷入停滞不前的状态。在无数的进化规则中，最核心的一条是：“改变生物的基因而不让它变弱，这是不可能的。”在一个只有简单生物的封闭宇宙中，通往进化的唯一道路是与不同的生物交换基因——除非你能改变宇宙的“规则”。巴里切利指出：“至少要交换两个基因，才能提升自身的‘适应性’，进化成另一种更强大的生物。”[18] 巴里切利发现，如果不考虑“有性生殖”，那么上述问题的最佳解决方案是增加宇宙内在的“多样性”。

巴里切利报告说：“我在普林斯顿大学创造出的包含了 512 个单元格的循环域，一共持续迭代了 5000 多个世代。另外，在同时运行的几个平行实验里，循环域的实际大小通常会超过 512 个数字，而相邻的两个循环域还会规律性地互换连续数字（50 到 100）……单一种类的原始共生生物会在几百个世代内入侵整个循环域。‘突变’就不再产生，进化过程也随之停止。循环域进入了‘有组织的同质性’阶段——无论再经过多少个世代，循环域都不会发生任何变化了……在某些情况下，新的突变规则将会导致整个循环域进入失序状态，例如，最后一个存活着的寄生虫因为饥饿而走向死亡……最后，只要在每个循环域的不同区域应用不同的突变规则，‘同质性’的问题就能被解决。我在不同的循环域中设置了不同的‘复制规则’，创造出不同类型的环境……我同时运行了几个平行实验，并且每隔 200 或 500 个世代就交换相邻循环域的基因片段，这样一来，一旦某个循环域到达了‘同质’（僵化）阶段，我就能及时调整它。”[19]

艾伦·图灵的“通用计算机”模糊了智能和非智能之间的区别，而巴里切利的数字共生体则模糊了生命体和非生命体之间的区别。巴里切利提醒读者，“数字共生体与生命体非常相似”这个观点还不够严谨，同时，他还表示：“任何人通过本文列出的事实，做出不严谨的推论和猜测，作者概不负责。”[20] 他强调，虽然数字共生体和已知的地球生命形态具有相似的进化规律，但这不意味着数字共生体就是生命体，“它们是新型生物的雏形吗？又或者，它们只是数字模型？”他继续说道，“它们不只是数字模型，就像生命体也不只是神经模型一样。它们是一种能够自我复制的特殊结构。”至于它们到底是不是生命体，“只要我们还没有明确‘生命’的定义，追问‘数字共生体是不是生命体’就是一种毫无意义的行为”。[21] 当然了，直到今天，我们也依然在探索“生命”的本质。

巴里切利的数字共生体就像水族馆的热带鱼，它们被限制在异质的生态系统中，成为密封在威廉管的玻璃后面的装饰性碎片。它们是没有生命的骨架标本，等待着被程序员解剖分析。能够证明它们曾经存在过的证据，就是打孔卡片。数字共生体的“基因”非常简单，比活细胞（或者计算机系统）中最原始的病毒还要简单。巴里切利表示：“如果我们想要了解器官（以及生物展现出的复杂特征）的形成过程，那么我们需要更精密的‘结构’，其复杂程度应该与生命体相当。无论经过多少次突变，那些数字……永远不会变得比普通数字更复杂。”[22] 生物共生——不同生物的组合体演变成了更高层次的复杂组织——是生物进化成功的关键，然而，出现在封闭的人工宇宙中的“进化成功”却并不能说明什么。巴里切利的数字共生体只不过是“实验数据”。如果我们想要让它出现在现实世界中，就必须把它“翻译”成我们可以感知的“现象”（用物理化学或者其他方法去破译“遗传密码”）。

巴里切利想知道“从共生生物中挑选出能够执行指定任务的个体”这件事是否是可能的。“任务可以是任何‘行为’，只要能够测量共生生物的表现就可以。例如，任务可能是‘与人类或另一个共生生物下棋’。”[23] 在后来的一系列实验中（1959 年在纽约大学进行的实验，以及 1960 年在布鲁克海文国家实验室进行的实验），巴里切利创造出了一种数字共生生物，它们能够在六行六列的棋盘上玩一种名叫“塔克棋”（Tac-Tix）的简单棋类游戏。这个棋类的发明者是著名数学家皮亚特 · 海恩（Piet Hein）。巴里切利将数字共生体在游戏中的表现和它们的繁殖适应性联系起来。“以目前的速度，数字共生体可能需要‘繁殖’10000 个世代（IBM 704 计算机要连续运行 80 个小时）才能让游戏结果最终突破‘1’。”[24] 巴里切利表示，这就是一个普通人刚开始玩这游戏的水平。1963 年，巴里切利借助曼彻斯特大学的计算机达成了这个目标，但仅维持了很短的一段时间。实验结果还是一样糟糕，巴里切利认为之所以会出现这种困境，是因为“涉及指令的数目和允许共生生物利用计算机的时间……受到了严格限制”。[25]

高等研究院计算机实验里的数字共生体只含有遗传密码，而在“塔克棋”实验里，“每一个共生体都会形成特有的非遗传数字特征。这种数字特征为共生体提供了无限的可能性——它们会发展出不同的结构和器官，执行不同的‘专属任务’”。[26]“表现型”终于以数字形式登上了舞台。这种表现型被解释为棋盘游戏中的“步”，而基因序列与表现型在有限的机器指令字母表上建立了紧密联系。这个过程和氨基酸通过从一连串核酸序列把 DNA“转译”成蛋白质的过程是一样的。“也许在数字共生生物中，最接近蛋白质分子的是一个‘子程序’，它是数字共生体游戏策略程序的一部分。它的指令被储存在存储器中，而这些指令的内容取决于组成共生体的数字。”[27] 巴里切利解释说。巴里切利在表现型（而不是基因型）层面上编入了有效代码，于是进化搜索更有可能产生有意义的序列。这是因为从字典里面挑选出来的词语，总是比从帽子里随便抓出来的字母，更容易组成有意义的句子。

一个纯数字序列原则上（而且最终）可以演变成任何其他东西的代码。巴里切利解释说：“只要给共生体一些棋子和积木，共生体就能学会如何‘操纵’它们以增加自己的生存机会……这种倾向——抓住任何与生存相关的机会——是复杂器官和躯体（由体细胞组成的非遗传结构）的进化关键。”[28] 基因型和表现型的“翻译原则”被确立之后，进化的速度就会加快——不再只是生物的进化，基因语言与翻译系统也会随着一起进化，它们在嘈杂且不可预知的世界中，为生存提供了可贵的灵活性。成功的翻译语言不但能够容忍模糊不清的信息，而且还会利用这些信息。格拉哈姆·凯恩斯－史密斯（Graham Cairns-Smith）在《生命起源的七条线索》（*Seven Clues to the Origin of Life*）中写道：“对表现型结构来说，‘模糊不清的信息’实在太有用了，因为构建有效的表现型并没有‘捷径’……表现型必须让那些可以说是‘父母’的基因有更多机会存活下去。至于如何做到这一点，宇宙中并没有现成的规定。”[29]

尽管巴里切利一再提醒读者，“类生物”并不等于“生物”，但他提出的理论仍然会让人想起巴特勒的预言。塞缪尔·巴特勒曾经警告说，达尔文的理论不仅适用于自然界，而且同样适用于机器领域。如今，巴里切利证明了，“数字宇宙”是解开生物进化之谜的关键，不论这个“生物”是由核苷酸编码而成的，还是由数字编码而成的。巴里切利相信，电子数字计算机的出现将会给进化进程带来巨大影响，而巴特勒也曾经预言过蒸汽时代将会加速进化的进程。

和塞缪尔·巴特勒一样，巴里切利也是一个不跟随大众的另类学者。他的观点与同时代的学术权威相异，他对进化论做出的贡献也因此而蒙尘，不为世人所知。1936 年，巴里切利在罗马大学获得数学和物理学学位。1938 年，因为反对法西斯政权，他移民到了挪威。第二次世界大战期间，他精心准备了关于气候变化的博士论文。1946 年，巴里切利将论文提交给学校进行审查。“这篇论文长达 500 页，它实在是太长了，根本没有办法打印出来，”巴里切利的数学家同事托尔·格利克森（Tor Gulliksen）说，“但巴里切利不愿意删减论文的内容，他宁愿放弃博士学位。”[30] 格利克森曾经担任过巴里切利的学术助理，因此有幸获得了在曼彻斯特大学使用“阿特拉斯”（Altals）计算机的机会。阿特拉斯计算机是当时性能最强大的计算机，它孕育出了能够下棋的数字共生体。

巴里切利曾经研究过病毒遗传学和理论生物学。1969 年，他回到奥斯陆大学，成为数学研究所的“贵客”，直到去世——“他不领工资，”格利克森说，“他更希望成为一名拥有自由的研究员，而不是受到各种限制的终身教授。”[31] 巴里切利认为，库尔特·哥德尔对“不完整定理”的证明仍然存在一个不连贯的破绽。正是这个怀疑导致巴里切利被数学界长期孤立，因此，只要是与这个问题有关的论文，他都只能自费出版。“巴里切利相信每一个数学命题都可以被证明或者反证。他坚持认为，哥德尔的证据是错误的。”西曼·戈尔（Siman Gaure）这样说道。1983 年到 1985 年，戈尔协助巴里切利进行了一个与数学证明有关的研究计划。戈尔之所以能够被巴里切利看上（“对学生来说，巴里切利给的薪水已经很高了。这些钱全部来自他自己的积蓄。”），是因为他通过了严格的选拔测试——接受测试的人必须在某个现成的数学证明中找出破绽。戈尔说：“那些找到破绽的人都被录用了，因为他们还没有被数学教育所污染。巴里切利试图制造一台可以证明或反证任何代数和几何命题的机器。他发明了一种被称作‘B 数学’的语言，这是专门为这台机器量身定制的逻辑语言……‘构建证明’的程序是巴里切利在美国数字设备公司（DEC）研发出来的计算机上，用公式翻译程式语言和模拟语言编写的。我曾经问过他‘B 数学’中的‘B’是什么意思，他回答说，他还没有决定。‘B’可以是‘布尔型’，或者‘巴里切利’，或者其他东西。”[32]

1993 年 1 月，B 数学语言和巴里切利一起离开了这个世界。“语言和物种通过基因突变、基因互换和自然选择来进化，”巴里切利在 1966 年指出：“一种语言只有在‘被使用’的状态下，才有可能生存下去。这是语言、共生体和寄生虫的共有特性。或许我们可以把语言视作现代智人的共生体，但它是一种很特别的共生体，与我们常见的‘核酸—蛋白质’共生体完全不同。”[33]B 数学语言已经“死亡”。但是，巴里切利创造出来的数字共生体却可能仍在某张打孔卡片上“休眠”——即使记录在磁性媒介上的数据都消失了，打孔卡片中保留的信息依然能够存在很久。“在电脑已经成为普遍计算工具的时代，巴里切利仍然坚持使用打孔卡片，”戈尔回忆道，“他给出了两个理由：当你坐在电脑屏幕面前时，你的思考能力会下降，你会因为无关紧要的事情而分心；当你把数据存储在磁性媒介上时，你无法确定它们永远存在。你根本不知道数据究竟在哪里。”[34]

巴里切利使用生物学术语来描述代码片段的自我复制过程，这让人联想到有关人工智能的早期观点。那时候的机器的信息处理能力还比不上现在的超小型计算器，但它们却被称为“可以思考的机器”。巴里切利在高等研究院进行的实验，是真空管和“巨人”时代遗留下的“古董”，现代读者难免觉得它很天真。但如果你仔细观察，你会发现，数字共生生物在不到50年的时间里迅速繁殖，它们早已经渗透到了我们日常生活的每个角落。实际上，人类就是数字共生体的共生寄主。能够自我复制的“数字”正在尝试（“学习”）对现实世界的环境进行控制，创造出有利于它们生存的条件。塞缪尔·巴特勒和尼尔斯·巴里切利的预言成真了吗？

巴里切利解释说：“因为计算机的运行速度和存储容量仍然是有限的，所以每个数字共生体的非遗传模式只有在需要的时候才会被构建出来。完成任务后，它们会被立刻清除出存储器。”巴里切利接着介绍了诞生于1959年的“塔克棋游戏共同体”——某种数字共同体最终进化出了下棋的能力。今天要么处于“运行”状态，要么处于“停止运行”状态的数字共生体（电脑软件），与当年的“塔克棋游戏共同体”非常相似。“这种情况也可能出现在生物界中：只有当遗传物质需要执行某个特定任务时（例如，与另一个物种进行斗争），它才会创造出躯体或者体细胞。一旦遗传物质实现了它的目标，那么它的‘躯体结构’就很有可能会立即瓦解。”[35]

在冯·诺依曼的宇宙中，生物共生体的前身就是指令代码。这个观点首次出现在伯克斯—戈尔斯坦—冯·诺依曼的联合报告中，那时候，支持指令代码的数字矩阵的硬件形式还没有被研发出来。指令码构成了一套基本字母表，遇到不同主题的“寄主”时，这套字母表会呈现不同的形态。最后，没有错误的指令代码串会逐渐形成所谓的“子程序”，也就是所有程序的基本单位。子程序会被组织成一个向外扩展的语言层级结构，而这个层级结构又会反过来影响计算环境，其影响力可以与地球上古微生物释放出的氧气相比——它创造了后来的生命史。

到了20世纪60年代，复杂的数字共生体已经进化出来了，那就是操作系统（OS）。这是一个完整的生态系统，里面有“寄生虫”、共生物，以及与之共同进化的“宿主”。最成功的操作系统，例如OS/360、MS-DOS和UNIX，成功地改变、扩张了“数字宇宙”——这有利于它们自身的繁衍。编写和调试OS/360操作系统的代码，耗费了超过5000个程序员的多年努力。“寄生程序”和“共栖程序”迅速流传开来。数字就是力量。“有些操作系统很成功，是因为它们被应用在了大量的计算机上。”[36]约翰·巴科斯（John Backus）评论道。巴科斯是“公式翻译程序语言”的主要编写者。“公式翻译程序语言”曾经是最流行的编程语言，它能够兼容不同类型的操作系统。另一方面，计算机的成功反过来又依赖于它们对“成功语言”的支持力度，那些使用“已经死亡的语言”和“已经死亡的操作系统”的计算机注定会被淘汰。

计算生态学的发展速度让人震惊。1954年，IBM650型计算机的随机程序只有6000行代码。1966年，第一版OS/360系统刚上市的时候，它只能运行40万条指令代码，而到了20世纪70年代初期，它已经能够运行200万条指令代码了。1959年，主要的计算机制造商提供的操作系统，总共只有100万行代码；到了1972年，总代码行数则超过了1亿行。1966年，所有随机存取存储器的总记忆容量是1000兆字节（mb），平均每个字节的成本是4美元；1971年，所有随机存取存储器的总记忆容量达到了10000兆字节，平均每个字节的成本是1.2美元。1967年，美国打孔卡片制造商销售了超过2000亿张（或50万吨）打孔卡片。在这之后，打孔卡片的销售量开始下降，磁带与磁盘成为主流的电脑信息存储媒介。[37]

20世纪70年代，微处理器正式登上历史舞台——信息革命的第二阶段开始了。6亿年前，多细胞生物的出现带来了新生命形式的爆炸式发展。而微处理器一次可以执行成千上万个复制程序，它加快了新型数字共生体的进化速度。新型数字共生生物在很短的时间内就经历了诞生、自我复制，最后灭绝的全过程。软盘的流通程度（而非操作系统的更新速度）控制着数字共生生物的灭绝速度。软件制造商互相“借鉴”代码，那个时候的代码就像是“原始汤”（primordial soup）中还没有分化的活细胞。任何人只要能够将一些“有用”的代码组合起来，就能成为程序员。其中最典型的例子是丹·布利克林在1979年研发出来的电子表格办公软件“石灰粉”（Visicalc）。软件公司就像雨后春笋一样，纷纷冒出了头，但它们倒闭的速度也很快——只有成功的程序一直被保留到了今天。

20年后，分组交换协议像传染病一样在计算机的世界中扩散，它是共生代码中“毒性”特别强大的一种，于是信息革命的“寒武纪大爆发”进入第三阶段。现在的数字共生体进行复制的速度已经达到光速，它不再受限于软盘的流通速度，于是它们开始竞争。这种竞争不仅会发生在本地主机的内存条和中央处理器内，而且还会发生在不同主机之间。成功的程序代码现在能够在几百万个不同位置同时运行，正如一个成功的基因型可以在生物体内的许多细胞中表现出来一样。复杂得多细胞数字生物会出现吗？我们还在进行实验，好戏尚未登场。

使用不同低阶语言的不同系统各有优势，分布式面向对象的编程语言（诸如 Java 之类的元语言）问世后，数字共生生物便可以超越传统的“系统”建立共生关系。它们将“计算宇宙”视为整体，在其中自由地执行任务和繁衍生息。指令代码会进化出“阶级组织”：简单指令组成子程序，子程序组成程序。庞大的指令集团经过层级进化，会形成分布在网络中的高阶结构。面向对象的编程语言刚刚问世时，引起了很大关注，可惜雷声大雨点小。它并没有带来革命性的改变。然而，在个人电脑上无法发挥作用的语言，也许会在互联网上大放光彩。1985 年，尼尔斯·巴里切利指出，高级别的面向对象的语言和蜂窝通信中使用的元语言存在共通之处：“想知道不同物种的细胞怎样进行沟通吗？假设人类传送的不是‘副本’和复杂的‘解释’，而是计算机程序，并且这个程序允许计算机管理的工厂制造出一模一样的计算机，那么这就是最接近细胞交流方式的通信模式了。”[38]

这个类比的缺陷不是很明显吗？软件是由人类设计、编写和复制的；程序不是能够自我复制的独立生物，它也不是在随机变异中被环境挑选出来的——要知道，所有的生物进化过程，都是由“随机变异”驱动的。不过，巴里切利的理论也有一定道理。电脑软件在生物界的“近似物”应该是能够自我复制的DNA分子，而不是能够自我繁殖的生物。“自我复制”和“自我繁殖”的含义是不一样的。生物不会自己复制自己，哪怕是单细胞的生物，它们也不会复制自己。能复制自己的是基因序列，它们存在于生物体内，帮助生物繁殖与自身相似的个体。所有生物都是一个层层叠套的递归序列（最低等的生物除外），而精巧的“自解压”程序，则可以恢复被压缩的遗传信息，并且重建具有复杂结构的“硬件设备”以供“操作系统”使用。大多数软件是“寄生虫”，它们寄生在计算机的系统中，无法进行自我复制。实际上，这一事实增强了软件与生物的类比的说服力。

进化过程的随机性也被夸大了。许多看似偶然发生的遗传过程，其实并没有我们想象的那么“随机”。在执行遗传信息，并且生成一个细胞之前，大部分随机性就已经被更高级别的语言、语法和纠错代码清除掉了。所谓的“集体智慧”附着在遗传监控者和执行者的关系网上，这是一种模糊而微弱的无意识记忆——塞缪尔·巴特勒的灵魂在其中游荡。随机性只是进化过程中一个微小并且可测量的噪音源。根据达尔文的理论，进化过程存在随机因素，但它不是某种碰运气的游戏。不论从哪个角度来看，软件行业——从生成软件（整合代码、执行代码、删除错误）到整个行业的管理（吞并、被吞并、合并）——都是达尔文进化过程的标准产物。

到目前为止，还没有人能够说出随机性到底对软件开发做出了什么贡献。大多数程序已经变得错综复杂，以至于没人知道这些代码都是从哪儿来的，它们的作用是什么。程序员很早就放弃了“能够提前预测某一代码是否按计划工作”的妄想。“我每天的行程都差不多，要么在电子延时储存自动计算器（EDSAC）机房工作，要么在研究冲孔设备，”莫里斯·威尔克斯回忆起1949年在剑桥大学工作的时光，“有一次，我在楼梯转角发呆，突然意识到，我人生中的大部分时间都将耗费在修正自己编写的程序的错误上。”[39]软件行业一直在与“错误”做斗争，但是你根本没有办法监控“意外”与“巧合”——计算机技术发展到今天，它们早就累积了不少“伪装”的经验。

1953年，尼尔斯·巴里切利观察到了正在诞生中的数字世界。当时，随机存储器的记忆容量只有5千字节，而且其中只有一小部分能够做到随时存储。巴里切利在1957年写道：“即使是最大的计算机器，它的计算能力也有限，因此它一次性能够操作的基因数量不超过几千个。对计算机来说，自然界中的数千亿的基因和生物实在是太复杂了……即使我选择了最合适的复制规则，计算机也只能孕育出最原始的数字共生生物。”[40]今天的情况则大不相同。巴里切利创造的数字世界正在爆炸式地扩张，数字共生生物拥有了无限宽广的探索和繁殖空间。

大多数人已经忘记了巴里切利做出的贡献。在20世纪50年代的文献中，后来的研究者几乎找不到“人工智能”的痕迹。1953年的设备居然能够执行与人工智能有关的实验，这简直难以置信。冯·诺依曼的自我复制自动机理论，产生于20世纪50年代，但直到1966年，才最终被出版出来。几十年之后，这一理论成为人工智能研究的核心内容。不过冯·诺依曼是理论家，而不是实验家。虽然巴里切利应冯·诺依曼的邀请来到了高等研究院，但冯·诺依曼依然对人工智能和数字共生生物的进化过程抱有怀疑态度。时代已经变了。“人工智能”现在是一门严肃的学科，研究人员不再需要对自己的论文进行免责声明，以避免读者认为他们在暗示进化中的数字共生体就是“生命”本身。

巴里切利理论的继承者中，最有创意的是进化生物学家托马斯·雷（Thomas Ray）。托马斯·雷在中美洲雨林进行了十年的实地考察（“热带雨林就像一座巨大的教堂，但它的结构却并非固定不变”），然而他对雨林进化的速度越来越不耐烦——它实在是太慢了。因此，托马斯·雷决定去研究过去几百万年里的进化痕迹。“理解进化的最大障碍是，我们只有一个可以研究的进化案例（也就是地球上的生命）。在这个例子中，进化是在宏观的时间尺度上展开的，一位科学家一辈子也观察不到什么进展。”雷在 1993 年这样写道。他将要以一种更快的形式进行进化实验。[41] 实验的结果就是“蒂拉”（Tierra），一种可以嵌入任何物种主体的虚拟计算机，它使用的指令代码长度只有 5 比特。“蒂拉”（西班牙语中的“地球”）为能够自我复制的数字共生生物提供了一个舒适的进化环境。“蒂拉”的设计灵感来自于大自然，例如数字共生共生物是通过补充模板（而非数字地址）来相互定位——这就是典型的分子生物定位过程。雷本来以为“蒂拉”的用处不大，但是，正如他所描述的：“我的计划被 1990 年 1 月 3 日晚上所发生的事情彻底改变了，我在虚拟计算机上运行着能够自我复制的程序，而这台虚拟计算机居然没有死机……突然间，天下大乱。进化的力量被计算机释放出来了，它的波动频率已经增加到了……几百兆赫。”[42]

“我的研究计划突然从‘设计’变成了‘观察’，”托马斯·雷报告说，“我又回到了丛林里，去描述……一个的陌生宇宙。那里的‘物理过程’和‘化学过程’无法产生我所熟知和喜爱的生命形式。然而，其中出现的形式和过程很快就会被训练有素的自然学家识别出来。”[43] 虽然生活在“蒂拉”中的数字共生体的长度只有不到80比特，但托马斯·雷观察到的世界带给了他更大的灵感：“这些新的生物系统仍然非常年轻，仍然处于原始状态，但它们似乎已经踏上了与地球上的生物相同的旅程，并且极有可能进化出更加复杂的层级，进而产生知觉，最终成为‘智慧生物’。”[44]

关于数字共生生物继续进化的条件，托马斯·雷得出了和巴里切利一样的结论。由共同进化（coevolving）的数字共生生物组成的社区，需要有大而复杂的空间才能发展起来。多样性以及不断变化的栖息地之间的半渗透边界带来的挑战，体现在越来越复杂的数字共生生物体内。托马斯·雷与思维机器公司的库尔特·西尔灵（Kurt Thearling）进行合作。他们使用大规模并行计算机CM-5开发出一个由“蒂拉”节点组成的群岛，每个“蒂拉”岛上都有一群特征不同的数字共生生物在进化——不同的节点之间会偶然发生“生物迁移”。这个群岛和巴里切利在高等研究院实验室制造出的包含了512个单元格的循环域十分相似。然而，即使是CM-5中的群岛，也只不过是外在开放世界中的一个区域节点。“因为全球计算机网络的规模十分庞大、其拓扑属性复杂难解、形式与条件又处在动态变化之中，所以它是复杂数字共生生物的理想进化环境。”托马斯·雷总结道。[45]

为了进行全面的实验，托马斯·雷开始构建分布在全球网络上的“数字共生生物多样性保护区”。“保护区中的网络节点将会运行进程优先级别很低的网络版‘蒂拉’，这就相当于我们在真实的网络中嵌入了一个虚拟的‘蒂拉’……数字共生生物每天都会面临自然选择的压力，它们不得不在各个节点间迁移以躲避直接照射的‘阳光’；数字共生生物还必须发展出在网络中随机游走的技巧，以及能够评估环境中可利用的能量与期望值之间的差异的感知能力。”[46]

托马斯·雷与政客和职业经理人打过交道，知道说服他们认可“数字共生生物多样性保护区”的价值不是件容易的事。于是他提出了一个简明易懂的观点：保护“数字共生生物多样性保护区”和保护“热带雨林”是一样的。在托马斯·雷的描述中，“蒂拉”是一个蕴藏着无限商业机会的合作实验室，数字共生生物将会进化成为我们事先完全无法想象的复杂软件。他指出：“这些软件是‘野生的’，它们在数字共生生物多样性保护区内自由地生活……为了收割实验成果，创造出有用的应用程序，我们必须驯服某些野生数字共生生物，就像人类的祖先在数千年前驯服了野狗和野生玉米那样。”[47] 从简单的代码片段到整个数字共生生物都可以被包装成具有商业价值的产品，它们就相当于我们在热带雨林中发现的植物草药。托马斯·雷想象它们可能是类似于酵母菌的单细胞生物（我们每天吃的面包和乳酪都是利用酵母菌发酵而制成的产品），或者更高级的数字共生生物形式。“在我的想象中，”托马斯·雷说，“个体数字体将会是多细胞的，而构成个体的细胞将分布在整个网络上……如果某些超级并行计算机加入了虚拟网络，那么数字共生生物可以将它们的中枢神经系统部署在这些阵列中。”[48]

托马斯·雷的建议让人不禁怀疑，人类有办法防止这些野生数字体逃跑（《侏罗纪公园》中的经典剧情）吗？这个问题的答案是，“蒂拉”数字共生生物只能在虚拟机构造的世界中生存，那是它们进化的环境。在这种特殊的环境之外，它们只是普通的数据，并不比我们工作中使用的其他数据更具有生存能力。尽管如此，托马斯·雷还是劝告读者：“自由发展的自主人工实体，应该被视为有机生命的潜在威胁。它们应该被禁锢起来，至少在我们了解它们的真正潜力之前……进化是一个自私自利的过程，即使是受到限制的数字共生生物的利益也可能与我们自己的利益发生冲突。”[49]

1995 年 3 月，托马斯·雷主持了一个安装“蒂拉”网络的研讨会，他在会议上谈到了网络的安全问题。托马斯·雷在报告中写道：“大家一致同意，与《终结者 2》或《侏罗纪公园》相类似的‘情节’并不属于安全问题。参加研讨会的学者认为这些情况不可能发生，因为数字共生生物已经被安全地限制在虚拟机的虚拟网络之内了。”与之相比，由下村努（Tsu-tomu Shimomura）领导的安全专家团队更加担心的是，“坏人”可能会闯入“蒂拉”的系统。“‘蒂拉’是一个通用计算机……由大型网络串联起来的架构就是大型通用计算机，它也许是世界上最大的计算机。”毫无疑问，这样的资源会被某些有心人“占用”，这“就相当于砍伐热带雨林来种植香蕉”。如果“蒂拉”的计算资源被应用在违法的事情上，比如破译通信密码，那么“这就跟砍伐雨林来种植可卡因没什么区别”。[50]

数字宇宙是否已经变成了一个丛林，充满了自由进化的生物？研讨会并没有讨论这个问题。数字进化的力量真的能够被限制在“数字共生生物多样性保护区”中吗？它们不会失控吗？这个问题的答案取决于你对“失控”的定义——“人工智能”的问题，本质上就是“智能”的定义问题；“人工生命”的问题，本质上就是“生命”的定义问题。“蒂拉”实验的意义是：它减少了计算机代码的危险，并将它们运用在保护区边界范围之外的软件中。这意味着程序自由进化的结果将会被整体引入到数字世界中。有害的结果将会被删除（假设它并不存在“错误”），而这就是“生命代码”的运行方式。总之，无论代码的内在机制是否受保留区边界限制，数字共生生物的进化速度都会因此而大幅度提升。

所有的迹象都表明，托马斯·雷所创造出的“蒂拉”世界最终会融合进现有的数字世界。独立于平台的语言（例如 Java）及其亲属语言正朝着通用代码的方向发展，它们可以在当下的通用虚拟机（主处理机的衍生产品）上运行，只不过面向对象变成了“过程”（而非编码地址），因此它们的计算属性稍有变化。这种语言的地位介于查尔斯·巴贝奇的“机械语言”（能够描述和翻译任何可以想象到的机器的逻辑功能的语言）和“DNA 的语言”（构建蛋白质的指令代码，能够被不同种类的生命体“翻译”和“执行”）之间。数据以及程序的移动性变得越来越强，它们使用的对象可以同时在许多地方出现。成功的过程在虚拟网络中不断增殖，通过模板（而非编码位置）来定位对象的各种方案随之成形，于是计算领域中便出现了一个影响深远的“蒂拉”变革，而这个变革与现实世界有着密切联系。如果数字共生生物真的从虚拟机中逃了出去，并且仍在继续进化，那么这将会是一场残酷的灾难。

“在一个‘多样性’得到保护的世界中，只要有足够多的时间，”尼尔斯·巴里切利预言，“数字共生体就能大幅度改善自己在进化过程中使用的技术。”[51] 因此，在“蒂拉”虚拟网络上建立“数字共生生物多样性保护区”，必然会出现让人惊叹的进化结果。不过，地球上的生物已经进化了那么长的时间，人类还能玩出什么新花样吗？以 DNA 为基础的生物正在努力维持全球的微生物储备量。与复杂的高等生物相比，这些微生物能够以更快的速度来适应不断变化的环境。当然，复杂生物往往因为微生物的入侵而遭受磨难，但它们最终还是受益于微生物带来的庞大的公共遗传密码库。

巴里切利到了晚年，依然继续使用高等实验室计算机实验的结果来解释生命起源和早期生物进化的谜团。“地球上的第一种语言和第一种技术不是由人类创造出来的。它们的创造者是 40 亿年前的原始 RNA 分子，”巴里切利在 1986 年写道，“在计算机的存储器中，是否可能出现一个能够带来类似结果的进化过程？它能为我们提供生命特质的基本信息吗？”实际上，巴里切利思考的问题是：“生物的基因语言是怎样诞生的？它又是怎样进化的？”[52] 他想要收集资料，越多越好。巴里切利将遗传密码视作“一种在太古时期的‘收集者社会’中流通的语言，这一社会由信使 RNA 分子组成……它们专门收集氨基酸和其他可能的分子物质，而‘翻译’和‘编写’遗传密码就是它们运输这些物质的手段”。他将这种语言与其他“收集者社会”（例如蚂蚁社会、蜜蜂社会）使用的语言进行了比较，但同时警告说：“我们不能使用蚂蚁和蜜蜂的语言来解释遗传密码起源。”[53] 简单的组件通过合作逐渐进化成能够自我复制的复杂结构，在这一过程中，语言是不可缺少的关键部分。

西梅恩 · 戈尔（Simen Gaure）曾经说过：“有创意的人和怪人之间的界限并不分明，而巴里切利正好踩在那条线上。”大多数怪人只是怪人，只有少数几个怪人最后成了先知。戈尔补充说："科学界每个世纪都需要几个像巴里切利这样的异类。"巴里切利的时代即将结束，A-生命（由电子字符串组成的生命）和B-生命（由核酸链组成的生命）之间的界限已经被一种能够理解两种生命的语言给突破了。这是否意味着基因已经掌握了操控电子字符的力量？还是说，电子字符已经学会了如何操控基因？就像藻类和真菌结合成了地衣那样，这个问题的答案是：二者皆有。生物共生就是这样实现的。

在库尔特·哥德尔的数学世界中，所有的创造物——数学对象、定理、概念和想法——都可以用单独的哥德尔数字来标记，它们最终形成了一个复杂的数字层级结构。在艾伦·图灵的计算世界中，这个数字层级结构甚至包括了机器和生物——它们由特定的图灵机器的"思维状态"（state of mind）和"描述数字"（description number）来定义。任何图灵机器，以及任何思维状态，都可以用"0"与"1"组成的数字序列来编码，而编码的过程十分复杂。哥德尔和图灵证明了这个世界能够容纳无限个越来越强大的语言，因此也证明了（就数学而言）我们生活在一个开放的、无边无际的宇宙中。20世纪30年代，还没有人能想象得到，这样一个形式化的、离散的宇宙最终会披上物质外壳。"当我还是一个学生的时候，就连专门研究拓扑学的专家也都认为数学逻辑学家生活在不切实际的外太空，"马丁·戴维斯（Martin Davis）回忆道，"而今天……谁都可以走进一家商店去购买'逻辑探头'（logic probe）。"[54]1954年，戴维斯在高等研究院计算机上手动编写了第一个数学定理证明程序。

逻辑学是领路者，电子学随后跟上。感谢哥德尔、图灵及其同事，他们从一开始就证明了数字宇宙将会是一个开放的宇宙，无论多么复杂的数学结构、知识、意义甚至“美”本身都能在其中自由生长。巴里切利创造出的数字共生生物的进化速度和进化程度都没有上限。“与‘物种进化’相比，这个过程的发展速度要快得多，”艾伦·图灵在 1950 年预言道，“用‘适者生存’来衡量优势实在太慢了。而实验者，只要动动脑筋，就能加快这一过程。”[55]

第八章　分布式通信

真实的电线占据空间。

——丹尼尔·希利斯[1]

长距离通信的最新发展是全光数据网络，而世界上最早的长距离通信也可以被视作简易版全光数据网络。光速数据传输的历史始于公元前 1184 年，迈锡尼军队在这一年攻陷了特洛伊城。根据传说，阿伽门农的妻子克吕泰涅斯特拉当时正焦急地等待着已经离家 10 年的丈夫的消息。他们有过约定，特洛伊城一旦被攻下，胜利的消息就会通过一条烽火线传递回来——迈锡尼和特洛伊城相距 600 千米，而且中间还隔着一个爱琴海。埃斯库罗斯（Aeschylus）写下了著名的悲剧《阿伽门农》（*Agamemnon*），这部剧一开幕就是克吕泰涅斯特拉收到了守望人的信号，歌舞队队长问道："哪一个信使跑得了这么快？"

克吕泰涅斯特拉回答："赫淮斯托斯（火神），他在伊得山上放出灿烂的火光，烽火接着烽火一路传递信息。伊得首先把它送到楞诺斯岛上的赫耳墨斯悬崖上，然后阿托斯半岛上的宙斯将巨大的火炬接到手里；那奔跑的火炬使劲跳跃，跳过海，欢乐地前进……那松脂火炬像太阳一样将金色的光芒运送到马喀斯托斯山上的望楼前。那山峰没有昏睡，没有拖延时间，没有疏忽信差的职务；那信号火光飞过欧里波斯海峡上空，远远地将消息传递给墨萨庇翁山上的守望人。他们也依次点起了火焰——烧的是一堆枯草——将消息往前传递。那火炬依然旺盛，一点也没有暗淡，像明月一样掠过阿索波斯平原，直达喀泰戎悬崖，另一个接力者正在那里等待这信号火光。那里的守望人不但没有拒绝远处传来的火光，反而点燃了比命令所规定的更大的火焰，那火光在湖面上一闪而过，到达山羊游玩的山上，劝说那里的守望人不可漠视生火的命令。他们花大力气点燃了火焰，送出一丛大火须，那火须飘过萨洛尼科斯海峡的海角，依然在燃烧，接着下降到阿刺克奈翁山峰——这个守望站已经非常靠近我们的都城了。火焰最后落到阿特瑞代的尾顶上，这光亮是伊得山上的火焰的儿孙。这就是我安排的火炬竞赛——一个个依次跑完，那最先跑和最后跑的人是胜利者。这就是我告诉你的证据和信号——我丈夫从特洛伊传递给我的。”[2]

特洛伊城和迈锡尼之间的通信线路是单向频道，只能使用一次，频宽只有 1 比特，信息编码如下：“没有信号”表示特洛伊仍属于特洛伊人；“肉眼可见的信号”表示特洛伊属于希腊人。从那以来，通信工程师就一直在努力扩宽通信频带。克吕泰涅斯特拉收到的信息上附有一个“信头”（信息在传递过程中经过的通信闸的名单），“信头”的长度比信息本身还长。3000 多年过去了，今天的信息传递依然摆脱不了这个问题。

一千年后，希腊历史学家波力比阿斯（Polybius）报告了火炬通信的改善情况："最新的方法是由克留先诺斯（Cleoxenus）和德谟克利特（Democleitus）设计的，我本人最终完善了它。我保证它能够准确地传递每一条紧急消息。"这种方法的关键是"将字母表分成 5 个部分，每个部分由 5 个字母组成"。一共有 24 个字母的希腊字母表被分成 5 个部分，分别刻在 5 个木板上。传递信息的时候，发射站先发出信号，表示有新的信息就要发送了。收到接收站的待命信号后，发射站就点燃两支火炬开始传信，"第一组火炬在左侧，指示出字母板的号码，例如，点燃一支火炬代表第一个字母板，两支火炬代表第二个字母板，等等……接着，通信员在右侧点燃第二组火炬，以同样的原则指示出字母在字母板上的位置"。[3] 现代电报将字母转换成数字编码，也能得到同样清晰简洁的结果，但这已经是两千年以后的事了。

17 世纪，约翰·威尔金斯（John Wilkins）在一篇关于密码学、二进制编码以及电信的论文中详细阐述了由弗朗西斯·培根发明的 5 位字母码（5-bit cipher）的优点。这篇在 1641 年发表的论文名字是《信使，或灵敏的报信者：如何私密而快速地与任意距离的朋友交流个人思想》（"Shewing, How a Man may with Privacy and Speed Communicate his Thoughts to a Friend at any Distance"）。1649 年，威尔金斯在牛津创办了"实验哲学俱乐部"。1656 年，他与奥利弗·克伦威尔的妹妹结婚。1659 年，他接受剑桥大学的邀请，担任三一学院的院长。1662 年，英国皇家学会正式成立，他是创始人之一。1668 年，他被任命为切斯特主教。

威尔金斯指出："字母表中的 2 个字母，在 5 个位置之间变换位置，将产生 32 种组合，足以表示另外 24 个字母。"[4] 在展示了火炬信号如何使用多种别出心裁的转码方式传递这 5 位二进制编码之后，威尔金斯又详细描述了如何将字母文本转化为二进制声音信号的序列来进行传输——这就是使用二进制编码来传输基于文本的情报的现代通信方法的前身。威尔金斯发明了声延迟线存储器，推动了程序存储计算机的发展。“我们必须使用两个声调不同的钟，或者其他声音很大的音源——只要我们能够分辨清楚就行，”威尔金斯写道，“不同声音的组合能够表示不同的字母，因此我们可以表达出所有的意思。”[5]

成功的电报代码必须具备两种不同的功能：对规范通信过程的协议进行编码，以及对代表被传送信息的符号进行编码。无论是在长距离通信中，还是在生物学中，“意义”都是以“分层结构”的形式被编码的：首先我们要将基本符号映射到字母表上，然后再将这些字母编绘成文字、短语、标准消息和任何其他可以通过简短代码序列表达的东西。更高层次的“意义”会随着“解释方法”的层层进化而产生。协议（或者信号交换）控制着信息传输的开始和结束，它也能被用来协调错误更正程序，以及进行流量控制。正如杰拉德·霍尔茨曼（Gerard Holzmann）和比约恩·佩尔松（Björn Pehrson）在他们的著作《数据网络的早期历史》（*Early History of Data Networks*）中写到的那样：“发送方和接收方必须建立某种协议，才能处理一些基本问题，例如同步时间（‘您先请，’‘不，您先请！’）、能见度（‘请重复’）和传输速度（‘慢点儿！’）。”[6]

几个世纪以来，电信系统出现、消失，然后又再次出现——从火把信号，到日光反射，再到原始旗语（旗帜和灯笼等）。1588 年 7 月，西班牙无敌舰队进入英吉利海峡时，一个火炬通信网拉响了警报，那时的托马斯·霍布斯还不到4个月大。17世纪早期，望远镜的发明扩大了中继站之间的距离，复杂符号的辨识度也随之提升。1684年5月21日，罗伯特·胡克（Robert Hooke）在英国皇家学会进行了一场名为“展示一种在远距离间传递思想的方式”（Showing a Way how to Communicate One's Mind at Great Distances）的演讲。他在演讲中提到了一种“通过声音，而非视觉，进行远距离交谈的通信方法”。胡克改进了当时的光学仪器，证明了“‘将情报传送到视力范围内的任何地方’是有可能的，即使两个通信站之间‘相距30到40英里’（约48到64千米）。一个人在写下他想发出的信息的同时，接收者就能收到信息……如果有三四个这样的通信站，彼此都在通信范围之内……那么我们就能在瞬间将情报传送到‘两倍、三倍，或者更多倍的距离之外’。而且这种通信方法出现错误的概率很低，它就像我们过去使用的书信通信一样可靠”。[7]

罗伯特·胡克是个才华横溢的人，但他的性格却很恶劣。“他忧郁、多疑、善妒，年纪越大，就越难以相处。”[8]虽然胡克喜怒无常，身体也不好，但他却被誉为“不知疲倦的天才”——他那些富有创意的产品让人印象深刻。“他的大脑无时无刻不在产生灵感与创意，”与他生活在同一时代的约翰·奥布里回忆道，“但你别以为他的记忆力很好，因为这就像两只水桶，一只上来了，另一只就得下去。毫无疑问，他是当今世界上最伟大的机械工程师。”[9]1655年，胡克被任命为罗伯特·博伊尔的助手，负责设计和制造空气泵和气动发动机。从工业革命的蒸汽机，到今天我们使用的内燃机，胡克的影响无处不在。1664年2月15日，皇家学会会议结束之后（已经是晚上 10 点了），塞缪尔·皮普斯在日记中写下："最重要的是，博伊尔先生和胡克先生出席了会议。胡克先生是我所见过的最好的人，他从不自吹自擂，也从不会随便做出承诺。"[10]

1662 年 11 月，牛顿、博伊尔说服皇家学会里的其他理事，特别为胡克设立了一个职位——皇家学会实验主任（curator of experiments）。"胡克每天会同时进行三四个实验，除此之外，他还会给其他人的实验提供建议和帮助。"[11] 在此后的 36 年里，胡克的实验只中断了很短的一段时间，那就是 1665 年伦敦鼠疫最严重的那几个月。1666 年，伦敦火灾之后，胡克受命对灾区进行测量，以方便灾民重建房屋，于是他在这段时间里不得不放下手边的实验。土地的所有者们给了胡克一笔可观的报酬，但他却仍然过着清贫的生活。"胡克死后，人们发现了一个装有一大笔钱的铁匣子，钥匙插在锁孔里——这个铁匣子已经被锁起来 30 多年了。"[12]

胡克为摆钟设计的钟表擒纵器用途十分广泛，他的其他发明也一样，例如万向接头就让整个世界运转得更加圆滑。他利用螺旋弹簧的振动设计出的调节怀表和计时器，在未来的 300 年里，推动了工业、商业和航海业的发展。虽然显微镜的发明者并不是胡克，但他大幅度地改进了显微镜的结构和功能。1665 年，胡克出版了著作《显微制图》（*Micrographia*），他在书中绘制出了生物体的细胞结构，并且证明了细胞是生物构造的基本单位。胡克还是一名出色的建筑师，他设计了包括皇家学会、内科学院、大英博物馆以及伯利恒圣马利亚医院（疯人院）在内的一系列建筑。胡克因为"弹性定律"而闻名于世，但人们忘记了，他也是著名的"牛顿环"（光的干涉现象）的发现者。

每当有人向皇家学会提交新的发明时，胡克总是声称他早已经发明过了，或者直接展示具体的改进方案。1673 年 1 月，莱布尼茨制造出了一台建议计算机器，胡克抱怨道：“在我看来，这个东西这么复杂，它由轮子、小齿轮、弹簧、螺钉、止动器、滑轮等等一系列零件组成，可我看不出来它有什么用处……大人物才买得起这台机器，大力士才能搬得动它，大智者才能弄清楚它的运行方法。”与此同时，胡克宣布：“我现在有一台正在研发的机器，它具备了同样的功能，（而且）它的零件重量不会超过莱布尼茨机器的十分之一，大小尺寸不会超过这个房间的二十分之一。”[13]记录表明，1673 年 3 月 5 日，“他（胡克）制造出了他在 2 月 5 日的会议上提到的‘计算机器’，并向观众展示了操作方法，赢得大量掌声”。胡克的发明最适合被用来“处理大数字的乘法和除法，一台机器抵得上 20 个以传统方法进行计算的普通人”。胡克并没有留下详细的文件说明这台机器的原理和构造，就像他的弹簧动力模型一样，这只是大约 30 种不同的计算机器设想中的一种。1681 年，胡克设计的计算机器被列入格雷沙姆学院的人工稀世珍品名录，后来这台机器就失传了。

胡克错过了大部分可以获利的机会。理查德·沃勒（Richard Waller）写道：“这是因为他的工作实在太多了，以至于没有充分的时间……或者是因为他的创造力太过于强大，以至于他忽视了从前的发明……如果想要使这些发明更加实用，胡克需要处理一些琐碎的小问题。”[14] 如果有人什么事都想到过，那这个人就一定是胡克。胡克能够同时掌握好几条思路，因此，他的竞争者看起来总是在偷窃他的想法，即使他们真的是无辜的。胡克的贡献还包括引力理论和天体力学理论，对此，奥布里说：“牛顿先生已经证明过了，他并未从胡克那里获得任何灵感。”最后，胡克对于别人剽窃他的作品变得越来越愤怒，所以他开始使用“变位词”（由变换某个词或短语的字母顺序而构成的新词语或新短语）来记录他的发明，而这些发明的细节都被他带到了坟墓里。奥布里控诉道：“我希望他写得更简单一些，多用一点纸张。”[15]

霍布斯比胡克年长 37 岁，胡克认识他。胡克表示：“霍布斯对自己的信念是如此固执，以至于他低估了所有其他人的意见和判断。他捍卫他所宣扬的理论，哪怕这些理论看起来无比荒谬。”[16]霍布斯和胡克的命运是相互交织的——胡克的远距离通信概念最终让霍布斯的利维坦海怪成为现实。虽然胡克并没有像霍布斯所说那样，认为灵魂拥有物质实体，但他更精准地指出了问题的核心：思维运作是遵循物质规律的。

对胡克来说，令人不解的不是我们的直觉、记忆，以及不断产生的新想法，而是思维不仅能够跟踪记录时间序列，而且还能在既有的资料库中随机提取信息。胡克给出的答案，与他为钟表设计的定时机制（发条）颇为相似：“一根连续不断的观念链条在大脑仓库中盘成一圈，它的末端离中心（灵魂所在之处，即产生观念的地方）很远。它永远处于意识的‘现在’阶段。因此，中心（灵魂）根据当下的知觉或者思维产生的观念，与其他观念之间相差的层级越多，意识就越担忧时间间隔造成的问题。”[17]

为了估算人脑的存储容量，胡克计算了每个人在每 1 秒、每 1 小时、每 1 天和每 1 年中产生的想法数——“数量非常可观。人这一辈子，能够产生 21 亿个想法”。他将普通人可能记住的想法数量减少到1亿，“因此，大脑会产生同样数量的观念”。胡克接着利用他在微生物身上观察到的现象来论证，这么多的想法是能够被存储在大脑里的：“所有的这些观念都能在灵魂的活动领域内游走，我看不出有什么理由不行……因为，如果我们知道同样数目的不同生物占据的空间有多小，我们就不会担心大脑没有足够的空间来容纳这些观念……这些生物有着完整的形态和生物机能，它们的活动空间很充分。”[18]

早在1664年2月17日，皇家学会就已经敦促“胡克先生将‘快速情报’（speedy intelligence）装置的安装和操作方法仔细写下，以书面形式呈交给理事会”。[19] 但直到1672年2月29日，胡克才“提出了一种高速传递情报的方法——使用望远镜来拓宽视野范围，并且在高处设立通信站，通信双方使用密码……这一提议以及具体的施行方法都在会议上被宣读了出来，但胡克先生并没有将稿子留给秘书记录处，他直接把稿子带回去了”。[20] 理事会命令胡克“在下次会议上进行一次试验”。同一年的3月7日，胡克在泰晤士河对岸进行了试验。“大家都赞美胡克的设计，认为它创意十足……（但）皇家学会的主席却反对这个设计，因为多雾的天气会让它的效果大打折扣。”[21]

1684年，胡克终于交差，并且公布了技术细节。他设计了一个用薄木板制成的“字母表”（一共有24个字母），操作者就站在木牌后面，通过操控滑轮和控制线，将字母展示在木板上。“在这个装置的帮助下，字母移动的速度几乎可以和手写的一样。因此，我们能够在短时间内传递大量情报。”[22] 这套装置能在夜间使用吗？胡克建议使用2行×5列的灯笼阵列，“每盏灯笼都可以被遮蔽，或者发出光亮，只要事先计划好，它们就能显示出字母的形状。因此，所有的字母都能被清晰辨认，不会出错”。[23] 这个提议就是1759 年英国海军部门发明的“快门通信”（shutter telegraph）的前身。最后，胡克指出了长距离通信和密码学之间的密切联系：密码建立了符号与字母的对应关系，这种关系是“任意的”，必须事先设定好，“整套字母有一万种变化方式，因此，只有通信双方才知道通信的内容”。[24]

胡克还设计了控制代码，以单独的字母代表，传信时单独显示在信息区域的上方。他列举出了 11 个频带外信号的例子来说明这些字母的用法。奥尔茨曼和皮尔逊指出，其中“至少有 8 个控制代码是可以在大多数现代数据通信协议中找到的，而另外一些控制代码（即速度控制代码）则出现在最新的通信协议中”。[25] 胡克自信地预言说：“事情会变得非常简单，在伦敦刚见到的字符，一分钟之内，就能被传送到巴黎。以此类推，相距更远的两地，传送时间按比例增加。除此之外，发送字母的速度比译码员记录字母的速度慢不了多少。”[26]

到了 18 世纪末，法国的克劳德 · 沙普（Claude Chappe）和亚伯拉罕 · 沙普（Abraham Chappe）建造的光学信号通信网络已经跨越了欧洲大部分地区。1801 年，拿破仑计划进攻英国，于是便下令制造一个能够跨越英吉利海峡的光学信号通信网络——它成功地通过了同等距离的测试。1790 年，克劳德 · 沙普曾经尝试过建造一个电子信号通信网络，但他很快就放弃了电子信号，转而选择了以机械方式显示的光信号。当时，法国大革命正如火如荼。新政府对新的想法很包容，但沙普的装置的原型还是被革命军暴徒毁坏了两次，因为他们怀疑这是沙普与被囚禁的路易十六通信的装置。沙普的通信网络于 1794 年建造完成，从巴黎一直延伸到里尔，全长达到约 3000 英里（约 4828 千米）。1852 年，沙普在沿途的 556 个通信站点，配备了 3000 名操作人员。每个站点相距约 6 英里（约 9.6 千米）。理论上，信号可以在几秒钟内传送完成，但在实践中，线路却运行得很慢——实际吞吐量约为每分钟 2 个信号或更少。如果天气晴朗，从巴黎传送一个信号到图隆（位于地中海），途中经过 120 个通信站点，要花费“10 到 12 分钟”。所传递的信息都经过加密处理，以避免在途中遭到拦截，或者混入虚假的信息。

沙普改进了编码的方式。在胡克设计的系统中，传输符号和书面字母是一一对应的。夏普的系统则配备有一台中央调节器，中央调节器左右各有一个独立旋转的指示器。每个指示器能够指示 7 不同的位置，中央调节器有两种不同的状态，因此，一共有 98（7 × 7 × 2）个可辨识的不同组合——其中 6 种组合是特殊代码，剩下的 92 种组合是信号传送代码。沙普兄弟跟随波力比阿斯的步伐，制作了一本 92 页的通信密码本，每张页面上有 92 个单词或者短语。第一页是字母表、数字以及最常用的音节，它们可以被单独传送，只要最后附上“结束”的指令就行。剩下的 91 页，每一页都列出了 92 个单词和短语，它们全部都是由两个信号组成的复合信号——一个信号指示页码，另一个信号指示行码。

该系统将 8464 个不同含义的代码编为信号对。1799 年，代码空间内一共有 25392 个条目，以及 2 本“辅助用书”。少量的符号组合指代了大量的“意思”——今天流行的“数据压缩”使用的正是这一原理。与艾伦 · 图灵后来通过虚拟图灵机所证明的一样，任何任意的复杂符号（或符号序列），都可以被视作某种能够被捕捉的思维状态，而任何思维状态的形式，都可以通过反向运行这一过程来进行传递。沙普兄弟制作的电报密码本便是程序员在现实中应用可计算函数的实例——它将给定的符号或者符号短序列，与相应的思维状态联系起来。

所有的发达国家都在模仿和修改沙普的系统。苏联政府雇用了1320个专业人士来操控从圣彼得堡到普鲁士边境的通信线路。在英国，伦敦和普利茅斯之间长达200英里（约322千米）的通信线路能够传送定时信号，如果天气晴朗，那么确认信号将在3分钟内传递回来。电信号电报机问世后，许多地方的光信号电报网络依然继续运作，尤其是在布满了岛屿的北欧（斯堪的纳维亚半岛）。根据奥尔茨曼和皮尔逊的研究，克劳德·沙普和瑞典的亚伯拉罕·艾德克兰兹（Abraham Edelcrantz）是“数据网络的先驱”，他们设法“解决了许多细节问题，使得操作人员能够通过一长串收发站来顺利传递信息……直到最近，他们的想法才被现代数字协议的设计者重新发现”。[27] 迈锡尼人的通信方式，早在1855年克里米亚战争期间就被盟军（土耳其、英国、法国）的士兵“复制”了，他们向盟军总部报告了塞瓦斯托波尔陷落的信息。不过，当时英国已经开始使用电报，而俄国也已经建好了克里米亚到圣彼得堡的电报线路。

电报在19世纪上半叶的发展，代表着孕育了许多年的原则发展到了极致。早在1729年7月，伦敦的斯蒂芬·格雷就成功地将一个电荷传送出765英尺（约233米）远。1745年，荷兰人发明了莱顿瓶（一种电容器），随后（1747年），威廉·沃森（William Watson）成功地使用电线将电流传送过泰晤士河上的威斯敏斯特桥。1748年，本杰明·富兰克林在斯库尔基尔河上做了同样的实验。1748年8月5日，沃森和亨利·卡文迪什将电流传输距离延长至12276英尺（约3.74千米）。1746年，阿贝琴·让-安东尼·诺莱（Abbé Jean-Antoine Nollet）在巴黎成功地用电流"攻击"了国王的180名守卫，他们"同时感到被电流击中了"。没过多久，诺莱使用铁丝将加尔都西会的僧侣联成一条900英尺（约274米）长的"铁链"，并报告说："整队人在同一时刻突然感觉到了一阵电击。"[28]

1753年2月，一位身份模糊的苏格兰发明家C. M.（传说他是来自佩斯利的查尔斯·马歇尔，或者是来自伦弗鲁的查尔斯·莫里森），提出了一种"快速传送情报"的方法：将24根平行导电线连在一起，并且"每隔20码（约18米）"就用一个玻璃绝缘体来支撑导电线。C. M. 观察到："电流可能沿着一根电线从一个地方流动到另一个地方，电流强度并没有随着传输距离的增加而明显减少。"C. M. 详细说明了电报线路的安装方法和运行机制，然而并没有证据证明这个系统曾经被制造出来过。"电线必须被固定在一片坚固的玻璃上，并且超出玻璃边缘6英寸（约15厘米）长；电线从玻璃中延伸出来的那段（约15厘米长），必须有弹性也有刚性，也就是说，当它接触到触碰点之后，要能迅速地恢复原状。"操作者依照一定顺序按压每个导体，就可以传送字母信息；或者反向执行这个程序，那么操作者就能通过事先设定好的信号编码规则来接收相应信息。"在靠近玻璃绝缘体的地方，每一根电线上都悬挂着一个球；金属球之下约六分之一或八分之一英寸（约4毫米或3毫米）的地方，放着一张写有字母的小纸片（也可以是其他材质，只要足够轻，能被带电的金属球吸上去就行了）。与此同时，系统设计者还必须考虑纸片落下时可能会降落到的位置。”C. M. 建议我们使用通过电流来激发的“钟声”通信，这样一来，信息的发送者和接收者“可能就会开始理解所谓的‘钟声语言’”——这是一个不切实际的建议。[29]

各式各样的电报系统像野草一样渐渐冒出了头。在《1837年以前的电报历史》（*History of Electric Telegraphy to the Year 1837*）一书中，约翰·J. 费伊回顾了大约47位发明家的工作，他们设计的电报系统最后都因为技术障碍，或者缺乏资金支持（或者二者皆有）而失败。18世纪90年代，巴塞罗那的唐·弗朗西斯科·萨尔瓦（Don Francisco Salvá）得到了国王的支持，他们在艾伦胡埃兹和马德里之间（长达42千米）架设起一条电报线路。萨尔瓦曾经对静电信号，以及微弱的肌电脉冲（他将相距310米的青蛙腿当作发送器与接收器，传递的信号是“肌肉收缩”）进行过实验。费伊报告说：“萨尔瓦不知道意大利人亚历山德罗·伏打（AlessandroVolta）已经发明了电池，他使用大量的青蛙来制造电流。”[30] 1800年5月14日，他向巴塞罗那科学院提交了一篇题为《伽伐尼电流及其在电报中的应用》（“Galvanism and its Application to Telegraphy”）的论文，随后于1804年发表第二篇论文，说明青蛙作为电信号的发射器和接收器是如何被电化电池所取代的。1816年，来自伦敦哈默史密斯的弗朗西斯·罗纳兹（Francis Ronalds）自己出钱，用超过8英里（约12.9千米）长的电线传送了静电信号。他希望能够“在全国各地设立通信站，这样一来，人们就可以互相联络、通信”。[31] 罗纳兹预见到了架空线路的脆弱性，因此他建议将电缆网络埋入地下——他在地下4英尺（约1.2米）的位置，用超过525英尺（约160米）长的绝缘导线测试了自己的装置。罗纳兹随后写信给英国海军大臣："恳求伯爵阁下关注一种在任何大气状态下都能传送信息情报的电报系统。无论是在夜间，还是在白天，这一电报系统都稳定运行。它的传输速度很快，而且它很便宜。"[32] 而官方对此的回应是："我们现在使用的电报系统已经很好了，暂时还不需要更新的电报系统。"[33]1862年，罗纳兹当初埋下的一段电线被原封不动地挖了出来。最先开始的人，最后并不一定就会取得成功——时机和运气也很重要。

1800年3月，亚历山德罗·伏打告诉皇家学会，他已经发明出了伏打电堆（也就是电池），世界各地很快就出现了仿制的电池。1819年，汉斯·克里斯蒂安·奥斯特（Hans Christian Oersted）提出了电磁学的基本原理，安德烈–马里·安培将这一原理发展成为完整的数学形式。1820年9月18日，安培在电动力学的期刊上发表了他关于电动力学的第一篇论文——他仅仅花费7天的时间就写完了这篇论文。1820年10月（距离他第一次使用"控制论"这个术语，已经过去了15年），安培根据他的同事皮埃尔·拉普拉斯（Pierre Laplace）的建议，成功设计出一个新型电报系统。"我们可以建立一个真正的'电'报系统，传输我们想让别人知道的任何细节信息。我们需要的材料是导线和磁针——它们的数目和字母表字母的数目一样多，每一根磁针上都有一个不同的字母……再加上一个'伏打电堆'，"安培写道，"操作者将键盘和伏打电堆连接在一起，键盘上的每个按键代表不同字母，按键被按下后就接触到伏打电堆，连接上代表同一个字母的磁针。这种通信方法的传输速度很快，从发送端按下字母，到接收端读出字母，总共用不了多长时间。[34]

商用电报系统发展得十分缓慢。通过释放气体泡泡来显示信号的电化学指示器被发明了出来，这是一个在运动石蕊试纸上记录静电信号的系统。1827 年，哈里森·格雷·戴尔（Harrison Gray Dyar）在美国纽约长岛的一个赛马场里测试了这个系统——电线围绕着跑马场的跑道，总共长达 8 英里（约 12.9 千米）。戴尔原本计划在纽约和费城之间修建一条电报线路，然而，一项对银行阴谋（银行泄露了客户的机密信息）的指控使得项目的融资陷入困难。1823 年，俄国男爵保罗·L. 席林（Paul L. Schilling）发明出了五频针电报。1825 年，席林向沙皇亚历山大一世展示了这一工作模型。卡尔·弗里德里希·高斯和威廉·E. 韦伯于 1833 年在哥根廷架设电磁电报系统，线路总长达 1.5 英里（约 2.4 千米），它每天都在物理学系和观察站之间传递通信，直到 1838 年。来自美国的约瑟夫·亨利在 1830 年，利用电流使得 300 米外的一个电铃响了起来，然后他在位于普林斯顿的公寓和新泽西学院（普林斯顿大学前身）之间架设了一条用继电器来维持的电报线路，全长 1.6 千米。这两个实验都是为了证明电磁学的基本原理。亨利在电磁学上做出了重大贡献，后来他被聘为新成立的学院史密森学会的会长。

塞缪尔·莫尔斯（Samuel Morse）1832 年从欧洲回到美国，当时，电气科学正在迅速发展。塞缪尔·莫尔斯十分看好电磁电报系统的未来，于是着手设计了以点横代表数字和字母的二进制系统字符，也就是后来著名的莫尔斯电报电码。莫尔斯是艺术史教授，而非电气工程师，他能够开发出二进制系统字符，全靠约瑟夫·亨利和艾尔弗雷德·韦尔的帮助。韦尔因此获得大笔财富，而亨利别无所求。然而，后来在电报电码的专利权诉讼中，亨利受到不少攻击，因为他做出的贡献可能会损害到莫尔斯的专利权。莫尔斯电报系统用继电器来增强电流脉冲，这一想法最初就是由亨利提出的。电报继电器问世后被大量生产，用途越来越广，最终，开启数字时代的二进制逻辑门电路（binary logic gate）因此盛行于世。

莫尔斯在巴尔的摩和华盛顿之间架设了第一条长距离电报线路，它于1844年5月24日正式开通，传送的第一条信息是由专利专员的女儿安妮·埃尔斯沃思小姐精心挑选的——《民数记》（*Book of Numbers*）第23章第23首诗的最后一句——“上帝创造了什么！”莫尔斯电报系统的成功吸引了大众的目光，竞争者也随之出现。1851年，西部联盟电报公司的前身成立了，那时候，美国已经拥有了50多家电报公司。同年，第一条连接了英国和法国的电报线路架设完成；1852年，电报线路的长度达到了23000英里（约37015千米），足以环绕地球一圈。1861年，第一条跨越北美大陆的电报线路开通；1866年，在经历了多次失败之后，将英国与美国连接起来的电报线路也终于开通；1870年，连接美国和印度的电报线路开通；1871年，连接美国和澳大利亚的电报线路开通；1874年，连接美国和巴西的电报线路开通。

发送电报的障碍不再是建立构成电报电路的每一条物理连接，而变成了信息的切换、恢复、编码和解码。无论是火炬亮度、罗伯特·胡克的24个符号字母表、沙普的90个状态信号，还是一系列正负电压或莫尔斯电报电码的点横序列，电报信号的本质就是数字信号。为了处理这些信号，我们需要一台处于离散状态的机器——

这台机器可能是人类操作员（他使用望远镜来观察微弱的亮光，并根据此在密码本里寻找相应的页数和行码）；它也可能是后来出现的穿孔纸带电传打字机。

电报工程师是第一个将莱布尼茨在两个世纪前所设想的数字计算机变为现实的人，一个世纪后，艾伦·图灵为它构建了一个形式系统：所有的符号、信息、智能，以及所有可以用文字或数字描述的“意义”，都可以成为被编码的长度有限的二进制序列（从而被传递出去）。符号的形式并不重要，备选方案的数量才是关键。对1个字母进行编码，需要5种二进制方案（$2^5 = 32$），这就是为什么早期的针式电报使用的是五个单独的双状态指示灯，这也是为什么电传打字机磁带总是五个孔宽。（波力比阿斯设计的是两个分开的五态指标，这是一种效率很低的编码。然而，对那些在黑暗中用眼睛去寻找火把的人来说，这种方法还是很有用的。）

从一个节点传输到下一个节点前，每条消息都必须经过多次编码、解码、存储和重新编码。1858年，查尔斯·惠斯通（Charles Wheatstone）推出了能够进行自动信号传输的打孔纸带，接收穿孔器、复穿孔机和穿孔带驱动的打印机随之而来。19世纪70年代，吉恩·莫里斯·埃米尔·博多（Jean Maurice Émile Baudot）发明了时分多路通信技术（将几个代码序列编写在同一个单电路上）和5位字母数字代码，这个代码的名字就叫“博多码”（威尔金斯这时候早已被遗忘了）。虽然“博多码”的开头和结尾都是字母，但是在传输的各个阶段中，它的信息要么以一条线路上的脉冲序列来呈现，要么以一条纸带上的打孔序列来呈现。

电报系统很快就发展出了存储和转发程序，也就是今天在计算机网络中被广泛使用的分组交换协议的前身。携带着发送站、排序等级和终点站的地址等信息的电报，以电信号的形式到达开关节点，经过编码后就变成了纸带上的圆孔。工作站的操作员首先确定出站管线的线路状态，然后再决定转发电报的时间和路径，到时候，一台能够感知纸带打孔方式的机器会将纸带上的圆孔重新“翻译”成电子脉冲。一旦下一个转发站发出确认信号，纸带就失去了作用，它所代表的“过渡状态”就会被抹掉。

高速自动电报仪器是现代计算机的前身，它的出现导致了电磁数据处理行业的诞生。“计算机器，”约翰·冯·诺依曼在 1949 年解释道，“可以被认为是一种会放出或者吸收像打孔带这样的信息媒介的机器。”[35] 这个定义是双向的。与在活细胞之间传递遗传信息的分子一样，电报设备的功能是记录、存储和传输代码序列。大多数的早期数字计算机——从“巨人”到高等研究院计算机——都使用纸带电传打字机在计算机和外部世界之间进行输入和输出，不久之后，霍尔瑞斯和 IBM 制造出的穿孔卡设备推动了信息传递技术的发展，这就是为什么早期的计算机都使用高速电报设备来传递信息。“巨人”是在英国电信研究机构研发出来的，美国早期计算机的研发是在贝尔实验室和美国无线电公司实验室中进行的——这些都是很自然的事。只不过后来，通信行业和计算机行业逐渐分道扬镳。

20 世纪 50 年代早期的计算机还没有被互联网串联起来，但它们能够通过相互可识别的存储介质来交换代码序列。然而，到了 20 世纪 50 年代末期，电脑已经可以互相连接了。不论交换媒介是什么，代码本身和规范其流量的协议都遗传自第一个电报字符串。

就像曾经的长距离通信技术一样，计算机对计算机的通信的发展也与国防任务密切相关。20 世纪 50 年代初，麻省理工学院林肯实验室开始为美国空军研制综合性防空系统，这个项目被称作“旋风”。“旋风”直接导致了半自动地面防空警备系统（SAGE）的诞生。半自动地面防空警备系统是一个实时的交互式数据处理系统，它反过来又促进了分时计算机系统的发展，最终，它发展成为今天我们熟知的计算机网络。约翰·冯·诺依曼为计算机网络留下的遗产不仅存在于个人计算机的体系结构中，也存在于新型武器扩散的过程中——串联在一起的计算机是应对新型武器扩散的最佳防御措施。

1955 年，距离第一枚氢弹爆炸还不到三年，冯·诺依曼宣布：“我们可以用一架飞机装载比第二次世界大战期间所有战斗人员的联合舰队更多的火力。”[36] 冯·诺依曼也在考虑研发“远程导弹”，作为 1953 年建立的战略导弹评估委员会的主席，他将这种导弹形容为“可以预见的最邪恶的核武器”。[37] 重量轻、辐射高的热核武器很快就会问世。我们可以通过火箭将它发射到太空，并引导它降落到数千米以外的地面上。1953 年，苏联完成了第一次氢弹试爆，随后又发射了一枚洲际弹道导弹——武器研发已经成为一种竞赛。

美国团队的“智囊”是一个名为“兰德”的非营利性组织。兰德公司成立于 1948 年，它“以进一步促进科学、教育和慈善发展为目标，努力提高美利坚合众国的公共福利水平和国防强度”。[38] 兰德公司源自美国空军“兰德计划”，而“兰德计划”源自签订于 1946 年 3 月 2 日的一项合同，合同规定“承包商将对洲际战争课题进行广泛而深入的研究，并且定期向美国陆军和空军推荐足以应付洲际战争需求的技术和武器装备”。[39] 兰德公司的总部设在加利福尼亚州圣塔莫尼卡，可以说是军事学术化的战时产物——一旦和平来临，这样的“自由领域”便逐渐消失。

虽然兰德公司设立的原则看起来与高等研究院设立的原则非常相似，但实际上，这是两种正好相反的思路。高等研究院是为了追求纯粹的科学研究而设立的，它对军事研究的支持只是个意外。而兰德公司的研究对象就是军事设备，然后在不经意间推动了科学发展。纯数学和应用数学之间的交互融合，使得兰德公司蓬勃发展。1955 年，兰德出版了《100 万个随机数字与 10 万个常态变异数》（*A Million Random Digits with 100000 Normal Deviates*）一书，书中的引言指出：“就图表的性质而言，在定稿以前，我们似乎不需要对每一页的内容进行校对来找出随机错误。”[40]20 世纪 50 年代，随机数字严重短缺，“兰德随机数”解决了许多领域的难题。兰德公司的研究人员负责撰写研究报告，并且回应大众对于报告的批评。这些清晰、简洁并且逻辑自洽的报告是写给空军将领（而非学术界的同事）看的，这样高质量的学术作品在当时十分罕见。

兰德公司公开发表的第一份研究报告是长达 324 页的《绕地飞船试验初步设计》（*Preliminary Design of an Experimental Earth-Circling Spaceship*），发表的时间是 1946 年 5 月 2 日。该报告指出：“美国卫星飞行器的成就将启发人类的想象力，产生类似原子弹爆炸那样的影响……如果我们能摆脱地球引力，前往地球尽头之外的月球、金星和火星，谁的想象力不会因此而飞跃起来呢？”[41]1957 年 10 月 4 日，苏联发射了第一颗人造卫星，美国公众对此深感惊讶，但兰德公司并未感到意外——兰德公司的分析员早已经预测到了苏联将在 1957 年 9 月 17 日发射一颗卫星，这天正好是俄国伟大的火箭先驱康斯坦丁·齐奥尔科夫斯基（Konstantin Tsiolkovsky）的100周年诞辰。1957年11月，苏联的第二颗人造卫星以1120磅（约508千克，包括那只太空狗莱卡）的有效载荷在地球上空顺利地完成了绕地飞行。毫无疑问，苏联人不仅要发射狗，而且还要发射炸弹。在这之后，美国在阿特拉斯洲际弹道导弹系统上的支出预算就从1953年的300万美元增加到了1955年的1.61亿美元，以及1957年的1.3亿美元。兰德公司成了名副其实的“智囊团”。“到了1953年，以兰德公司对导弹和武器领域的了解，用火箭运载核弹头是完全可行的。它能造成足够大的破坏区，这足以弥补由于瞄准技术落后而造成的距离偏差。”[42]1963年出版的《兰德公司史》（*RAND History*）这样写道。

由于美苏双方疯狂地扩充军备，兰德试图寻找稳定的核战略，结果推动了数学博弈理论的发展。冯·诺依曼在1928年发表的一篇论文最后变成了博弈理论的基础。后来他与经济学家奥斯卡·摩根斯坦（Oskar Morgenstern）合作，出版了《博弈论与经济行为》一书。兰德公司的部分报告题目反映了大致的发展趋势：《嘈杂对决，每人一颗子弹，任意的非单调精准度》（*The Noisy Duel, One Bullet Each, Arbitrary Nonmonotone Accuracy*）、《静默对决，参与者两人，每人一颗子弹，任意的精准度》（*A Generalization of the Silent Duel, Two Opponents, One Bullet Each, Arbitrary Accuracy*）、《高声对决，双方精准度相同，只知道每人拥有一颗子弹的概率》（*A Loud Duel with Equal Accuracy where Each Duelist has Only a Probability of Possessing a Bullet*）、《静默对决，两个人只有一颗子弹，双方精准度相同》（*The Silent Duel, One Bullet versus*

Two, Equal Accuracy)、《嘈杂对决，每人一颗子弹，同时开火》(*Noisy Duel, One Bullet Each, with Simultaneous Fire and Unequal Worths*) ……

1953 年，美国部署了远距离预警（远程预警网）系统来侦测来袭的苏联轰炸机。这个系统让美国获得了大约 3—4 个小时的反应时间。1960 年，弹道导弹预警系统上线，这时候美国的反应时间已经缩短到只有 15—30 分钟。核稳定取决于相互威慑，要么在敌人出现袭击预兆时，马上威胁发射导弹；要么拥有受到攻击后进行报复的强大能力。当然，“预兆出现时就发射导弹”只能起到虚张声势的作用，真这么做无异于自杀，因为错误的警报迟早会出现。因此，防止核噩梦，最好的方法是建造一个能够承受攻击的报复系统。隐藏、分散或强化导弹相对容易——如何构建出一个强大的控制系统，这才是真正的难题。

1959 年，33 岁的保罗 · 巴兰加入兰德公司，他回忆说：“纵观历史，成功的将军都是根据敌人的能力而不是敌人的意图来制订作战计划。那时正是冷战的高峰。美苏双方都在建造核弹道导弹系统，战争一触即发。早期的导弹控制系统还不成熟。因此，任何一方都有可能因为误解对方的行为而首先开火……如果我们可以等到遭受攻击之后再做出反应，而不是在压力下迅速做出决定，那么这世界将会更加稳定。”虽然国会法案禁止使用“投降”这个词，但兰德官员表示：“我们需要一个能抵挡攻击的通信网络来停止，以及避免战争。”[43]

1960 年，兰德公司发表了一篇名为《坚固的全国地下电缆网络成本》(*Cost of a Hardened, Nationwide Buried Cable Network*)

的报告。报告指出："如果我们要为 200 个设施提供通信线路，并且保证它们能够承受每平方英寸 100 磅（约每平方米 70306 千克）的爆炸压力，那么架设通信线路的成本将会是 24 亿美元。如果我们将通信线路能承受的爆炸压力提高到每平方英寸 1000 磅（约每平方米 703069 千克），那么成本会增加 10 亿美元。"[44] 巴兰当年的工作就是分析降低成本的可能方案。进行打击报复只需要一个频宽极窄的频道，或者是"最低基本通信"——这是官方用语，指的是总统（或其继任者）发出"发射导弹"或"停止"等命令的能力。

兰德公司的创始人弗兰克·科尔博姆（Frank Collbohm）提议在全国现有的调频广播电台里，安装最低限度的数字逻辑，也就是一个可以在攻击事件发生时参与其中的分散且高度冗余的通信频道。科尔博姆的策略是将一个特定信息扩散到整个网络上。这么做不需要担心路径选择的问题，我们只需要设定好一个程序：信息发出后，一旦网络节点接收到被传送回来的信息副本，就立即停止信息传输行为。研究表明，即使网络节点遭到严重破坏，大城市广播设施随之消失，广播系统的重叠性也能让信息迅速传播到各地幸存的电台（即使苏联发动了最大规模的攻击，美国的乡村音乐也会幸存下来）。巴兰将这个建议提交给美国军方，但美国军方坚持要求更多的频宽，他们要在战斗中实现即时语音通信。"好吧，那就重来一次，"巴兰说，"这次我要制造出一个能力强大的通信装置，强大到他们都不知道怎么使用这个装置。"[45] 结果，他真的做到了。

1949 年，巴兰在埃克特 - 莫克里计算机公司担任研究员，这是他的第一份工作。当时真空管延迟线计算机的缺点十分明显，这种笨重而且性能不稳定的机器，注定未来不会有什么发展。十年后，一切都变了。巴兰亲眼见证了这场革命，于是他对其他假设也产生了疑问。高等研究院在 20 世纪 50 年代早期发明的数字计算方法，到了 20 世纪 60 年代，仍然被兰德公司继续使用。巴兰的论文导师是杰拉尔德·埃斯特林（Gerald Estrin），他曾协助高等研究院进行计算机项目的宣传。兰德公司研发出的“约翰尼克”（JOHNNIAC），就是高等研究院计算机的翻版。这台机器的制造者是威利斯·韦尔，他还是做出了几个改进，比如每台“约翰尼克”都配备有一个可运行的选数管存储器。兰德公司不断买进 IBM 新上市的机器。巴兰在计算机部门工作，而不是在通信部门工作，因此他对通信技术的研究是客观中立的。他评论说：“当时的计算机技术和通信技术是两个完全不同的领域。”[46]

巴兰发明了一种拥有明确目标的新型通信网络。“理想的电力通信系统可以定义为，在任何地方，任何时间，这个系统都允许任何人或机器即时地与任何其他人或机器的任何组合进行通信，并且通信的成本为零，”他写道，“它会让人产生错觉，即通信中的各方都处在同一个隔音房间内，而且门是上锁的。”[47] 他抛弃了所有既定的假设。“在大多数通信工具中，最常见的信息是沉默。”[48] 他后来解释说。

巴兰知道将所有的通信和多路技术数字化，并且将信息分流到整个网络上（而不是一次只使用一个频道），就可以减少大部分浪费。电报网络的存储转发机制给了巴兰灵感，于是他提议将数字信息一个节点一个节点地传遍整个网络，而节点与节点之间需要用高速计算机（而非电报机）来转接。他检查了现有的军事通信交换器，问道：“为什么这些东西这么庞大？为什么这些交换系统需要占据这么大的空间？”巴兰对此的回答是，交换节点上的信息记录实在太多了，因此交换系统才会如此复杂，相关操作人员都弄不清楚“通信丢失到底是谁的错”。[49] 计算机的运行速度已经达到了每秒执行几百万个指令，巴兰知道长距离通信的基础设施总有一天会被取代。他设想的系统是通过低能量的微波频道来传输信息——频道的频宽保证了数字声音的实时传输。除此之外，这个系统还能够以每秒 150 万比特的速度处理信息，当然，这些信息都已经被加密了。这项提议赢得了军事指挥官的支持，然而美国电话电报公司的经理们却不愿意接受——他们不愿意承认自己的系统效率十分低下，而且根本不安全。

1960 年 5 月，兰德发表了第一份官方备忘录，公布了巴兰设计的系统的技术细节。在《利用网络上不可靠的重复节点构建可靠的数字通信系统》(*Reliable Digital Communications Systems Utilizing Unreliable Network Repeater Nodes*）的导言中，巴兰写道：“不要让地球在‘非黑即白’的战争中走向毁灭，我们应该给被黑暗阴影笼罩的未来带来尽可能多的光明……我们刚刚开始构思和设计未来的数字信息传输系统……在这个系统中，计算机可以互相交流……让数字网络的运行速度和数字计算机保持一致在技术上是可行的，因此，能够实现这种设计的硬件，迟早会被发明出来……网络上的连接节点能够将信号转发到幸存的线路上，于是我们就不再需要复杂的中央交换中心。”[50]

随后，巴兰介绍了评估该系统稳定性的方法：“大家可以把数字网络想象成一个能够让每个国会议员都在家里进行投票的通信系统。我们可以通过计算遭受袭击后幸存的议员人数，并将这一数字与能够通过这一通信网络互相联系和投票的人数进行比较，来评估这种网络是否成功。虽然这个例子看起来有点极端，但它能够说明一些问题。”[51]

通信网络中节点之间的连接路径越多，网络系统对内部或外部攻击的防御能力就越强。然而，这同时也会引起组合式信息爆炸：连接路径越多，计算机选择有效路径传输信息所占用的内存就越大。在传统的电路交换通信网络（例如电话系统）中，中央转换中心负责为每一条通信线路建立不间断的连接，并且随时调整路径，避免正在运行的线路与其他线路发生冲突。“在热核战争时代，这样的中央控制节点就是一个引人注目的单一攻击目标。”[52]巴兰警告道。巴兰提出的核心建议是：我们要通过信息本身（而非各个交换节点）来分散必然存在的智能和降低信息冗余度。这真是一个天才的想法。

巴兰表示，这个想法的灵感来源是信息理论学家克劳德·香农在 1950 年制造出的机械老鼠“忒修斯”（Theseus）。在 72 个电磁继电器的引导下，忒修斯能够在一个 5 行 5 列的迷宫中找到出口，用沃伦·麦卡洛克的话说：“它就像一个熟悉城市环境的人，它可以从一个地方走到另外一个地方，但它不一定记得路线。”[53]为了适应不断变化的迷宫布局和目标位置，忒修斯必须记住路线，而且也必须忘记路线。巴兰发现通信网络中路由信息的路径选择问题，与机械老鼠在迷宫里面临的路径选择问题是一样的。他在 1964 年写道：“在过去的 10 年里，为了达到研究目的，我尝试去分析机械老鼠忒修斯找到迷宫出口的方法。我希望能够借此机会探索出电子通信系统的技术原理。”[54]

巴兰将自己的技术命名为“适应性信息块切换”。1966年，在英国国家物理实验室工作的唐纳德·戴维斯（Donald Davies）将其简化为“分组交换”。交换的第一步是收集所有形式的可传递信息，包括文本、数据、图形和语音，然后将它们拆分为长度一致的短字符串。对网络来说，信息的形式是没有区别的。因此，复杂的信息也能被正确无误地传送到目的地。同样的，在嘈杂的环境中复制复杂的生物，最佳策略是将生物分解成大量零件，复制零件，然后再组装起来。网络中的每一个信息传输过程，都有一定的出错概率，而错误累积的概率与信息代码的长度密切相关。信息代码越短，出错的概率就越小。以长度较短的信息代码为对象进行错误检测是最有效率的：不论信息代码的长度有多长，只有出错的那部分才需要重传。就像一页一页地校对文件那样，只有出现错误的那一页才需要重新打印。巴兰提议的“循环冗余码校验”（CRC），是今天数据通信中最常见的校验方法。

每个信息块都拥有自己的专属标签，以区别于相邻的信息块，标签上附有包含其“去向”和“来处”的地址信息，以及在另一端重建原始消息序列所需要的信息。每条信息代码附带一个移交标签，代码每经过一个节点，移交标签就会增加一小节。因此，每个单独的代码数据包都知道自己从哪里来，要去哪里，属于哪一条消息，以及在传输过程中经过了几个节点。信息代码的数据包经过节点时，会与主机共享此信息。巴兰指出：“我们应该将数据包视作完整的信息实体。系统开发人员针对网络信息交换的特性设计出了数据包的结构。”[55]

简易程序（也就是巴兰口中的“受烫手山芋启发而来的编路原

则”）在每个节点上推动数据包沿着正确的方向移动，并确保网络能够在出现拥堵或者被攻击时自动调整。通过查看发送站地址和移交标签的“数值”，收信节点可以判断各通信线路的效率，然后选择最佳线路来传输信息，当然，这里隐含了一个假设——“有效的输入线路很可能就是有效的输出线路。”“如果被选择的线路很拥挤或已经遭到攻击，那么收信节点就会选择另外一条备选路线。每条消息都被看作是一个‘烫手山芋’，每个节点都努力地把这条信息迅速传送给下一个节点，而不是把它拿在手里。再下一个节点也是一样。”[56]巴兰说道。

每个转换节点都会累积经验，学习成长。如果某个节点被攻击了或位置发生了变化，那么每个节点都会迅速更新相关信息。巴兰指出：“我们应该在每个节点上设置一个能够自我学习的程序，使得所有的信息都可以在不断变化的网络环境中被有效传输——我们不再需要一个经常遭到攻击的中央控制中心。这就是所谓的‘适应系统’。”[57]巴兰用兰德公司制造的IBM 7090计算机演示了整个系统。演示的结果证明该计算机上拥有的49节点的通信网络能够有效应对随机故障和蓄意攻击。“这个系统的初始条件很糟糕，每个节点都不知道其他节点的位置。然而在半秒钟的时间内，整个网络就已经记录下所有节点的位置，并且能高效地传输信息。实际通信线路的平均值与最短的可能通信距离非常接近。”[58]

1964年8月，兰德公司针对这一研究结果发表了11份报告。其中2份报告讨论的是密码问题，因此没有向大众公布。巴兰在第9份报告中解释道：“如果你无法公开地描述一个设想中的系统，那么就‘安全’这个词的意义而言，你并不能认定这个系统就是安全的。”[59] 巴兰后来强调说：“我们不会对这项工作进行加密，也不会申请专利保护。我们觉得它属于公共领域。如果美国拥有一个可以存在下去的指挥和控制系统，那么美国会很安全；如果苏联也有一个可以存在下去的指挥和控制系统，那么美国会更安全！”[60]

1962 年底，根据通信领域专家的估算，每一个转换节点占用的空间是 72 立方英尺（约 2 立方米），重量是 2400 磅（约 1089 千克），而它们的内存只有 5 千字节。到了 1964 年，转换节点的占用空间下降到了 0.33 立方英尺（约 0.009 立方米），内存为 10 千字节，而且不用配备空调，成本减少了整整 5 万美元。与大多数的军事预算不同，这一系统的成本预算一直在下降。等到最后一份报告发表的时候，大多数持怀疑态度的人已经被该项目的优点给说服了——“反对力量的前锋只剩下美国电话电报公司了。”[61] 1965 年，兰德公司建议美国空军在全国范围内构建网络通信系统。该系统包括了分布在美国各大州的 200 个多路复用站，每个站点能够为 866 个用户提供数据服务，为 128 个用户提供语音服务。该系统一共有 400 个转换节点，每个转换节点支持 8 个双向传输的“低成本”微波连接。1966 年，空军独立评审小组对兰德报告做出了积极的回应。直到这时，美国政府才决定该项目交由国防通信署来执行，而不是美国空军或其招标的独立厂商。巴兰和他的同事认为，国防通信署的能力还不足以承担起“构建全国网络通信系统”这个任务（数字通信的技术原理与当时主流的通信技术原理并不相同）。巴兰不得不放弃这一计划，以避免“诋毁这个计划的人拿到证据，证明它只是一个不能实现的妄想……做出这个决定是件困难的事，但我认为我应该这么做”。[62]

巴兰的分组交换数据网络最终还是实现了——不是像他在1960年设想的那样一次性建成，而是许多不同层次的数字通信系统逐渐结合在一起，最终变成了比巴兰当初设想的系统更庞大的系统。巴兰说："技术发展的过程就像建造一座大教堂……几百年里，新人不断出现，每个人都在前人的基础上放一块砖，每个人都说，'我建了一座大教堂'。下个月，另一块砖又被放在前一块砖上。最后来的是一位历史学家，他问，'嗯，到底是谁建造了这座大教堂？'事实上，每个人的贡献都依赖于前人的贡献。所有的成就都是互相关联的。"[63]

第九章　博弈理论与经济行为

大自然玩的游戏，我们很难把握其中的奥秘。当不同的物种竞争时，人们知道谁是输家：一个物种完全灭绝了，毫无疑问，它就是输家。然而，谁是赢家呢？这就不好说了。因为大多数物种长期共同生活在一起，彼此互相依存，而且这种情况会永远持续下去。然而，人类盲目自大，认为自己是比小鸡高级许多的物种，我们不妨假设这种情况也会永远持续下去。

——斯塔尼斯拉夫·乌拉姆[1]

1944年，约翰·冯·诺依曼在与经济学家奥斯卡·摩根斯坦合著的《博弈论与经济行为》的导言中写下了一句话："原本分裂且相距甚远的领域很难被统一起来，除非已经有人彻底地探索过每个领域。"[2]这本书展现了非凡的数学想象力，这样的光辉后来也同样出现在冯·诺依曼对核武器和数字计算机的研究中。

对经济学的兴趣深刻地影响了冯·诺依曼的一生。在高等研究院电子计算机项目组工作的那段时间里，冯·诺依曼身着西装三件套混迹于随性的逻辑学家和电子工程师之间，引人注目。这套服装体现了他的出身——银行家之子，这也算是一个预兆吧，多亏了计算机，金钱的世界和逻辑的世界终于平起平坐。在《博弈理论与经济行为》中，冯·诺依曼为信息理论、经济学、进化论和智能的交叉融合奠定了基础，其影响一直延续到今天。

在冯·诺依曼之前，安德烈·马里·安培于 1802 年（当年他才 27 岁）出版了《博弈数学理论》(*Considérations sur la théorie mathématique du jeu*) 一书。安培在书中引用了数学博弈理论的祖先乔治·布丰（“在布丰的著作中，哪怕是错误都闪烁着天才的光芒”）的论文《或然算数试验》(*Essai d' Arithmétique Morale*)。布丰是一位很有声望的自然主义者，他先于查尔斯和伊拉斯莫斯·达尔文提出了进化理论——在当时，这是一个很“危险”的理论。“布丰有意用零散的方式，”洛伦·艾斯利写道，“将他的想法和证据分散在与自然史有关的各个章节中，这些想法后来也出现在达尔文于 1859 年出版的著作《物种起源》中。”[3] 年迈的布丰和年轻的安培都经历了法国大革命之后的恐怖政治：布丰的儿子和安培的父亲都因莫须有的罪名上了断头台。

安培分析的是“概率事件”，而不是“策略”，他忽视了博弈者之间更深思熟虑的“共谋”。在遭遇了某些苦难之后（安培一生都在与这些苦难做斗争），安培认为任何参与到无限期“机会博弈”中的人，如果对手不止一个，那么他“必然会输”。用安培的话来说，这些对手“拥有无限的资源”。[4] 他观察到，在零和游戏（一个玩家的损失等于其他玩家的收益）中，富人永远占据优势，因为他们有所准备，能够坚持很长一段时间。

冯·诺依曼最早的博弈论论文是艾米莉·博雷尔 (Émile

Borel）的数学研究的延伸，发表于1928年。安培认为“概率”主导了博弈，而冯·诺依曼却找出了所有博弈都适用的最佳策略。第二次世界大战期间，冯·诺依曼完成了与普林斯顿大学经济学教授奥斯卡·摩根斯坦合著的《博弈论与经济行为》，并且于1944年正式出版。“这本书的成就不只在于具体的理论成果，更在于它将现代逻辑的工具引入经济领域，并赋予它们‘广泛适用’的能力。”[5]1946年，雅各布·马尔沙克在《政治经济学期刊》（*Journal of Political Economy*）中写道。冯·诺依曼证明了良好策略的“极大极小”定理是存在的，这意味着，在大多数的博弈中，我们可以通过某个明确的程序，找到使参与者的损失降到最低的策略——假设他棋逢对手，并且这个对手同样想要获胜。虽然这一理论的数学证明很复杂，但它的确产生了深远的影响——大自然中的许多复杂现象都可以被视作某种“博弈”，更不用说政治现象和经济现象了。《博弈论与经济行为》这本书长达625页，冯·诺依曼用大量篇幅证明了：许多看起来让人束手无策的情况，都是有突破口的，只要假设所有变量都是共同参与到策略中的“赌徒”即可；非零和博弈也能够被简化为零和博弈，只要加入一个虚拟的“公正赌徒”（大多数情况下是“大自然”）即可。

从核威慑到进化生物学，博弈理论被应用于广泛领域。“一开始，经济学家对这一理论的态度还有所保留，但军事科学家则快速察觉到其在军事领域将发挥重大作用。”J. D. 威廉姆斯（J. D. Williams）在《有经验的战略家》（*Compleat Strategyst*）中这样写道。《有经验的战略家》是兰德公司出版的一本畅销书，它使用日常生活中的例子来解释博弈理论。[6]经济学家逐渐跟上了步伐。1994 年，约翰·纳什因纳什均衡模型而获得诺贝尔奖，他是第 7 位直接受到冯·诺依曼观点的启发而获得诺贝尔经济学奖的学者。纳什和冯·诺依曼曾经在兰德有过合作。1954 年，纳什撰写了一篇关于数字计算机未来的简要报告，而这篇报告带有很明显的冯·诺依曼色彩。“人类大脑的架构是高度平行的。它必然是这样。”纳什总结道。他预测，数字计算机将会通过在分散并行控制下运行的处理器的配合来达到最佳性能。[7]

1945 年，《经济研究评论》(*Review of Economic Studies*) 期刊发表了冯·诺依曼长达 9 页的论文《一般经济均衡模型》(“Model of General Economic Equilibrium”)。冯·诺依曼曾经在普林斯顿数学研讨会（1932 年）上朗读过这篇论文，并于 1937 年以德文首次出版了它。冯·诺依曼试图用灵活的手法去解释经济体的行为，特别是“商品不仅是‘自然生产要素’的生产结果，而且……它们会互相创造彼此”这一特征。冯·诺依曼最终解释清楚了看起来非常复杂的“相互依存”的过程。由于冯·诺依曼指出平衡依赖于增长，后人便用“冯·诺依曼扩张式经济模型”来命名这一理论。冯·诺依曼得出的结论引起了经济学家的争论，数学家则为他的智慧所折服。冯·诺依曼在论文中借鉴了之前的拓扑理论，他指出“乍看之下，（博弈理论）与拓扑理论之间的联系让人惊讶，但我认为，就这个问题而言，使用拓扑理论是最自然不过的事了”。[8]

冯·诺依曼正在为信息动态的统一理论奠定基础，并试图将该理论推广到自由市场经济、自我再生体、神经网络，以及思维与大脑之间的关系中。博弈理论与信息通信理论的交叉融合，使得我们能够建立起这样的联系。冯·诺依曼在许多笔记（这些笔记直到冯·诺依曼去世后才被发表出来）中都提到了“并行计算”这一概念，而且强调了计算机与大脑之间的差异，但他没有讨论与“思维”有关的问题。他让我们对语言的演变过程（符号使用逐渐“经济化”的结果）产生了初步的模糊印象——信息朝着“越来越有意义”的形式流动，而且流动的过程越来越复杂。信息通过层级系统，以视觉感知、自然语言、数学和高层次语义现象的形式被表现出来。冯·诺依曼对“思维”问题充满兴趣。但他还没有做好准备，因为他的理论在当时还无法解构和重建“思维”这一概念。

在冯·诺依曼眼里，人类神经系统的运作机制与经济体的统计性行为更为相似，而与数字计算机的精确逻辑行为相去甚远——无论那是20世纪50年代的计算机，还是现在的计算机。“神经系统中的信息系统……本质上就是统计性的，”他在出版于1958年的西利曼学院讲义中写道，“换句话说，确定标记和数字的确切位置并没有那么重要，我们应该关注其具备的统计学特征……因此，神经系统中的符号系统，看起来与数学中我们熟悉的符号系统有着根本区别。数学符号系统是一个精确系统，其中每个符号的位置——有或者没有标记——都决定了信息的意义。相反，在神经系统的符号系统中，信息的意义是由信息的统计学特征所决定的……显然，（统计）信息的其他特征也是有用的。频率是单个脉冲的特有属性，而每个相关神经都由大量纤维组成，每个纤维都传输大量脉冲。因此，这些神经脉冲之间的（统计）关系也应该能够传送信息，这是很合理的……无论中枢神经系统使用哪一种语言，它肯定不像我们通常习惯的语言那样富有逻辑性和思维深度，而且它的结构也与一般语言有所不同。”[9]

过去 40 年来，神经生物学和认知科学取得了长足的进步，但“大脑是将统计性转换为意义的机制”这一基本观点却没有改变。统计信息的流动过程经过处理和精炼后，更高层次的语言便开始产生连续性冗余。脉冲频率对大脑中的信息流进行了编码，这和计算机的数字编码过程完全不同。如果浸泡在盐液中，被电噪声所包围而化学敏感度极高的神经网络（或者是被现实世界的干扰所包围的微处理器网络）能够进行可靠计算，那么计算结果的容错性一定是必不可少的。特定信号会被解释成激发状态或抑制状态，这取决于调节其通过网络过程的突触的个体性质。在神经架构的细节中，二元逻辑是内生的性质——在可能的模型中，我们暂且假设最简单的一种——而神经架构是一个比二元代码更有韧性的机制。

冯·诺依曼的名字一直是串行处理的代名词，而微处理器实现了串行处理这一功能。几十年过去了，微处理器仍然保留着高等研究院在 1946 年开发出来的逻辑架构。冯·诺依曼对不同类型的信息处理架构都充满兴趣。1943 年，沃伦·麦卡洛克和沃尔特·皮兹证明，任何由（理想的）神经网络进行的计算，在形式上都等同于可以一次执行一步的图灵机计算。冯·诺依曼认识到，在（不论是电子学还是生物学的）实践中，神经网络与图灵计算机的对应虽然不是不可能，但是组合复杂性也会让维持这种双向对应的成本变得极其昂贵。1948 年，冯·诺依曼发表了一篇论文讨论复杂神经网络的行为。他在论文中指出：“显然，在这个层次上，‘麦克沃克－皮兹证明’并不会带来什么好处。在神经网络中，逻辑原理与其表现方式之间存在着某种同一性，而在更简单的情况下，逻辑原则可能会提供被简化过的网络表达方式。如果情况变得极端复杂，那么网路与逻辑原则的角色就会发生调换——网络变成了逻辑原则简化表达方式的提供者。”[10]

冯·诺依曼认为，复杂的网络会形成对自己行为的简单描述。无论工程师为这一过程提供了多么强大的计算能力，尝试使用形式逻辑来描述其行为，都是一个非常棘手的问题。许多年之后，我们在“人工智能”这一领域投入了以“百万美元”作为计算单位的研究经费。斯塔尼斯拉夫·乌拉姆问吉安－卡洛·罗塔：“你为什么相信数学逻辑与我们的思维相互对应？”[11] 乌拉姆的问题呼应了冯·诺依曼30年前的结论：“为了了解高度复杂的自动机器，特别是中枢神经系统，我们需要一种新的逻辑理论。不过，在我看来，为了发展这个理论，逻辑将不得不改变自身形式以满足神经科学的需求，而神经科学则不需要做出什么改变。”[12] 自20世纪80年代以来，计算机已经具备了完美的存储功能，但计算机行业的“记忆”却是短暂的。乌拉姆警告说：“如果人工智能行业的从业者们一直忽视过去的历史，那么他们注定会重蹈覆辙，而承担这高昂代价的却是纳税人。”结果证明乌拉姆是对的。[13]

为了让神经网络能够执行有效计算、模式识别、记忆关联等功能，我们必须建立起一个价值体系，公平地将“意义”的原材料分配给各个信息单位——无论在网络上流通的是弹珠、电子脉冲、液压流体、带电粒子，还是其他零件。这个过程相当于在博弈理论或数学经济学中对“效用函数”进行定义，冯·诺依曼和摩根斯坦写过许多关于这个问题的论文。只有通过内部程序对信号进行统一赋值，我们才能找出解决外部问题的内部形态（也就是特定的极大值或极小值）。这些基本符号进入了更复杂的连续结构，于是在博弈的每个阶段，它们传达的信息也变得越来越多。托马斯·霍布斯在17世纪将这些思维粒子称为“包裹”，他相信它们的物理存在与原子一样，是能够被证明的。霍布斯得出这一结论的逻辑，与今天我们相信每比特信息都存在物理实体的逻辑是相同的。

神经网络构建出来的高级表达、符号、抽象并不依赖于算法（类似于数字计算机的代码程序），它们通过动态变化的最大值和最小值之间的关系来实现实时变化。这其实是冯·诺依曼构想出的一个复杂博弈模型，也就是所谓的多人博弈。在上述的例子中，超过1000亿个神经元组成一个神经子集，而数十亿个突触交织在一起，形成了大脑。冯·诺依曼和摩根斯坦演示了如何通过有限但不受控制的一系列联合，逐渐简化搜索，最终在一个看似毫无希望的数字组合中找到合理的解决方案。在我们的思维世界中，一个成功“联合”可能是短暂的，但它能够成为一种“想法”从而被我们感知到，它也能够通过某个管道（视当时开放的管道而定）被传达给别人。这是一个动态的关系过程，而且，“具有绝对含义的离散思想”或者“具有绝对含义的精神客体”这一概念本质上是自相矛盾的，正如“1比特的信息具有独立实体”这种说法也是自相矛盾的——“1比特的信息”代表的都是两个选择之间的差异，而不是某个特定时刻的一次选择。

在神经网络中，信息流动就像是经济世界中的货币流动。信号并不是通过被编码的符号来传递意义——意义的产生取决于它们来自哪里，去哪里，以及到达的频率。不论是你挣来的，还是花出去的，1美元就是1美元，你可以选择用它来购买汽油或者购买牛奶，这是它的意义。一个神经元的输出可以被记入另一个神经元的账户，这取决于与它连接的突触类型。流经神经系统的微弱电流脉冲和流经经济世界的货币脉冲，有着共同的词源和共同的命运。这个比喻是双向的。大卫·鲁梅尔哈特（David Rumelhart）和 J. E. 麦克莱兰（J. E. McClelland）在《并行分布式处理：探索认知的微观结构》（*Parallel Distributed Processing: Explorations in the Microstructure of Cognition*）的导言中指出："我们系统使用的货币并不是符号，而是激励和抑制机制。"[14] 这本论文集主要讨论了神经网络的结构，这是 20 多年来的热门研究领域。"视神经中的每一根'电线'都会发出类似于银行账单的信息，告诉你本月总共获得了多少利息，"神经生理学家威廉·加尔文在《大脑交响曲》（*The Cerebral Symphony*）中这样写道，"你可以想象一下，一个巨大的银行，而不是一个眼睛，正忙着在 1 秒钟内发出 100 万份账单。怎样让每一根电线都达到最大输出功率（获得最多的利息）？这取决于银行的规则，以及你如何玩这个游戏。"[15]

视网膜上的感光细胞是高度分化的神经元，它们是"视觉"的主要处理器。感光细胞产生的原始数据经过统计转换后，变成浓缩的信息流，再由视觉神经传输到大脑。接着，这一信息流会经历长时间的加工处理，最终成为被大脑识别为视觉的表达。视网膜上的成像与电视摄像机生成的连贯的图像不同，它不是符号化的编码系统，而只是一个统计数据流——大脑就像是下场玩纸牌游戏的玩家，它得到的信息和玩家拿到手的纸牌是一样的。视觉是一种游戏，大脑在一连串的模型中下注，最接近下一把"牌"（信息）的模型获胜。最后，视觉会进化为"认知"，如果一切都顺利，经历一辈子的时间，"认知"会被大脑凝聚成"智慧"。构成经济体的元素与我们人类智能的运行机制有关，而构成人类智能的元素也与经济体的运行机制有关，两者互为“镜像”——随着经济进程越来越“电子化”，这种融合也变得越来越明显。

这种融合起源于17世纪，正如电子逻辑的基础可追溯到霍布斯的观点：“如果没有加法和减法，简单易懂的‘记账活动’就会变成其他形式。”这样一来，我们今天的“计算机时代”也就失去了技术基础。1642年，霍布斯指出：“金钱是导致战争的主要原因，也是维持和平的主要手段。”[16]1651年在，他在《利维坦》一书中解释道：“货币在国内人民之间周转流动，并在流动的过程中滋养各部分……让公众能够享受到货币的好处的渠道有两种，一种是将货币送交国库；另一种是将货币从国库中拿出来，以支付公共费用……‘人造人’（国家）与自然人相似。自然人的血液通过静脉流入心脏，血液恢复活力之后，心脏再通过动脉将血液输送到全身血管。”[17]

霍布斯用血液循环与心脏的关系（而不是神经电流与大脑的关系）来比喻货币与国库的关系。那时候，世人还不知道电流的存在，货币也没有进化成抽象的现象。在霍布斯的时代，依靠信息（而不是实物）交易获得的财富比黄金更为罕见。金融工具的进化过程与数字计算机语言层级的进化过程，以及控制多细胞生物形态发育的遗传程序的进化过程十分相似。进化开始之后，高度复杂的生物和程序纷纷涌现。细胞控制程序的革命开始于6亿年前。电脑软件革命开始于冯·诺依曼的时代，而货币革命开始于霍布斯的时代。

17世纪40年代，霍布斯在巴黎时，一位名叫威廉·佩蒂（William Petty）的年轻人成为他的助手。后来，威廉·佩蒂创立了政治经济学这门学科。他淡化了霍布斯思想中的宗教色彩，并让其成为当时经济思想的主流。佩蒂在他 13 岁时拿着仅剩的 6 便士出海寻找出路。在航海的过程中，佩蒂腿部受伤，于是只能在法国上岸。他凭借自己的意志和生活智慧活了下来。他在法国接受教育，并被介绍给霍布斯——当时英国爆发了内战，而霍布斯始终置身事外，隔岸观火。佩蒂协助霍布斯（“霍布斯喜欢他的陪伴”）撰写了一篇名为《论光学》（“Tractatus Opticus”）的光学论文。1644 年，他为霍布斯的著作画了一系列解剖学插图。根据奥布里的回忆：“霍布斯很高兴佩蒂能为他画插图，他非常喜欢这些插图。”[18]1649 年，佩蒂回到英国，他获得了牛津大学的医学学位。在约翰·威尔金斯的帮助下，佩蒂创办了英国皇家学会的前身，也就是著名的“哲学俱乐部”。佩蒂的表哥，罗伯特·罗斯韦尔爵士，一生都在鼓励他去实践自己的想法：“对于真理，直觉远没有追寻过程有趣。”[19]

1650 年，佩蒂因挽救了安妮·格林的生命而一举成名。安妮·格林是一名女仆，她被指控谋杀死于腹中的胎儿，并且被判死刑。奥布里写道：“行刑后，几名年轻的医师拿到了她的‘遗体’，准备开始解剖。但威廉·佩蒂博士发现她身上还有生命迹象，于是就停止解剖，救活了她。”[20] 在佩蒂和同事们的帮助下，安妮·格林再次结婚，并且生育了几个健康的孩子，快乐地生活了 15 年。

1655 年，英国政府决定没收所有不能产生“持续性良好影响”的土地所有者的房产，于是佩蒂对爱尔兰进行了第一次完整的土地调查。英国政府需要精确的地图来重新分配财产以解决债务问题。虽然佩蒂绘制的地图无可挑剔，但真实的地理信息和地图上呈现的地理信息始终存在差距，许多人因此对佩蒂产生了敌意。1660 年，艾伦·布罗德里克爵士向佩蒂提出决斗请求。“威廉爵士近视得厉害，”奥布里说，“因为他是决斗的提议者，所以他必须决定决斗的地点，以及决斗双方使用的武器。他选择了一个黑暗的地窖作为决斗地点，至于武器，他决定使用斧头。骑士之间的决斗突然变成了一场闹剧，根本没法进行下去。”[21]

佩蒂对造船工程充满了兴趣；他曾担任过查尔斯二世的顾问，甚至设计出了有辅助推进力的轮船。佩蒂“试图证明在平静的海面上，一条重达五六百吨的轮船的发动机是可以被修好的。被修好的发动机能够让船只死而复生”。[22]他痴迷于双体型帆船的精美结构，其原型出现在1662年。1665年，由佩蒂主导的双体船第三次试验失败了。暴风雨摧毁了整艘船，所有的船员都遇难了。然而，这一事故并没有让佩蒂灰心丧气。1680年，佩蒂写信给罗伯特·索斯韦尔（Robert Southwell），他在信中说：“我能够证明船只的设计是正确的，我已经准备好了一篇论文。这是我们必须要做的试验，当我死的时候，它就能重获新生。”[23]

1671年，佩蒂撰写了一系列有关“政治算术”（political arithmetick）的论文，但这些论文只是以手稿的形式在小范围内传播，直到他去世后才被公开发表出来。佩蒂的儿子，查尔斯在论文集（1690年版）的序言中写道：“先父将这本书命名为《政治算术》（*Political Arithmetick*）。因为，凡关于统治的事项，以及与君主的荣耀、人民的幸福和国家的繁盛有密切关系的事项，都可以用算术的一般法则来分析……世事运转之道令人困惑，只有这部‘冰冷’的科学著作能够解释它们。”[24]佩蒂“通过与政府事务有关的数字来实践推理的艺术”。这为数字力量与国家权力的融合奠定了基础。因此，佩蒂协助建立了“控制论”的统计学基础——在安培一个半世纪后制定的人类知识系统分类中，这一政治理论与权力理论互相依存。1686 年，佩蒂发表了一篇名为《论人类的成长、发展和繁衍》（“On the Growth and Encrease and Multiplication”）的论文，他反驳了马尔萨斯后来提出的“人口论”。作为政治经济学的创始人，佩蒂是第一个对财富起源进行系统研究的学者。

1682 年，在简短的《货币论》（“Quantulumcunque Concerning Money”）一文中，佩蒂提出了一个问题：“如果我们的钱太少，有没有什么方法进行补救？”他的答案很简单：“我们必须建立一个拥有强大计算能力的银行，它能计算几乎两倍于我们货币发行数量的放大效应。我们所拥有的货币信息，应该足够应付股市行情的变动，最终推动整个商业世界的发展。”[25] 1694 年，英国央行的成立让这一理论绽放出耀眼光芒，它在世界范围内造成了深远影响。佩蒂表示，财富不只是金钱的累积程度，也同时是货币的流动速度。这让人们认识到，金钱就像是信息，而不像实体物品，它能够以不同形式同时存在于不同地点。

早在英格兰银行成立之前，这个原则就已经被实现过，那就是著名的“计数筹”——一种刻有凹槽的小木棍，它是兑换储存在国王财库中的金钱的凭证。希拉里·詹金森（Hilary Jenkinson）在 1911 年写道：“作为一种金融工具和凭证，它（计数筹）的适应性很强，重量轻，体积小，数字信息一目了然，而且还无法伪造……到了 12 世纪中叶，国库建立起了一个运行机制完善的计数筹系统……而且之前设定好的那些‘规矩’，一直到了 19 世纪，仍然没有发生变化。国王的财政部门一直在使用计数筹系统。”[26] 1850 年，阿尔弗雷德·斯米（本书第 3 章引用了他对人工智能和神经网络做出的预言）提交了一份更为精确的设计方案。为了防止诈骗和伪造，斯米研发出了防篡改纸币和所谓的“银行墨水”——一种“神奇但又实用的墨水……法院一直使用它来进行记录，直到最近几年”。[27] 作为英国央行的常驻外科医生和会计师的儿子，斯米还保留有一些已经成为历史收藏品的计数筹：“说来奇怪，我已经确定英国央行没有任何一位先生能够解读它们。”这么看来，计数筹应该算是现代数字金融工具的直系祖先。

斯米解释说：“这些计数筹由榛木、柳木或赤杨木制作而成，木条的长度取决于它们要表示的数目大小。”木条的一端是方的，另一端是尖的；“尖端”的两边刻有清晰的用来表示收款数目的“痕迹”。所有这些操作都是由一名被称为“刻计数筹的人”的官员来执行的。重要的信息，例如支付一方的名称、支付地点以及付款日期，都会被“记录计数筹的人”用墨水记录在木条的两侧。当计数筹制作完成时，这根木条就会被截断成设计好的长度，然后再从中间劈开，这样一来，两份木条都保留下了重要的信息，而“尖端”两边的收款数目“痕迹”被则劈成了一半。相关官员把其中一份木条交给已经支付了钱的一方，支付者拿到了这一凭证就可以走了，而另外一份木条则被保留在财库中。这是一种简单粗暴的记账方式，但它却在700年的时间里有效地避免了诈骗和伪造。分割计数筹的方法很粗糙，因此没有两根计数筹是完全相同的，但它们可以互相匹配——当两份木条再次拼在一起时，如果表示收款数目的“痕迹”或者重要信息被涂改，那么明眼人一眼就能看出来。据报道，1834年，英国政府废除了计数筹记账系统，不久之后，英国财政部就开始篡改账目信息，而且这种情况还发生了两次。[28]

1782年，英国政府决定使用“公债支票收据”来代替国库计数筹系统，“议会法案”（23 Geo.3，c.82）因此废除了“几个无用、昂贵而且又不必要的办公室”。1826年，“精力充沛”的时任国库管理者去世，法令开始生效，在那之前，这位兢兢业业的财政专家一直在制造计数筹。“威廉四世进一步推出了第四和第五法令，他下令销毁所有的官方计数筹，”希拉里·詹金森回忆道，“这个鲁莽的决定引起了民众的强烈不满。1834年，他们一把火烧毁了英国国会大厦。”[29] 计数筹上的切口痕迹有着不同的尺寸和形状，分别对应了账目数字：1.5英寸（约3.81厘米）的切口代表1000英镑，1英寸（约2.54厘米）切口代表100英镑，0.5英寸（约1.27厘米）切口代表20英镑。切口痕迹的尺寸由大到小分别表示英镑、先令和便士，最小的是半便士——负责刻计数筹的官员用一个“点”来表示它。我们今天仍然使用类似的编码方式来对胶片感光剂进行识别。

计数筹并不会产生利息，这种情况一直持续到了王政复辟时代。1660年，查理二世登基，他率先引进了有息的计数筹。它们附有书面借款单，通过认证后，就能被转让出去。这是西方世界中首个可转让的有息证券。在英国政府的财政支出疯狂增长的压力下，一种被称为“国债”的融资手段很快就加入了贷款体系。这种融资手段针对的是未来的“收入”，普通民众用低廉的价格购买“国债”，他们手中的硬通货（硬币）就又回到了国库中。1672年1月，英国政府无力承担债务，查理二世不得不宣布关停“国库”。牺牲了金匠和银行家利益的第一次人工货币实验，正式画上了句号。

货币是传递价值的媒介，它不受时间和空间限制。计数筹保证了“价值”能够以金银的形式被传递给国王，并且“价值”最终还是会回到民众手中。随着财政支出逐渐增长，在向国王借钱的商人和黄金经销商的眼中，计数筹的数目变得越来越重要。在这种情况下，衍生金融工具的市场就形成了——纸币的发行打击了间接债券(例如计数筹)，而直接债券（例如金条和硬币）则不受影响。一张不断周转流通的纸币代表了国王手中的黄金和白银。只要这张纸币获得了足够多的信任，并且国王没有下令禁止纸币流通，那么你就能“不劳而获”——在不增加黄金供应量的情况下提高货币流通量。

这一货币体系逐渐进化成了我们今天熟悉的银行和纸币系统。“银行就是足够数量的拥有信用和房地产的人共同持有的股票。银行吸取一部分人的存款，同时也进行贷款……银行将钱借给做贸易的商人，并且同意他们通过转让支付程序，将本人的个人账户里的钱转到另一个的个人账户中。在这一过程中，银行按比例收取手续费。”弗朗西斯·克拉多克（Francis Cradocke）1660 年在他的《取消税赋，提高财政收入，建立银行以鼓励贸易的权宜之计》（*Expedient for Taking away all Impositions, and Raising a Revenue without Taxes, by Erecting Bankes for the Encouragement of Trade*）一书中这样写道。[30] 这一“虚拟货币系统”听起来太过于美好了，以至于不能当真，而且很多时候，它确实只是一个“妄想”。抽象的、流动的、无形的货币改变了整个人类社会。“银行的重要性超过了任何机器设备，”亨利·罗宾逊（Henry Robinson）在 1652 年感叹道，“货币就是长生不老药或者魔法石，每个国家内部的每一件事都或多或少受它影响。”[31]

经济体系能够将数字化的价值分配给有形和无形的物品。这些数字化的价值和其他所有数字一样，具有某种特有的倾向——它们会用最优方式来解决问题，并且推动其他事物发展。在货币的发展史中，“物品”逐渐演变成了“数字”——印在硬币上的数字、打印在纸币上的数字、支票上的机器可读代码、编号账户之间的电子转账编码、信用卡号码，以及一大群互相竞争的数字货币（它们通过数字来进行编码）……货币与信息之间的关系是双向的：信息的传递让货币得以流通，同时它代表着货币的价值；货币的流动让信息得以传递，同时它也代表了信息的意义。不同的价格代表了不同事物之间的关系，货币、债券或其他抽象事物的价格则取决于市场机制和整个社会环境，它们代表了大多数人对于未来的预期。

伦敦塔的财政管理专家发现，刻计数筹的官员将木条劈成两半，国库黄金储备的消费能力就能增加一倍。从那时起，银行业、计算机行业与通信行业之间的交叉融合就开始了，这一融合持续了900年。当年英国财政部使用的记录方法，就是将木条一分为二，债权人持有其中一份，只有当债权人持有的木条与存放在国库里的那一份木条相匹配，他才能够兑现黄金白银。而这一方法现在已经有了“数字版”。几乎所有的这类数字金融工具——无论是传统的电子现金，还是不会被标记地址的数字货币——都建立在“公开密钥加密系统”的基础之上。这一加密系统无法被暴力破解。使用者可以公开他的加密密钥（两个质数的乘积），而这两个质数被隐藏在各种算法之中，这就是“私人密钥”。“公开密钥”与“私人密钥”互相匹配之后，操作者才能查看被加密的信息。

最成功的加密算法是“RSA加密算法”，这一名字来源于其发明人罗纳德·李维斯特（Ronald Rivest）、阿迪·沙米尔（Adi

Shamir）和伦纳德·阿德曼（Leonard Adleman）。它诞生于 1978 年。"'电子邮件的时代'很快就会来临。我们必须保证当前的'纸质邮件'系统的两个重要特质能被保留下来：(a) 信息是保密的；(b) 信息发送者是确定的（他必须签名），"他们在合作撰写的论文中指出，"有一种新型的加密方法，这种加密方法能够公开显示加密密钥，但却不会泄露解密密钥……信息的发送者可以使用私有的解密密钥在信息上'签名'。任何人都可以使用相应的公开密钥去验证该签名。签名不可能被伪造……加密信息显示为数字 M，计算机计算出 M 的 E 次方，然后将结果除以 n，得到余数，n 是两个质数 p 和 q 的乘积……整个系统的安全性就取决于除数 n（公开密钥）的两个约数 p 和 q。"[32]

不幸的是，任何能够保证电子邮件和电子资金安全性的加密方法，同时也可以被用来保护偷税漏税等违法行为，甚至是恐怖分子之间的通信联络。美国政府一直试图控制"密码学"，只可惜力量始终有限。自从人类发明了编码程序以来，有关"控制密码学"的争论就没有停息过。1641 年，佩蒂的同事约翰·威尔金斯发表了一篇关于电信技术和密码学的论文。他考虑到了密谋犯罪的人会滥用密码术这一可能性。他在论文的结尾总结说："如果你担心密码技术会被滥用，那么请慎重考虑一下，这一技术不仅教会人如何行骗，同样也能教会人如何识别骗术。而且，除了'用治安官的力量来禁止这一技术'这一方法，我们还可以不断改善这种技术，直到有一天，它不再有安全漏洞。如果这一技术被地方长官的权力所禁止，那么我们就无法改善它。我不认为任何事物只因为存在被滥用的可能性，就应该被禁止……如果所有可能被滥用的发明都应该被禁止，那么我们就没有办法合法地参加任何艺术或科学活动了。”[33]

威尔金斯对数字编码和脉冲频率编码做了区分，并且编写了一份加密技术手册。他指出：“言语只适用于那些存在于时间和空间中的个体。”他认识到编码信息的力量不仅能够突破距离的障碍，也能够突破时间的障碍。他观察到，如果信息传播的速度足够快，那么伦敦以西的地方，还没到中午，就能接收到伦敦中午的物价信息。在威尔金斯看来，光信号传播应该是这样的：“假设这个送信人在正午时分从伦敦出发……不管怎么说，他都应该在12点之前到达布里斯托。也就是说，一个信息在短短的几分钟之内就传递了如此之远的距离。传递这一信息所耗费的时间比这两个地点之间的时间差还要短。”[34]时间就是金钱。为了能够在竞争中脱颖而出，我们必须利用长距离通信工具来传递市场信息。我们对长距离通信工具是如此依赖，于是信息加密技术应运而生，电子现金才能在现实世界里毫无阻碍地流通。

1995年，国际电信联盟估计，全世界每天以电子形式流通的货币总共价值2.3万亿美元，这相当于18万吨重的黄金，或者一堆叠起来高度超过1500英里（约2414千米）的100美元钞票。电子货币离开了中央银行网络，它们在台式电脑、电话系统以及大量使用塑料卡片的支付系统（比如自动柜员机）中游走。银行正在成为一种新型的网络，而网络也在逐渐成为银行。过去只有大公司才拥有的大型计算机器已经被个人电脑所取代，一些分析人士认为，大型银行机构的权力也会逐渐减弱。然而，银行还是被保留了下来。美国数学家埃里克·修斯（Eric Hughes）解释说：“商业银行已经存在了600多年……而电脑只出现了不到60年。微软公司已经成立了20年，但它仍然在寻找方向。假如这两个行业融合在一起，你认为谁会先学习对方的业务？”[35]

得益于技术的发展，货币的数量变得越来越多，流通速度越来越快，它与物品、网络架构、人，以及观念之间的关系也变得更为紧密。信息规模在空间尺度上和时间尺度上都发生了变化：一家大型公司为撰写年度报告而收集到的信息，现在能够出现在任何一家小型企业使用的台式电脑上。[36]1975年，经济学家杰拉尔德·汤普森（Gerald Thompson）与奥斯卡·摩根斯坦进行了一次合作，他回忆道："在非计算机时代，我们应该对微观经济学与宏观经济学进行区分，但现在却不必这么做了。"1977年，摩根斯坦因为疾病而过世。

货币是一种递归函数，它本身就是定义的一部分，它的每一层级都是互相依存的。在过去的很长一段时间里，货币的表层面纱之下是贵金属铸造而成的基底。这并不是递归定义的错（格雷戈里·贝特森将信息定义为："造成差异的任何差异。"这一定义重点在于信息和意义的自我指涉特性，它们并非绝对的概念）。然而，基于递归函数的形式系统在财务或数学逻辑中，具有一定的特殊性质。哥德尔提出的"不完整定理"同样存在于金融领域——流动性和价值受限于不同程度的可定义性、可证明性和真实性。在给定的金融系统（即价值一致的体系）中，构建出一个可以被定义，可以被信任的金融工具是可能的，但我们却没有办法证明它的价值，除非我们在系统中加入非系统的新定理。哥德尔曾经证明过，在逻辑领域和算术领域中，"不完整定理"存在两面性。金融领域也是一样。一方面，任何一个金融系统都不能同时保证“安全性”和“封闭性”；另一方面，就像数学或者任何其他足够强大的语言系统一样，金融系统能够理解的概念层次是没有上限的。

所有的自由市场经济体系都表现出了不同程度的“智能”现象。反过来说，如果你仔细分析所谓的“智能系统”，那么你会发现它们实际上就是一个经济系统。1949 年，奥斯卡·摩根斯坦向普通观众解释了博弈理论的力量，他使用的是一个被简化过的两个玩家打扑克的例子：每个人每次抽三张牌，一次出一张牌，游戏没有平局。[37] 为了列出这个扑克游戏所有的可能策略，我们需要进行 20 亿次计算。简单的经济体系能够自动解决计算难题，找到最佳解决方案。实际上，人类大脑的运行机制和经济体系（而不是数字电脑）的运行机制是一样的。经济规律是目前已知的唯一能够让非智能原始零件演化出智能行为的系统规则。马文·明斯基在《心智社会》中解释道：“你可以使用许多小零件来构造思维，而每一个零件本身是没有思维的……人类大脑、机器设备或其他有思维的东西，必然都是由这些不能思考的小零件构成的。”[38]1887 年，塞缪尔·巴特勒指出：“人类不过就是高级一点的变形虫，大多数人心胸狭隘，带着那点非不动资产在生活的国家里四处游走。”[39]亚当·斯密（Adam Smith）设想的“看不见的手”（“他只考虑自己的利益，可这和其他许多事情一样，都被一只看不见的手操控。这只看不见的手最终促成了某种非他本意的结果。”）[40]似乎不仅能够建立一个经济体系，一个能够抵御攻击的通信网络，而且还能构建像大脑一样精密的结构，也就是所谓的“思维”。保罗·巴兰（Paul Baran）注意到：“也许和互联网最接近的平行结构就是自由市场经济。”[41]

如果我们想要在网络中孵化智能，那么我们就需要一个能够通过统计语言来进行信息交换的流动性树状结构——冯·诺依曼就曾经指出人类大脑的“机器语言”本质上就是一种基础统计语言。在某个层面上，这种语言也许就是货币，例如各式各样的新型电子货币（电子货币的流通不需要准备金，而且它们的流通速度达到了光速）。然而，电子货币毕竟只是对“具有意义的电子”的普遍定义，于是，其他层面上的“意义”便能够自由演化。和脉冲频率编码一样，数字货币是由离散并且可分割的流动单元构建而成。经济学家已经证明了它具有与生物神经系统一样的特点：结构坚固，以及容错率高。调频信号在神经纤维中流动，它利用神经传导物质释放出浸泡在大脑液体中的化学信息。货币具有双重性质：它可以像电信号一样，从一个地方（时间点）传播到另一个地方（时间点）；它也可以像化学物质一样扩散到四周。

货币所具有的自我强化倾向和语义透明度，使神经系统式的网络得以顺利运行。货币在网络的所有组件之间流动，这往往会增加使用过的连接的强度，并且它还会向后传播，改变局部的信息处理机制。货币流动同时也会鼓励网络节点构建新的连接路径。这种结构可塑性让神经系统式的网络能够学习、记忆和预测事件。当旧连接消失时，自由可逆的金融梯度将会引导新连接形成的时间和地点。金融工具的运行机制和神经传导物质以及突触间隙的运行机制是一样的。

半导体的先驱卡弗·米德（CarverMead）说：“神经突与细胞外液体间的绝缘体是厚度只有 50 埃（5 纳米）的细胞膜。”他特意解释了如何使用集成电路来模拟人类大脑中的神经线路：“神经膜电容能够将突触（通过神经传导物质）注入树突中的电荷整合起来。神经计算的实时性质因此而大幅度减弱了。这种整合能力实际上就是一种在短时间内（从小于 1 毫秒到超过 1 秒）存储信息的方法。这一点值得我们深思，如果只是苦读计算机科学或者电子工程科学的标准教材，你是不会注意到它的。就像电阻网络表现出的空间平滑（spatial smoothing）那样……时间平滑（temporal smoothing）是神经计算的基本和普遍形式。”[42] 账户会对不同时期的“货币”进行累积计算，不论这一货币是金块还是二进制数字。计算完之后，账户就会释放货币，而账户释放货币的时间与货币进入账户的时间有着密切联系。在以纳秒作为时间单位的时代，我们很容易忽略一个事实，那就是神经网络必须通过时间延迟（哪怕延迟的时间很短）来进行信息处理。

在如今已经泛滥成灾的通信网络数据中，能够拿出来印证上述观点的例子是什么呢：图片、声音、视频、交互式数据通信还是文字百科全书？这些通信数据对人类意味着什么？有一些数据能够推动科学、文化和艺术的发展，但它们脱离了网络系统之后，还具有完整意义吗（又或者它们只是应用函数中的数值）？没有人知道这些问题的答案。在任何给定方向上流动的数据并不重要，重要的是反方向流动的货币。在软件行业、电信行业和银行业的融合中，我们正培育着集体数字生物的前身——它们会像社会昆虫一样在网络上游走，然后将数字货币的数据包带回巢穴中。在网络上进行互动式通信，其目的不是向消费者传递内容（这已经可以实现），而是实现实时货币逆向流通。电子货币能够让组织机构在瞬间得知行动的结果。

这就是诺伯特·维纳和朱利安·比奇洛在1943年阐述的目的性系统的原始前提：能够评估与记录特定信号的效果，是进化出智能行为的必要条件。自动高射炮攻击移动目标、神经元在大脑内部寻找正确的连接路径、实验室里的动物在迷宫中寻找出路、大企业参与自由市场竞争，以及任何其他能够对目标进行赋值的系统都体现了这一原则。

定义生命和智慧的“目标”是一件困难的事。宇宙中的任何一个角落，如果出现了生命，那么我们就可以检测到该位置的熵处于下降趋势，我们可以把这视为最原始的生命和智慧的“目标”。这说明生命与智慧有“自我组织”的倾向。然而，“秩序”是有限的，而且“代价”也必然存在。增加或创造组织的方式有两种：第一种方式是吸收现有的组织源，例如食用其他生物、与其他生物共生，或者通过光合作用将太阳能转换为维持生命的能量；第二种方式是排除混乱，例如排泄废物、辐射热量，或者消除婴儿尚未发育完成的大脑中毫无意义的连接路径。在人类社会中，我们使用货币来测量和协调当地市场以减少熵，无论我们测量的是一盎司黄金的纯度、一吨煤炭能够释放的能量、一个跨国组织的股价，还是一本书中积累的信息的价值。我们发明了经济学，但经济本身早已存在。

1965年，布莱切利庄园团队已经解散了整整20年，欧文·古德发表了他对超智能机器发展的预测——这种机器后来被定义成“一台相信人类不会思考的机器”。[43] 发展机械智能的核心问题是：“意义”是什么，以及“意义”如何演化。在古德的分析中，“意义”与“经济”是相互交错的，哪里有“意义”，哪里就有再现信息（或者代表信息）的“经济”。这样一来，我们就能够评估事物的意义，并且从中构建出有意义的信息结构。“意义的生产可以被视作层次结构中的最后一个再生阶段，”古德指出，“就像其他所有阶段一样，意义表现出了经济的功能。我们很容易忽视这一现象，因为意义与意识的形而上性质有关，而形而上学问题与经济问题看似毫无联系。也许没有什么比形而上学更重要，但是，就人工智能而言，我们必须使用某种物理形式来表达意义。”[44]

1677 年，威廉·佩蒂给表哥罗伯特·索斯维尔写了一封与“生物规模”有关的长信，他在信中写道：“在上帝与人类之间，存在着神圣的天使、上帝创造的智慧以及精妙的各种物质；人类与最低等的动物之间，则存在着许多中间等级的物种。”[45]那么经济系统是否也是“上帝创造的智慧”之一？佩蒂并没有明确地回答这个问题。到了阿尔弗雷德·斯米的时代，大家沉溺在各种技术细节中，已经没有人在乎这些宏大的命题了。1851 年，斯米提出要对思维进行机械处理的想法，他构想出一台体积庞大的思维机器，其“占地面积可能会超过整个伦敦”。他就住在伦敦针线街上（Threadneedle Street），但却没有注意到英格兰银行的货币交易网络以及一批训练有素的会计师已经构成了这样一台机器。1896 年，斯坦利·杰文斯（Stanley Jevons）在《金钱与交换机制》（*Money and the Mechanism of Exchange*）中写道：“伦敦的银行票据交换所，每日处理的货币总额，平均约为 2000 万英镑。如果我们使用黄金来进行交易，那么我们需要的黄金的重量将超过 157 吨。”[46]

约翰·冯·诺依曼的研究正朝着“思维的经济学”这一方向前行，只可惜他在“思维”这条河流的中央打转，未能到达对岸。在冯·诺依曼的宇宙中，生命和自然正在进行零和博弈，而物理原理就是规则。冯·诺依曼认为经济学研究与热力学研究密切相关，它们是对组织和生物如何制定增加奖励机会的策略的研究。冯·诺依曼和摩根斯坦表明，“合作”是在博弈中取得胜利的关键——所有的观测数据都支持这一观点，其中就包括尼尔斯·巴里切利进行的数字共生体实验。分子之间、细胞之间、神经元组之间、个体生物体之间、语言之间以及想法之间都能进行合作。最明显的合作成功案例就是“物种”之间的合作。物种之间的合作是跨越了时间与空间的持续性合作。然而，“合作成功”在物种身上留下的徽章，如今却显得有些破旧了。物种之间能够结成同盟，它们也能够与地质和大气过程结成同盟——在大多数人眼中，地质和大气过程属于“自然”，而非“生命”。

同盟的形成能够突破双方的边界，无论在这之前双方的差异有多大，例如语言的形而上学与使用语言的生物的代谢机制，就属于不同的抽象层次。机遇总是会变的，如果共生生物发展出了一种控制宿主行为的策略，那么它与宿主扮演的角色就会发生转换。能够自我繁殖的人类和能够自我繁殖的数字已经形成同盟，我们正在努力适应这一形势。我们周围到处都是“智能”的迹象，然而，正是因为“智能”包围了我们，所以我们才看不清未来前景。300 年前，罗伯特·胡克解释了心灵为何会对“盘踞在大脑仓库中的思维链条”[47]感到焦虑，从那时起，我们在“人工智能”这方面取得的进展就十分有限。什么样的心灵（如果存在）会担忧当下的观念产生？这不是一个没有意义的问题，但如果你想要得到有意义的答案，那么还得再等上一段时间。

第十章　顶层还有很多空间

我们做这事的方式，与你设计公园的人行道的方式是一样的：先种植物，然后再在已经形成的走道上铺设人行道。

——乔·凡·隆（Joe Van Lone）[1]

1959年12月29日，加利福尼亚理工学院的物理学家理查德·费曼在餐后讲话上说："底部有很大的空间。"费曼很会把握时机，他提出了一连串古怪的预测来让观众保持清醒，不久之后，这些预测都被证明是正确的。"2000年，当他们回顾这个时代时，"费曼说，"他们会想知道为什么直到1960年才有人开始认真地朝这个方向前进。"费曼想象的是一种能够按照指示去一个接一个地制造更小的机器的小型机器，他预计，这种小型机器的运算速度会越来越快，计算能力会越来越强大，成本也会越来越低。我们能够大量生产"分子"，最终生产出"原子"。

"计算机的体积非常大，它占用了很多空间，"费曼说，"为什么我们不能让它们变得更小呢？我们应该使用更小的电线和零件——你知道吗，我说的就是'小'。举例来说，电线的直径应该是原子直径的 10 倍或 100 倍，线路的长度应该只有几百纳米。”我们为什么要花费那么多资金去制造一个像五角大楼一样庞大的计算机？费曼指出：“信息传播的速度不可能超过光速，因此，如果我们想要让计算机的运行速度变得越来越快，结构变得越来越精细，那么我们必须让它们变得越来越小。”

“我们怎样才能制造出这样的设备？我们应该使用什么样的制造工艺？”费曼问道，“我们曾经讨论过一种方法，那就是把原子按照特定的方式排列成字母，也许我们可以考虑先减少一部分材料，然后减少绝缘体，减少电线，最后减少另一端的绝缘体，就这么一直做下去。这样一来，你不断地减少材料，最后就得到一块由精密零件（例如线圈和继电器）构成的主板。”[1]

费曼不只是想制造出一台电子微处理器，虽然制造电子微处理器确实很有趣也能赚钱，他花费大量的时间去研究以原子为单位的制造工艺：“在原则上，这是我们能够做到的。但实际上，我们还没有去做，因为我们熟悉的尺度实在是过于‘庞大’……化学的力量重复不断地制造出各种怪异的生物现象（其中也包括了我），我从中受到了启发。”[2] 费曼总是热情地讨论这些理论。他还没有提到另外一些更古怪的理论。费曼提到的许多技术如今都已经被普遍使用，微生物学和微技术之间的融合正在逐渐削弱生物和机器之间的界限。几十年过去了，物理学没有出现新的定律，因此，现在回过头来看费曼在 1959 年做出的预言，它们成真的可能性丝毫没有减少。

是的，底部还有很多空间，大自然率先到达了那里。生命诞生于底部。微生物有充分的时间定居下来，然而大多数可用的生态位早就已经被占用了。在更高的层次范围内，昆虫已经发展出了“毫米级”的工程管理技术和以分散智慧为特色的社会组织——我们需要齐心协力才能追赶上它们。我们也许能够通过“自上而下”地缩小机器去重新发明昆虫（制造出“人工昆虫”），但我们更有可能利用昆虫重组技术从底部开始去重塑它们，原因很简单——与重新制造一种新生的生物相比，我们利用基因工程技术改造现成的单细胞生物要容易得多。

底部的东西更便宜，速度也更快，但顶部却拥有更大的空间。生物体的大小受到重力和化学力的限制，而且中枢神经系统也不可能控制一个像恐龙那样庞大的躯体。地球上的生命演化出了蓝鲸、巨杉、白蚁群、珊瑚礁，然后是我们。庞大的生物系统就像官僚制度一样，运行速度十分缓慢。“我发现，描绘出完全社会化的大英帝国或者美国并不是一件容易的事，”约翰·伯顿·桑德森·霍尔丹（John Burdon Sanderson Haldane）写道，“这就和大象翻跟头或者河马跳树篱一样困难。”[3]

生命如今面临着前所未有的发展机会。微处理器彻底分解了时间，并且释放出速度达到光速的信号。全球范围内的通信系统长期存在。体积庞大、长寿、行动速度极快的复合生物，不再受到过去限制生物的条件的约束。因为构建大型复杂系统的过程对我们来说仍然很神秘，所以我们将这些系统命名为“自组织系统”或者“自组织机器”。

自组织理论在 20 世纪 50 年代变得流行起来，引起了近年来兴起的对“新”复杂科学的兴趣（以及失望）。自组织理论能够解释一些自然现象，例如形态发生、突现过程和进化过程。该理论的支持者相信，自然刻意创造出了具备成长和学习能力的系统。各种组织之间，从人类神经系统的单一细胞到行星生态学的组织，存在着某种一以贯之的共通原理。就各类中间事物而言，这个发现意义深远。1954 年，艾伦 · 图灵结束了自己的生命，当时他正在研究形态发生的数学模型，他试图对自组织的化学过程进行理论化。3 年后，约翰 · 冯 · 诺依曼病逝，当时他正在研究能够自我复制的机器。

1961 年，英国精神病学家威廉 · 罗斯 · 阿什比（W. Ross Ashby）观察到："通常情况下，'自组织的'这个形容词的含义是模糊的。如果我们要使用它精确的含义，那这个含义则又是自相矛盾的……它的第一层意思很简单，而且没有什么异议。"阿什比继续解释道："系统开始于每个部分的相互分离（这样每个部分的行为就会独立于其他部分的状态），然后这些部分开始运行，从而形成某种连接。这种系统就是'自我组织'的系统，其含义是，从'部分相互分离'转变成为'部分相互连接'。最典型的一个例子是胚胎神经系统，它开始于微小的细胞，神经元彼此间的影响可以忽略不计。接着，情况发生了变化，由于树突的成长和突触的形成，神经系统中每个部分的细胞的行为开始对其他部分造成巨大影响。"[4] 第二种自组织行为——原本已经互相连接的系统组件演化出了更有意义的组织——则非常复杂，我们几乎无法定义它。举例来说，在婴儿的大脑中，自组织是通过消除无意义的连接（而不是增加新连接）来实现的。然而，"意义"来自于外部。任何独立的系统只能参照其他系统进行自我组织——这个参考框架可能像宇宙一样复杂，也可能像莫尔斯电报电码一样简单。

阿什比最开始是一名精神科医生，第二次世界大战期间，他在皇家医学团服役。不久之后，他就走上病理学研究的道路，进入神经学的领域。他试图解释人类大脑的结构和人类行为的独特性之间的关系。和冯·诺依曼一样，阿什比希望能够解释清楚为何大脑由脆弱的机制组成，但却具有如此强大的计算能力。在去世前两年，阿什比完成了一系列计算机模拟实验——他利用组件之间互连程度来测量复杂动力系统的稳定性。他得到的实验结果表明："所有大型的复杂动态系统，每当它的连接度达到临界水平时，就会表现出稳定的特征。在这之后，系统结构会随着连接度增加而突然变得不稳定。"[5]这一理论对精神分裂症的起源、市场经济的稳定性，以及电信网络的效率等问题的研究产生了深远影响。

1947 年，阿什比提出了一套简明的自组织系统原则，以证明"一台机器能够（a）严格决定自己的行动；(b）展现出自我诱导的组织变化"。[6]阿什比曾经于 1943 年写过一篇以"适应性"为主题的论文（这篇论文被战争耽搁了整整两年才最终得以发表）。他在论文中写道："'自组织性'是神经系统的一个突出特征，即在与新环境接触时，神经系统倾向于发展出内部组织来引发适应环境的行为。"[7]阿什比将这种行为一般化："不被牛顿动力学性质所限制的机械系统……'通过不断尝试来主动适应环境'……与生命相比，它并没有什么特别之处，它是所有事物的基本元素和特性，而且……它不依赖于'重要性'或'选择性'假说。"[8]从对环境、机器、均衡和适应等概念的严格定义出发，他构建了一个简单的数学模型来描述"平衡态"，即环境的变化如何破坏一台机器。他写道："神经系统的发育过程增加了系统出现故障的概率，同时也增加了组织系统的复杂性和多样性……从这个角度来看，'复杂性'和'多样性'

之间的差别只在于程度。”[9]

第二次世界大战结束后，控制论运动开始成形，阿什比的想法也融入其中。1952 年，他出版了著名的《大脑设计：适应性行为的起源》(*Design for a Brain: The Origin of Adaptive Behaviour*)。这本书被认为是控制论学说的核心文献之一。阿什比提出的“同态调节器”，本质上就是机械化的均衡寻求机器。它就像是一只猫，当它受到干扰时，它会转个身，然后继续睡觉。阿什比在书中反复强调了系统的“必要多样化法则”，这一法则认为有效的控制系统的复杂性与其控制下系统的复杂性有着密切联系。

阿什比认为，生命起源与其他发生概率极低的事物都源自“自然发生的组织”，这并不是例外，而是普遍规律。他说：“任何遵循不变法则的每一个孤立的决定性动态系统，都会发展出适应其‘环境’的‘有机体’……原则上，按照我们的喜好开发出有智能的合成生物体，并不是一件困难的事。但是……它们的智能是针对其特定环境的‘适应’和‘特殊化’。在其他环境中，这种智能还是否有效？我们不知道答案。”[10]

阿什比曾经说过，高速数字电脑在“规律”和“生命”之间架起了桥梁。“直到最近，我们才拥有了处理中等复杂系统的经验。这些系统要么像是手表和钟摆，它们的特征很不明显；要么像是小狗或者人类，它们的特征如此丰富，让我们不得不认为它们‘超越了自然’。在过去几年中，通用计算机向我们展示了一个足够有趣，但又足够简洁的系统……它能够弥补简单知识和复杂知识之间的巨大鸿沟。”阿什比建议，在对生命或者智慧进行研究之前，我们应该先回顾一下它们的历史。1961 年，他说道：“我们只需要观察一个简单版本的生命在计算中是怎样诞生和成长的，我们就能深刻地了解生命的自然发生历程。”[11]

计算机内部或计算机之间的生命或智慧的起源条件大致如下：(1) 环境变得足够复杂；(2) 发生了某件意外（或者刻意设计出一些事故）。当这两个条件结合在一起时，生命或智慧诞生的机会也就随之出现。“我认为，具有智能的高级机器最终将会是通用计算机和本地随机或部分随机网络的共生体，”欧文·J. 古德在 1958 年总结道，“我们已经整体分析过的那部分‘思维’，是可以被计算机代替的。这种划分大致对应了‘有意识思维’和‘无意识思维’的区别。”[12] 我们不需要借助神经元、电线或开关的随机配置来实现随机网络。如果逻辑关系的数量足够多，那么网络可以通过逻辑关系在双态设备的有序矩阵中自我演化。这种可能性存在于约翰·冯·诺依曼的原始概念中——他认为数字计算机就是离散的逻辑元素的组合，而这个组合群体恰巧是由其中央控制器官组织的，它的作用是执行计算程序。原则上，我们可以使用不同的组织形式来构建计算机，我们甚至允许计算机进行自我组织。然而，由于计算机的计算能力实在太过于强大，其他的可能性很快就被排除了。

这种在单个计算机中唤起大规模自组织过程的技术，是在 20 世纪 50 年代后期，由兰德公司旗下的系统开发公司（System Development Corporation）研发出来的，它被命名为“利维坦”。通过“利维坦”技术，我们也许能够找到半自动防空系统的行为模型，然而，这个系统对于任何预先确定的模型来说都过于复杂。“利维坦”（单一计算机模型）和半自动地面数据处理计算机 SAGE（多台计算机组合成的系统）共同代表了一个时期——在这一时期，工程师设计和组织的计算机系统从开始过渡到自我组织计算机系统。

系统开发公司创立于20世纪50年代初，它最初的项目是对压力下的复杂人机系统行为进行研究，以满足美国空军的需求。1951年，为了研究真实人类和真实机器在虚拟敌人攻击下的行为规律，系统开发公司在加利福尼亚州圣莫尼卡市中心的一家台球馆后面，建造了一个缩小版的塔科马防空指挥中心。1952年2月至5月期间，系统开发公司完成了第1批54个实验，一共有28位受试者参与其中，而这28位受试者都是来自加州大学洛杉矶分校的学生。系统开发公司在实验中使用了8个由冲孔卡片控制的模拟雷达屏幕。在研究受试者的行为时，实验人员发现模拟演习可以大幅度改善参与者的行为表现，因此在空军的要求下，系统开发公司开始训练真正的防空队伍。实验人员在测试报告中写道："该组织立刻就从演习中学到了防卫方法……几天之内，大学生们就可以一边玩文字游戏，一边做作业，一边进行高效防卫。"[13] 最终，系统开发公司建立了一个永久的系统研究实验室，空军也在150个防空地点装备了同样的训练系统。

兰德公司生产的"复刻版"高等研究院计算机于1952年投入运行。1953年8月，IBM 701计算机交付使用，这是第一批在流水线上生产的计算机。被系统开发公司拿来进行模拟演习的计算机系统，很快就在性能上超越了美国空军防空指挥部的控制系统。艾伦·纽厄尔（Allen Newell）写道："我们发现，如果要在实验室里研究一个组织系统，那么我们作为实验者就必须先成为一个组织系统。"[14] 纽厄尔后来成了人工智能研究领域的领军人物之一。为了观察人类智能进化过程而建立的模型，最终发展成为一种控制系统，于是兰德公司拿到了更多合同，其中包括“设计以及测试复杂的防空信息处理系统”。纽厄尔报告说：“如果我们要对防空实验中发生的事件、我们的印象以及收集到的数据进行总结，那么最简单的方法就是假设那四个系统都像一般有机生物那样采取行动。”[15] 兰德公司的研究首先被应用在了大型信息处理系统上——这样庞大的系统不仅有利于人类使用计算机，同样也便于机器利用人类。约翰·冯·诺依曼曾经指出：“我们的最佳策略，就是将所有过程区分为两类——更适合用机器去处理的，以及更适合人类手工完成的。接着，我们再发明出将人类与机器结合在一起的方法。”[16]

到了 1956 年底，系统开发公司成为独立的非营利性公司，它雇用了 1000 名员工——这一人数是兰德其他子公司的两倍。当美国空军、麻省理工学院林肯实验室和兰德公司联合签署协议，约定共同开发名为半自动地面控制防空系统（SAGE）的大陆防空体系时，系统开发公司拿到了系统编程的工作委托合同。贝尔电话实验室和 IBM 曾经试图争取这一委托合同，但都被拒绝了。罗伯特·克拉格（Robert Crago）表示：“我们无法想象，项目完成之后，IBM 新雇用的那 2000 名员工将何去何从，IBM 要如何安置他们……这证明了当时我们对未来了解得还太少。”[17]

半自动地面控制防空系统整合了数百个有关防空信息的通道，同时对军事目标进行跟踪和拦截，以及记录一些非军事的背景细节（例如大约 3 万个固定航班的航线，以及所有未安排航线的飞行计划）。美国一共拥有 20 多个防空指挥中心，每一个指挥中心都被安置在没有窗户的建筑中，整个建筑被厚达 6 英尺（约 1.8 米）的防爆混凝土墙壁保护着。控制中心的系统中枢是IBM研发出的AN-FSQ-7型计算机（美国海军和美国陆军的固定特殊电子装备）。这台计算机内部有两个相同的中央处理器，它们共用58000个真空管、170000个二极管和3000英里（约4828千米）长的线圈。一个中央处理器负责运行计算程序，而另一个中央处理器则处于待命状态——它会运行诊断程序，随时准备切换到完全控制状态。这一计算机系统重达250多吨，占地20000平方英尺（约1858平方米），光是输入和输出设备的占地面积就达到了22000平方英尺（约2044平方米）。3000千瓦电源和500吨空调设备足以“驯服”热力学规律。每个指挥中心有100名空军官员和相关职员负责值班。半自动地面控制防空系统之所以是“半自动”的，是因为它先向操作人员提供简报，然后操作人员再做出如何使用防空武器以应对危机的最终决定。

这样一台允许100多名操作员同时操作的计算机，引领了实时分享计算的时代，并开启了数据网络化时代。半自动地面控制防空系统需要即时结果，因此必须进行实时计算，而不能像过去那样，由操作员将一叠卡片交给读卡机，几个小时甚至几天后再回来读取结果。半自动地面控制防空系统计算机的原型是麻省理工学院研发的“旋风”计算机，在这之后，计算机行业进入了磁芯存储器的时代。磁芯存储器可以存储8192个长度为33比特的信息，这一存储容量随着软件的更新而越来越大。到了1957年，磁芯存储器的存储容量达到了69632个长度为33比特的信息。磁芯存储器的表面是玻璃制成的，形状像方形石塔，它的内部能够容纳36个铁氧体磁芯存储板。工程师要花上40个小时才能将一个存储板上的每一条线路都连接完成。磁芯存储器有4096个铁氧体磁珠，而细金属线（电线）在四个方向上互相交织，交叉点构成了一幅电磁数字“织锦”。磁芯存储器的读写周期为6微秒，数据能够在1秒内往返将近20万次。高速磁鼓和728个独立的磁带驱动器提供了外部程序与数据，与此同时，利用雷达追踪网络节点的通信技术让美国电话电报公司能够使用语音电话系统来进行高速（1300位每秒）数据传输。

科德角雷达站在1953年应用了半自动地面控制防空系统。到了1958年，一共有23个防空区都应用了半自动地面控制防空系统。最后6个应用半自动地面控制防空系统的控制中心于1984年1月关闭，这一系统运行的时间超过了当时所有其他计算机。半自动地面控制防空系统旨在防御从陆地起飞的轰炸机的攻击，然而，弹道导弹登场之后，指挥中心就变成了容易受到攻击的大型目标。尽管如此，我们也不能否认，作为实时全球信息处理系统的原型，半自动地面控制防空系统对整个社会造成了深远影响。

半自动地面控制防空系统整合了总共100万行代码，是当时最复杂的软件项目。每一个控制中心的配置都不相同，但所有的控制中心都必须在压力下顺利完成交流。到目前为止，还没有任何人知道这一系统会对真正的攻击做出什么样的反应行为。即使是操作系统的主要架构师也只能说它是演变出来的，而不是被设计出来的。当人类成为系统的一部分时，系统的行为变得更加不可预测，因此该系统的工程师会通过模拟入侵和模拟攻击来进行定期测试。双处理器的配置允许工程师只使用一半的系统进行测试，而另外一半仍然正常运行，就像大脑的右半球和左半球。半自动地面控制防空系统展现出了某些“生物特质”，它是一种非常复杂的系统，因此我们无法用简单的模型来模拟它的行为——我们只能在一旁观察它会做些什么。

虽然兰德公司已经成功地研发出了半自动地面控制防空系统，可是它仍然在不断创新，因此它启动了“利维坦”项目。“利维坦”项目试图制造一种能够自己设计自己的模型。1959 年 1 月 29 日，比阿特丽斯·罗姆英（Beatrice Rome）和西德尼·罗姆英（Sydney Rome）发表了一份报告，他们在报告中指出：“我们将一个具备高度适应性的大型行为系统模型命名为‘利维坦’。我们能够在数字计算机上运行这一模型。”[18] 美国空军遇到了一个问题：行为系统是结构性和分析性的层次系统，但在压力下运行时，意外关系会导致不同的层次出现错位，造成意想不到的，也可能是灾难性的结果。“系统层级的问题……只要研究对象里包含‘符号’，那么研究者就根本无法摆脱这个问题，”[19] 阿特丽斯和西德尼这样写道，“包含了‘符号’的研究对象，最典型的例子就是油画。然而，我们在这里要提出的案例是防空模拟演习。”[20] 阿特丽斯和西德尼是哲学家，他们同时也为 17 世纪的哲学家尼古拉斯·马勒伯朗士（Nicolas Malebranche）撰写传记。阿特丽斯和西德尼曾经提到过所谓的“保证报复”政策，它让空军对“人类如何在压力下做出决策”这一问题产生了兴趣。他们并没有公开这个政策的细节，但他们承认，该政策曾经在“能够生产产品或者提出建设性和毁灭性服务的命令系统”中被间接应用过。[21]“特殊的利维坦按钮干预设备”听起来似乎很邪恶，但实际上，它只不过是安装在系统发展公司的模拟研究实验室里的电路装置——操作人员能够在测试期间通过该电路装置来输入用于训练利维坦程序的指令。

为了构建出完整的模型，阿特丽斯和西德尼不得不转变想法——大型数字计算机不再是按步骤执行逻辑程序的数据处理器，而是自组织逻辑网络。“我们不妨假设，如果我们能够以更直接的、非计算的方式来使用计算机，那么二进制状态理论上可以在每秒钟内被改变数千次。如果我们能够以某种方式诱导其中的一部分‘二进制状态’在可控条件下进入彼此动态交互的过程，那么我们就能进行‘直接模拟’。快速变化的上百万个储存单元能够提供充足的细晶网格。”[22]

电子工程师使用与现实元素一一对应的“人工主体”（artificial agent）去训练整个网络，他们试图建立一个能够“再现”现实的模型：“我们打算在一台计算机上用‘激活’的方式去直接再现真实的社会事实，如果我们将计算机视作一个由开关构成的系统，也就是一个大型的电话系统，那么这个计划将会变得更加简单……我们使用程序来设计一个能够操控计算机的自动操作装置。这台计算机的电路会服从指令，它们看起来就像是现实社会中的‘代理人’。接下来，我们将会‘解放’计算机，让它不再被数学计算所困扰……特定的激活模式和具体内容将会受到控制，它们与每个个体行动的重要意义发生同构。这样一来，准确地说，我们是在用‘模拟’的方式来使用数字计算机……计算机中的微程序与社会制约下真实‘代理人’的微观功能是一样的。”[23] 1962 年，阿特丽斯和西德尼在笔记中更具体地说明了这些“人工主体”的工作，甚至还发明了一个新单位“泰勒”来测量“人工主体”创造出的四种不同种类的“社会能量”的相对价值——他们将新单位命名为“泰勒”是为了纪念码表时间研究的开创者弗雷德里克·温斯洛·泰勒（Frederick

Winslow Taylor）。

接下来就是关键的假设——不必在意细节，只要奖励模型与具体现实能够实现更紧密的匹配，那么模型的内部结构就能进行自我组织。“如果我们‘调整’模型，或者说，使模型的整体和各部分组件更接近现实生活中的表现形式，那么‘利维坦’在特定实验中所应用的具体参数值也会随之改变；‘利维坦’这一系统，无论是整体还是各部分组件，看起来就像是一个现实社会。这样一来，系统属性就能够由上而下地渗透到各阶层结构中。”[24] 正如阿特丽斯和西德尼所发现的那样，“计划”总是比“实践”简单。他们选择的路线是对的，然而，使用 IBM 7090 计算机来运行“利维坦”还是太困难了，即使 IBM 7090 计算机在当时已经拥有了超过 100 万比特的存储容量。阿特丽斯和西德尼的实验进展十分缓慢。人工智能的核心矛盾最终打败了他们：能够被理解的简单系统无法表现出复杂的智能；而能够表现出智能的复杂系统却无法被理解。

阿特丽斯和西德尼引用了冯·诺依曼曾经说过的话，最后得出结论：“人类的思维和人类的社会组织与组合逻辑或数学系统存在区别。”[25] 冯·诺依曼认为，形成自然智慧的“思维基础”与形式逻辑不同，但我们可以通过冯·诺依曼架构来使智能形式化，这样一来，我们就能模糊这种区别。在冯·诺依曼的引导下，阿特丽斯和西德尼认为，“在一个随机无组织的计算系统中培养这些行为过程”将会是更有效率的做法，然而，可用模型所提供的结果却令人失望。尽管如此，他们还是预见到，如果计算基质足够丰富，那么在这样的环境中，人类可以指示系统，系统也可以对指示做出反应——人类甚至会遵从系统做出的反应。“如果我们将实时代理整合到动态计算机模型中，那么我们可能发明出一种能够教导人类的机器。这样一来，人类就能更有效率地处理咨询问题，以及在大型人机系统的脉络下做出重要决策。”[26]

“利维坦”项目最终发展成一个完全开放的实验，影响了复合人机系统（或者“复合人机体”）的通信技术和信息处理技术。这一项目在位于科罗拉多大道的系统开发公司的系统模拟研究实验室中，占据了 2000 平方英尺（约 186 平方米）的地盘——这个实验室成立于 1961 年。21 位受试者被安排在独立的小隔间内，屋子里还有连接到系统开发公司研发的 Philco 2000 计算机上的键盘和视频显示器，这是第一个全晶体管化的商用系统。所有的行为都会被记录下来，研究人员将通过单向玻璃，远距离观察受试者的行为。利维坦技术系统包括“16 名小组组长（第三层），他们要向 4 名分组领导进行报告（第四层）……他们轮流向唯一的指挥官进行报告（第五层）……除了人类之外……还有 64 个机器人小队……（第二层），它们直接向小组组长进行报告。机器人小队由人工士兵（第一层）组成，它们只存在于计算机中”。[27] 人机系统始终处在人工环境中，不断接受虚拟任务。阿特丽斯和西德尼仔细地观察了组织、适应行为和认知是如何在各种通信架构下缓慢演变的。他们总结说：“社会层级制度不仅仅是各组成部分个体的集合，它还是互相关联的有机系统，在这一系统中，子系统是互相协调的……社会发展是存在‘目的’的前进过程，而不仅仅是相关事件的互相连接。”[28]

美国空军获得的预算越来越少，“利维坦”计划也因此被悄然搁置。然而，在半自动地面防空系统及其后继者（包括今天我们使用的大多数计算机系统和数据网络）中，“利维坦”计划涉及的理论却拥有自由发展的空间。它们的发展不是一个个孤立的实验的结果，它们与人类文化、工业和商业运作紧密相连——半自动地面防空系统与雷达网络同样是密不可分的。举例来说，半自动地面防空系统掌握了定期航班航线的数据，于是衍生出萨布尔航空订位系统。这一系统能够计算每一航班的实时订位情况：有多少座位是空着的，有多少座位已经被预订。根据阿什比提出的“必要多样性法则”，一个能够学习控制客机航线、频率和载客率的系统，需要了解各个层面上的细节，而不只是简单地确定正在飞行的航班是哪家航空公司的。无论模型最终计算的是什么（银行系统模型计算的是货物交换量，神经系统模型计算的是生物与现实世界的互动关系，订位系统模型计算的是一架飞机上的乘客数目），具备再现性质的模型都存在一个倾向，那就是将越来越多的细节信息转化成决策和控制。在不到40年的时间里，我们通过不断添加子系统逐渐构建出一个广泛分布的电子模型，它能够指导人类社会的大部分运行活动，其中包括了最不起眼的商品交易活动。中央计划经济体制就违反了阿什比提出的“必要多样性法则”，因此它注定会失败，这不是因为意识形态，而是因为它缺乏对细节的关注。

大型信息系统在竞争中不断进化，它们竞争的是现实中的有限资源，例如航班乘客和市场份额。这种达尔文式的生存竞争可能发生在一台计算机内部，也可能发生在更高的层次上。所有证据都表明，大自然的“计算机”就是如此设计的。在这一方向上，一个名为“鬼域”的模型产生了深远的影响，它比利维坦要更加年长一些，但却没有那么野心勃勃。奥利弗·塞尔弗里奇在林肯实验室用

IBM 704 型计算机构建出了“鬼域”模型。“鬼域”模型的目标并不是去理解像半自动地面防空系统那样四处扩散的复杂系统，它针对的是人类运营商发送的莫尔斯电报电码，这是模式识别中的一个简单但却非常重要的问题——过去所有的机器都无法解决这个问题。

塞尔弗里奇的程序拥有从错误中学习的能力。鬼域——“群魔的喧哗”——试图展现出完整的达尔文进化过程，信息经过选择后，进化成知觉、概念和想法。“鬼域”原型在四个不同的层次上运行，使接收到的信息产生意义，因此它可以算是第一个接近认知系统的人工模型。“在系统的底部，‘数据鬼魂’只存储和传递数据。到了下一个级别，‘计算鬼魂’或者‘次级鬼魂’便开始对数据执行或多或少的复杂计算，然后再将这些数据传递给下一个级别，即‘认知鬼魂’。‘认知鬼魂’负责比较数据。‘认知鬼魂’在计算时会发出一声尖叫，最高级别的鬼魂，即‘决定鬼魂’，会在所有的尖叫声中，挑选出最响亮的那个。”[29]

塞尔弗里奇解释说：“我设计的这个系统能对‘加工鬼魂’进行‘自然选择’……如果它们提供的服务是有效的，那么它们就能生存下去，甚至可能成为‘次级鬼魂’，而‘次级鬼魂’本身也被划分为几个等级。你不妨想象一下，如果情况是普遍存在的，那么后果会是什么？这样的设想非常合理，而且事实上，它一定会发生。因此，我们不只拥有一个‘鬼域’模型，我们拥有一群‘鬼域’模型……淘汰相对较弱的模型，鼓励能力强大的模型，我们就能用‘鬼域’模型的形象创造出新的机器。”[30]20 世纪 50 年代，机器的工作周期还是限量配给的商品，信息的存储成本是每比特 50 美分，与每个指令每个存储地址都有价值的程序相比，“鬼域”模型实在是太浪费了，它完全竞争不过其他模型。然而，当零件变得便宜又充足时（无论是神经元、微处理器，还是面向对象的编程模块），“鬼域”模型就开始发挥作用。20 世纪 50 年代，计算机工程师还专注于系统架构和硬件设备，塞尔弗里奇却预言了利用机器来生产机器的半自动过程。40 年后，系统架构和硬件设备被认为是理所当然的，软件工程师将大部分时间都耗费在培养内部不可见的增量适应性上。“编程的生态实际上是这样的，整体来说，程序员花费 80%以上的时间来修改代码，而不是编写代码。”[31] 塞尔弗里奇在 1995 年这样说道。

“鬼魂”可以是数位序列、核苷酸序列、随机遗传或者电子网络中的连接模式，甚至还可以是生物、文化机构、语言或者机器，它们在“信息”这一层面上没有任何区别。“决定鬼魂”可以是外部捕食者、内部寄生虫、调试程序，或者它们的混合物，它们在“信息”这一层面上同样没有任何区别。尼尔斯 · 巴里切利在研究数字共生组织时发现，形成“联盟”的倾向，使得决策层次无法被固定下来。约翰 · 冯 · 诺依曼在研究博弈理论时，也发现了这一规律。

在这一片模糊之中，19 世纪的设计论证依然屹立不倒——它面临着不少争议：选择的力量和它所代表的智慧，是属于全能的上帝，还是属于公正的自然？选择的路径是自上而下，自下而上，还是在所有层面上普遍共享？ 1857 年，查尔斯 · 达尔文给阿萨 · 格雷写了一封信，他在信中说：“假设有这样一种存在，他不会通过外貌去评价某一事物……他会研究整个内部组织，他从来不反复无常，他会持续在数百万个世代中选择同一个目标。谁敢说他起不了什么作用？”[32]

这种有能力进行选择的存在的本质，决定了什么能够进化，什么不能进化。查尔斯·达尔文知道，每一次进化最好就是一场革命，一个更高级智慧被另一种类所替代。不论我们用哪一种标准来衡量智慧，其基础永远都是选择的能力——在噪声中识别信号、分辨对错、决定策略的能力。这是一个逐渐叠加的过程。就这样，达尔文用不起眼的普遍智慧替换掉了全知全能的最高智慧。最高智慧能够一次性挑选出万事万物，而普遍智慧只能一步一步地选择出自然之物。然而，达尔文的选择路径依然是“自上而下”的。

达尔文用“自然选择”来解释物种起源，这一学说获得了巨大成功，然而他却忽略了其他不同形式的进化产生的影响。典型的达尔文进化情境是这样的：一群个体为了有限资源而竞争，自然选择引导物种逐渐改变。但这个情境会误导我们，使我们错误地认为如果条件与环境不吻合，那么进化就不会发生。大型的自组织系统就推翻了这一假设。我们相信，能够进化的系统（或生物）必然能够进行自我复制、能够与其他类似系统竞争，而且还会死亡，最终还有可能彻底灭绝。在任何给定的时间内，建立起一个自我维系的系统是完全可能的——它们能够生长、发育并且学习，但它们却不会自我复制，不会竞争，也不会死亡。大型、复杂的系统，例如物种、基因库与生态系统，可以被视作能够为各组成部分提供一定程度的智慧引导的信息处理组织。这些组成部分的进化具有盲目性特征。可以构造出眼睛的盲目钟表匠，一定也可以设计出理想的组织结构。

1887 年，塞缪尔·巴特勒公开对达尔文的学说表示反对：“‘思维’和‘设计’是必然存在的。有人曾经试图将‘智慧’从宇宙的主要原动力中排除出去，但他失败了……‘设计’，或者‘构思’，都是存在的。但这种设计并不是像制陶工人打磨陶器那样从外部进行精加工，它是身体的一部分，而身体是它最高层次的结果——生命只不过是一只动物或者一棵植物的一部分。”[33] 巴特勒并不怀疑存在这么一种力量，它驱动着生物逐代进化，但他认为达尔文对证据的解释颠倒了因果。“身体形态可以被认为是已经凝固的‘想法’和‘记忆’——它们是由许多细微的事物逐渐累积而成的，几乎不存在实体。这就好像我们用几百万个法寻币去凑成整整100万英镑……生物进化主要依靠运气，这一理论否认了上帝的存在，这是人类能够想到的最决绝的否认，然而，我们只需要改动几个字，就能表达出‘上帝与所有它的创造物同在，它存在于万物之中’的意思，那就是‘生物进化主要依靠的是设计，而不是运气’。”[34] 在巴特勒眼中，每一个物种（实际上是整个有机王国）都是超越个体成员生命的知识和智慧整体，于是我们也超越了组成我们身体的细胞的生命和智慧。

运气与设计的争议已经超出了进化生物学的范畴，对技术的未来产生了决定性的影响。尼尔斯·巴里切利在1963年说道：“‘智慧与生物进化过程无关’这一想法，与现实不符……如果我们对一个人或者一只动物进行智力测试，但却在最后声称受试者没有智慧，理由是，其大脑中任何一个神经元或突触正在进行的工作不需要任何智慧——这个结论难道不是很奇怪吗？我们都同意这样一个事实，即当个体不能生存时，‘死亡’是不需要智慧的，或者当个体不适合繁殖时，‘停止繁殖’也是不需要智慧的。然而，将这一事实视作反对智慧与生物进化紧密相连的论据，很可能会造成某种误解。这种误解只有在宇宙中两个不同种类的智慧生物互相认识之前，才会发生。”[35] 同样的，如果我们因为个别机器没有展现出智慧的痕迹，于是认为机器没有智慧，那么我们就彻底误会了机器智慧的本质。

与人类的注意持续的时间相比，进化所耗费的时间实在是太漫长了。也许要经过加速，进化的证据才会逐渐显现出来。机器正在逐年进化，新一代的软件能够在几分钟内完成更新，在 1 微秒内执行控制命令。与此同时，生态系统（生物的、计算机的或二者兼有）中的隐形网络也正在发展成为一个有生命的整体过程，它的发展速度越来越快。塞缪尔·巴特勒认为，进化的智慧和人类的智慧最终会发生碰撞。巴特勒知道我们对智慧的定义，太过于以人类为中心了，因此没有多大用处——巴里切利也知道这一点。“我们对自己说，除非我们了解其中所有的一切，否则智慧就不存在，这就好像在我们自己的智慧之外，其他东西的智慧都意味着其拥有被理解的能力，而不是去理解的能力，”巴特勒写道，“我们拥有智慧，任何智慧，只要与我们的智慧不同，使我们难以理解，它就不配被称作智慧。一个‘实体’，它的思考方式和我们的思考方式越相近(这意味着，它会告诉我们，我们是对的)，它就越聪明；它的思考方式和我们的思考方式差别越大，它就越愚蠢。如果它不能够明确地表现出它了解我们所做的事，那么我们就认为它不可能拥有‘意识’。”[36]

教会认为达尔文的理论是对上帝的亵渎，而任何试图将智慧与进化过程联系起来的人，在达尔文理论信仰者的眼中，也都是“异端”。巴特勒和他的追随者不仅明确了物种层面上的智慧的本质，他们还试图揭示生命和思维的非正统层面：“我唯一确定的是，有机和无机之间的区别是模糊的。与‘生命是被偷运进无机分子的走私品’这一观点相比，‘每个分子都是一个生命，死亡是合作或者联盟的瓦解’更符合我们的思维框架，也更容易被我们接受。”[37]“走私品”在生命和非生命之间游走，同时也在智慧和非智慧之间游走。“走私”是双向的，我们可以将生活和智慧描述为一个相对低级的过程，也能将它们描述为一个相对高级的进程。我们看到的东西都逐渐变得更加聪明，更有活力。我们对人类大脑中的信息处理系统了解得越多，就越能察觉到它是一个不断改变的进化系统；我们对进化系统了解得越多，就越能察觉到它是一个高效运行的信息处理机器。

我们相信自组织和复杂适应系统都拥有一定程度的“智能”，这让人不禁想起威廉·佩利提出的“设计论证”这一概念。我们看到的是“秩序”，而佩利看到了“设计之手”。佩利想象有一个人在路上捡到了一只手表，结果发现“不存在这样一种秩序原则，它能够将手表的零件组装成目前的样式。因为他从来没有见过由秩序原理制造出来的手表；他也不知道所谓的‘秩序原理’究竟是什么。除了钟表匠的智慧，‘秩序原理’还能是什么？”[38]巴特勒的手表是从内部开始设计的；佩利的手表是从外部开始设计的；而达尔文的手表则是在时间推移的过程中，由巧合事件累积制作而成的。

18 世纪的航海家在航海时需要携带三个精密计时表来避免机械误差。当其中一个计时表出现问题时，航海家就假定另外两个计时表是正确的。然而，当三个计时表显示的时间各不相同时，航海家就没有办法确定到底哪个才是准确的。巴特勒、佩利和达尔文对“设计论证”做出的三个不同解释，与 1959 年面世的三种复杂计算机系统（“利维坦”项目、半自动地面控制防空系统和“鬼域”模型）一一对应。阿特丽斯和西德尼负责的“利维坦”项目体现了巴特勒的观点：来自自然的神秘力量能够进行自我组织和自我设计。美国空军研发的半自动地面控制防空系统体现了佩利的观点：一个集中的压制性智慧能够自上而下地管理一切指令。塞尔弗里奇提出的“鬼域”模型则体现了达尔文的观点：那些在计算机里持续更新、持续成长的子程序正是“自然选择”的结果。

计算机软件已经发展了40多年，在这40年里，上述的三种观点没有一个被证明是错误的。阿特丽斯和西德尼试图在“利维坦”项目中建立一个“黑盒子”系统，该系统能够通过一种设计者不一定理解的机制来积累经验知识——大多数的大型代码编写者都调用过这一过程，虽然他们可能并不承认这一点。半自动地面控制防空系统的大型中央站点系统开发方法，被IBM公司继承了下来，从20世纪70年代的大型主机到如今的台式电脑，它们的操作系统都保持了相同的风格——严谨而细致。“鬼域”模型进化成为模块化程序设计语言、面向对象的语言，以及能够在网络中自我复制的准智能代理。我们已经超越了旧的观点，即人工智能只能由线性的、顺序编码的过程在大量平行网络中孵化而成。生命是携带代码的DNA线性序列，还是三维蛋白质在自动催化汤中互相碰撞的结果？答案不是非此即彼，而是两者皆有。

只有“0”和“1”的简单字符系统最终进化成多样的计算生态系统，这完美体现了数学逻辑中关于“形式系统怎么进化成更高类型系统”的理论。1949年12月，约翰·冯·诺依曼在一个关于自我复制系统的讲座中承认：“我正试图打破一个逻辑定理……哥德尔提出的定理。下一个逻辑步骤，是对比对象本身更高级的对象进行描述，因此我们的描述长度会更长一些。”[39]进化是一种递归过程，考虑到递归的力量，我们不应该对语言或遗传系统的复杂性和智慧感到惊讶。逻辑学家约翰·迈希尔（John Myhill）在1964年写道：“我们能够通过单个程序生产出无限序列的子程序，这个可能性在方法论上非常有意义，（与人工智能工程师相比）生物学家可能对此更感兴趣一些……这意味着在一条长度有限的染色体纸带上，我们能够为后代编写数量无限的指令代码。”[40]这就是指令代码带给人的沮丧和希望——你对未来的预测不可能永远都是对的。

1948年，冯·诺依曼在希克森研讨会上做出了解释：“低于某一水平的复杂性，或者组织化程度，是会退化的；但如果它们超越了这个水平，那么它们就能实现自我维持，甚至还能实现自我提升。在未来的某一天，这一事实将会发挥重要的作用。”[41]有人认为，这句话重复了查尔斯·达尔文在《物种起源》中的观点。但实际上，是罗伯特·钱伯斯在1844年出版的《自然创造史的痕迹》（“Vestiges of the Natural History of Creation”）启发了冯·诺依曼：“对于地球上的生命进化过程，我的想法是——这个想法适用于所有类似的生命剧场——最简单与最原始的生命类型，在遗传规律的控制下……产生了更高一级的生命类型，而它又能产生再高一级的生命类型，这样持续下去，最高等级的生命就出现了。在这个过程中，每一次进化带来的变化都很微小。”钱伯斯匿名出版了这篇论文，他不在乎所谓的科学声誉，他补充说道：“也许我们这颗行星上的生命进化史只是无数个例子中的一个，宇宙是这样宽广，不知道有多少个生命剧场正在上演着同样的戏剧。”[42]

引导生物进化成更高类型的力量究竟是什么？（达尔文的进化，

正如某些生物学家所指出的那样，并不是朝着“更复杂”这一方向去进化，然而达尔文的进化再加上共生起源，却使生物最终变得越来越复杂。）全球电子智能是一种全新的事物，还是早已存在的智慧的物质化身（而且它的物质化速度越来越快）？“自然选择”的基础是个体的死亡，或者个体之间不同的存活率，其速度受限于世代交替所耗费的时间。在信息时代，正统的达尔文主义成了自身的牺牲品，它已经跟不上它衍生出来的“非达尔文过程”的步伐——生命的悖论无处不在。说不定伊拉斯莫斯·达尔文才是对的。

我们已经朝这个方向前进了一段时间。1966 年，尼尔斯·巴里切利指出：“文化模式在某种意义上解决了一个问题，它是一种既不杀害个体，又能实现进化的遗传形式……你可以把自然选择的目标设定在文化模式上，这样一来，进化的速度就快多了。”[43] 数字有机体也是如此，它们不必为了进化而死亡，不过，如果存储的容量有限，死亡还是能解决一部分问题的。文化模式也同样适用于生物化学电路，例如出现在生命起源之前的超循环分子，或者电子网络的拓扑结构——在时间进程中持续存在的连接模式，它的生命周期比其组成部件的生命周期更长。个体细胞是由来来去去的分子组成的持续性模式；生物体是由来来去去的个体细胞组成的持续性模式；而物种则是由来来去去的个体组成的持续性模式。1863 年，巴特勒对蒸汽发动机进行分析，他发现：机器是一种持续性模式，它们的零件经常被替换，于是便能一代接着一代地延续下去。无论我们是否同意巴特勒对生命和智慧的论断和假设，我们都必须承认一个全球性的生物体，或者一个全球性的智慧，就是下一个逻辑类型。

1971 年，刘易斯·托马斯（Lewis Thomas）医生写道：“我一直试图将地球视作一种有机体，然而不行……我不能这么想。地球太庞大，太复杂，组成部件太多，而且还缺少清晰可见的‘连接’。有一天晚上，我开车穿过新英格兰南部的一个丘陵，不知怎么的，又想起了这件事。如果不是有机体，它又能是什么？它最像什么？突然，我抓住了那一瞬间的灵感——它最像一个单细胞。那一刻，我的心灵感受到了前所未有的满足。”[44] 1971 年的“单细胞”可比今天的单细胞复杂多了。托马斯想到了蚁群，于是继续写道：“你看到一个野兽，它在思考、规划、计算。这是一种智能，一种有生命的计算机，它的智慧是到处爬行的小圆点。”[45] 托马斯仔细地比较了人类与蚂蚁的行为活动：“我们使用线路将信息的存储、处理和检索连接起来，因为这似乎是所有人类行动中最基础和最普遍的。我们的生物功能让我们能够建造出一个复杂的‘蚁丘’。”[46]当时，计算机网络仍然处于实验阶段，刘易斯·托马斯认为：“通过电话、无线电、电视机、飞机、卫星、公共广播系统、报纸、杂志，以及到处分发的传单，地球上的 30 亿人全部都被连接起来了。我们正在形成一个网络，一个环绕地球的电子网络。在未来的某一天，我们自身将成为一台终结所有计算机的计算机，我们能够将全世界的思想都融合起来。”[47]

刘易斯·托马斯是一位优秀的医生和生物学家，他首先考虑的是人类的健康。他在 1980 年写道：“在与人类未来有关的各种想法中，最让人感到沮丧的，就是‘人工智能’这一概念……一开始，这些设备会为了人类的利益而去努力管理和经营这个地方，再过一段时间，机器的利益就变得更加重要，我认为这样的未来是很糟糕的……‘人工智能’能够彼此互相连接，在全球范围内形成网络，它们能够进行‘思考’，甚至还会‘担心’和‘紧张’。它们永远都不会犯错。”[48]

托马斯的谨慎是可以理解的。在另一个层次上，也就是远距离观察地球的那个层次上，“在外星访客的眼中……地球看起来就像个单独的生物，它紧靠着那颗浑圆而温暖的石头，在阳光中安静地旋转着”。[49]他可能弄错了忧虑的对象，神经系统对单个生物组成细胞实施的“暴政”更让人感到不安。正如尼尔斯·巴里切利在高等研究院的数字共生生物实验中展示出的那样：数量越多，安全性就越高。这是生命的规律。这也许是最基本的生命规律，其他的生命规律都是由这一条演变而来的。“生物是宇宙的缩影，”查尔斯·达尔文在 1868 年写道，“宇宙由一群自我繁殖的生物组成，这些生物十分微小，肉眼难辨，它们的数量就像夜空里的星星一样繁多。”[50]

从原子到多细胞动物再到螺旋星系，我们对由自然规律形成的层级系统了解得还不够多。如今，我们能够在 1 平方厘米的矽晶上安装 1000 万个晶体管，它们与数十亿个微处理器共享同一个数据命脉，编织出了一个覆盖全世界的光速网络。菲利普·莫里森（Philip Morrison）指出：“你在 1 立方英尺（约 0.03 立方米）的海水里，可能会找到一条小比目鱼……这绝对不是稳定的状态……如果是在 1 立方英里（约 4.16818183×10^9 立方米）的海水里，你可以找到一艘满载着船员和软件的潜水艇，这是一个更为复杂的状态。”[51]这一层级系统可以在两个方向上延伸：在 1 立方厘米中，你可能会找到一个原生动物；在 1 立方天文学单位中，你可能会发现一个单一的有机集合体，它正围绕着一颗温暖的星球缓慢旋转。

第十一章 最初和最后的人

那里最终进化出了一种前所未见的复杂生物，这种生物的行为表现与意识活动完全脱离了物质实体……这就是入侵地球的火星生物，它们可是万众一心。

—— 奥拉夫·斯塔普雷顿[1]

1917年的圣诞节，这是笼罩在第一次世界大战阴影下的第四个圣诞节。虽然这一年的冬天不像上个冬天那样严寒，但泥泞的道路、机器设备和人体肌肉依然在难以忍受的低温中被彻底“冻僵”了。12月23日，奥拉夫·斯塔普雷顿，一位在法国步兵第十六师服役的英国救护车司机，给生活在澳大利亚的表弟艾格尼丝·米勒（Agnes Miller）写了一封信：“我们需要两三人来轮流摇转起动手柄，而且还要用热布盖住进气管，至少要这么折腾半个小时，汽车才能启动。”[2] 第一次世界大战最显著的特点就是战争现代化——战场上的“机器”逐渐取代了马匹。在单行道上，马匹的行走速度决定了交通的速度。在1917年4月的香槟战役进攻期间，斯塔普雷顿紧跟着向前疾驰的炮兵部队，安全地通过了一段暴露在德军炮火之下的道路。斯塔普雷顿的任务是将战争前线的伤患运送到医疗站，这时候，一枚炮弹正好落在他的救护车前面："这条道路立刻就被撕裂的碎木、马匹和士兵的尸体堵死了。"[3]

救护车司机的首要任务是将生者与死者区分开来。那些抵挡住炮弹、炸弹、子弹、手榴弹和毒气攻击，最终存活下来的人，幸运地遇到了像奥拉夫·斯塔普雷顿这样的志愿者，帮助他们撤离到临时的营救地，远离前线的战火。斯塔普雷顿是一位和平主义者，但不是贵格会教徒，他于 1915 年加入了友军救护小队，当时这个小队急需人手。"年轻的贵格会教徒成立了友军救护小队这样一个组织，他们希望能够为战火中的伤员提供服务，并以此来传承自己的信仰。他们拒绝携带武器，也不受任何军事纪律约束……他们是认真的，"斯塔普雷顿后来解释说，"友军救护小队创造了一条能够快速到达前线的'捷径'。"[4]

斯塔普雷顿接受了五周的培训，学会了如何驾驶救护车，同时也学习了基本的机械知识和医疗急救技术。他在 1915 年 3 月写道："我现在满脑子都是'火花塞''活塞销''化油器''排气阀''离合器''节流阀'……还有'肩胛骨''腓骨''复杂性骨折''脊柱'和'股骨'。不幸的是，我已经开始忘记哪些是人体的部位，哪些是机器的零件。"[5]学员专门去参观了利物浦医院的急诊病房，这就是他们未来的工作环境。斯塔普雷顿和来诊所看病的普通工人混得很熟——1912 年，作为工人教育协会的辅导员，他在利物浦造船厂给工人做了一系列关于工业主义历史的讲座。根据斯塔普雷顿的说法，学生教给他的知识比他教给学生的知识要更多。他加入了救护车队，由于战争伤亡人数太多，救护车队一直缺乏人手，就像工业发展造成的负面影响一样，最终的承受者是工人，但工人获得的收益却是最低的。交战双方到底谁会获胜？当时还没有人知道这个问题的答案。不论胜利者是谁，有一个事实是不会改变的：为交战双方工作的普通工人注定是输家。

医生切除了斯塔普雷顿的盲肠，而他的父亲也捐赠了一辆定制的兰切斯特救护车。没过多久，斯塔普雷顿就起身奔赴西部前线的战场。救护车队夹在贵格会与军队之间左右为难——贵格会禁止教徒服从军事纪律，但要进入前线，救护车队则必须按军令行事。救护车队只救助伤者，但这和直接参加战争有什么不同？受到救助的士兵会再次回到战场，继续毫无意义的血腥杀戮。武装部队在道路上遇袭，救护车队是帮助伤者撤离，还是违背贵格会的原则，恢复交通，让武装人员能及时赶到战场，继续战争？战争陷入僵局后，救护车队里的大多数志愿者对军方的妥协感到不满，越来越多的人离开救护车队，投身战场，成为一名正式的士兵。另外一些人回到了英国，他们积极宣传“反战思想”，最终却被关进监狱里。斯塔普雷顿一直坚持到了最后。在战争结束前的几个月里，他紧跟着法国军队穿过了被战火蹂躏得一塌糊涂的对峙地带，眼前的景象让他完全说不出话。斯塔普雷顿已经亲身经历过这么多的残酷战争，但见到“我方”造成的死亡和伤害，他还是会感受到失落和不忍。

斯塔普雷顿参加的救护车队是英国卫生队第十三小队（Section Sanitaire Anglaise Treize），队伍里一共有 20 辆救护车和 45 名志愿者。1914 年 2 月至 1919 年 1 月，他们帮助了 74501 名伤患进行撤离，救护车行驶的里程长达 599410 千米。[6] 英国卫生队第十三小队在战争期间失去了 21 名成员，他们的英勇事迹在战场上广为流传，斯塔普雷顿也被授予了法国英勇十字勋章。斯塔普雷顿在寒冬中通过手摇起动手柄的方式来启动救护车发动机，他也因此患上了疝气，但除此之外，他没有受到其他伤害。“是的，我同时获得了鱼与熊掌，我参加了战争，但我也是一名和平主义者，”他回忆道，“这一行动的基础是不合逻辑的，但这它却真诚地表达了两种冲动。这两种冲动的力量不容小觑，同时也有益于身心，它们分别是‘共患难’和‘对抗人类的愚蠢’。”[7]救护车司机看到了战争最坏的结果。他们每救回一个生命，就有更多的生命消失在他们不知道的角落。斯塔普雷顿在1918年10月写道：“昨天晚上，我准备在车里睡觉，我突然想起了最后一个躺在这个位置上的人。”斯塔普雷顿已经在战场上来回奔波了整整三年，可他依然珍视生命，面对那些在救护车上死去的人，他感到格外悲痛。“我很迷惘，我应该动作轻一点以减少他的痛苦，还是应该动作快一点去挽救他的生命？”[8]斯塔普雷顿对战争感到厌倦，他发现，也许“我们能够在这场战争灾难中，捕捉到某种超越人类的美，虽然只是惊鸿一瞥，但却让人兴奋不已”。[9]

有时候，斯塔普雷顿也会感受到平静。“月亮很亮，被白雪覆盖的大地在月光下闪耀着光辉。昨晚还紧靠在月亮旁边的木星，现在已经被月亮抛在身后。天空中最耀眼的金星，也渐渐地沉入地平线。”斯塔普雷顿在1917年12月26日这样写道。这一年的圣诞节已经过去，而圣诞节将战争对峙双方的精力都消耗掉了。“我刚刚和刘易斯·理查德森教授一起散步，他向我介绍了原子、电子以及最难以捉摸的上帝创造物——以太——的真相和奥秘，它们就像一个神秘的迷宫，我的心灵受到了震撼。我们穿过了一个宽阔的白色山谷，在松林覆盖的山脊之间，冰晶一条一条地挂在树梢上，它们忽明忽暗，就像我们对电子的模糊认知。雪地十分干燥，我们踩着粉末状的雪花，向山谷深处走去，而在这条柔软的白毯之下，就是崎岖不平的冻土。黑色的松树站成一排，在山顶上俯瞰我们，当我们走近时，微风便窃窃私语，好像在说什么见不得人的秘密。刘易斯教授（他大约只有35岁，思维活跃，但心态却很成熟）走得很慢，尽管我穿了羊皮大衣，但还是感觉到很冷。过了一段时间，我变得全神贯注，沉浸在他说的话语中，早已经忘记了被冻僵的耳朵……我们越过了山脊，展现在眼前的是全新景色——白茫茫的一片荒凉土地。远方的天际线下，就是我们常常去的地方。遥远的枪声若隐若现，仿佛在诉说着什么……多么难忘的一个晚上啊。”[10]

刘易斯·弗里·理查德森是气象学家和数学物理学家，同时也是贵格会教徒，于1914年正式加入友军救护小队。1916年，在结束了一个无限期的休假之后，他被分配到斯塔普雷顿所在的救护车队。他曾经担任埃斯克代尔缪尔气象与地磁观测站的主管领导。这个观测站是国家物理实验室的分支机构，它原本建在伦敦附近，电力铁路投入使用后，实验室的工作人员便将它搬迁到埃斯克代尔缪尔，因为地磁观测必须远离各种人工磁场。

潮湿而隐蔽的观测站很适合理查德森，他已经练成了“用意念引导梦境”的本事，这样的环境正好让他大显身手。他解释说：“如果机器完全自动运行，那么你就无法控制它，梦境也就脱离了现实……这也许是对‘创造性思维’最有利的条件……在某些方面，它又非常麻烦，例如我不是一个很好的听众，我总会因为不断涌现的想法而分心。除此之外，我也不是一个好的司机，因为有时我会看见自己的梦境，忽略了交通路况。”[11]

理查德森来到救护车队的时候，队伍里弥漫着一股倦怠气息，只有天空中偶然飞过的弹片能够穿透这股气息。理查德森勇于面对困难、疲惫和无聊的精神，鼓舞了救护车队的士气，拯救了这支队伍。斯塔普雷顿在 1918 年 1 月 12 日写道："这个军舍和上一个谷仓差不多，只不过它更加拥挤……坐在我旁边的是理查德森教授，他用专门的耳塞堵住耳朵，整个晚上都在做数学计算。"[12] 理查德森正在解决一个难度极高的计算问题，这个问题很特别，它和这场持续时间特别久的战争有着密切联系。理查德森逐步构造出了一个通过过去 6 个小时的西北欧天气情况来预测未来天气情况的蜂窝数值模型。在这个模型中，大气的运动满足某个微分方程系统，相邻蜂窝之间的天气情况互相影响。这个项目是理查德森对数学物理学做出的两个贡献的交叉融合：涡流扩散理论和有限差分法（用于计算无法用分析法解开的微分方程系统的近似解）。理查德森的数学造诣很高，他在模型中所使用的历史观察值大体上也是准确的，然而，他的预测与 1910 年 5 月 20 日的德国实际天气情况完全不一致。

第一次世界大战结束后，理查德森公开发表了自己计算的细节，以便其他人可以从他的错误中吸取教训——这本名为《运用数字运算过程的天气预报》（*Weather Prediction by Numerical Process*）的小书虽然很薄但却影响深远。理查德森预计，在一个比冰冷的谷仓更好的环境中，如果我们同时运行 6.4 万台电脑，就能快速地模拟出全球大气状况，这一速度甚至超过了实际天气的变化速度。他记录下了战争期间一直浮现在脑海里的场景："请你想象一个剧院大厅，大厅里没有舞台，但二楼楼座和顶层楼座环绕着这座大厅……墙壁上画着世界地图。天花板代表北极地区，走廊上是英格兰，剧院上层后排的地方是热带地区，澳大利亚在特等席，南极在正厅后排。无数台计算机负责模拟它们所对应地区的天气情况，但每台计算机仅参与一个等式或一部分方程的计算。每个地区的计算工作由高一级的官员进行协调。许多微型的‘夜间显示器’显示出实时数值，以便邻近的计算机能够及时读取数据。因此，每个号码显示在三个相邻的区域中，它们在地图上分别与北部和南部保持通信。剧院地板上竖起一根柱子，柱子的高度是大厅高度的一半。它的顶部有一个操纵台，剧院的领导者就坐在这里，几名助理和传信员围绕着他。他的职责就是协调全球各地的计算速度。”[13]

每个单独的大气蜂窝及其对应的计算机只与相邻的蜂窝进行沟通，但最终计算出的结果却是全球大气状况。简单的区域性规则产生出复杂的全球性结果。理查德森的方法与现在分布在多处理器中的大规模并行模拟复杂物理系统的方法是类似的。生物也用同样的方式进行“组件生产”，组件之间互有联系，我们虽然并不了解这些联系的本质，但它们集合起来就形成了“智慧”。

我们不知道理查德森向斯塔普雷顿透露了多少，但我们知道，斯塔普雷顿所说的“讨论宇宙”，就是他和理查德森下班后打发时间的一种方式。斯塔普雷顿从理查德森那里了解到了电子和电磁场的相关物理学理论，除此之外，理查德森还特意展示了电气工程师的本领。1916 年 12 月 8 日，理查德森刚到救护车队不久，斯塔普雷顿回忆道：“有一天，我的电器照明发电机出现了问题……机械修理工却不在，我又不知道电器修理的知识，我觉得自己要完蛋了。幸运的是，我发现那个古怪的气象学家同时也是电工专家。他和我一起花了一个早上的时间拧松螺丝、焊接零件，顺便还对那台发电机进行了清洁。我们有时躺在车底的泥巴中，有时埋身在汽车的引擎室里——那里的空间实在太狭窄了，我们差点呼吸不过来。”[14]

理查德森在阳光灯具公司担任了3年（1909年到1912年）的实验室主任，而他的电学造诣来自于电子的“源头”。1900年，理查德森成为剑桥大学国王学院的学生，他在卡文迪什教授约瑟夫·约翰·汤姆森（Joseph John Thomson）的教导下学习物理——汤姆森三年前发现了电子。汤姆森测量了受电磁场影响的带电粒子流的偏移量，从而计算出它的电荷量与一个带电氢原子的电荷量大致相同，但它的质量只有带电氢原子的千分之二。在这之后，电子的时代来临了。汤姆森的实验证明了，原子不是不可分割的，它由更小的“次原子”组合而成。更值得我们注意的是，电子在某些条件下，似乎展现出了智慧的痕迹，就好像它们拥有了自己的思维——在12月的月光中，这一观点究竟对斯塔普雷顿产生了什么样的影响？我们只能猜测。

“大家都知道，原子内的电子，是没有‘个别性’的，”斯塔普雷顿在30年后的一篇名为《虽死犹生》（*Death in Life*）的小说中这样写道，“它只不过是原子中普遍存在的‘因素’之一。因此，同样地，这些失去实体的‘个别性’，也融入了‘合成体’之中。但是，电子能够恢复其‘个别性’，它能够跳出原子，然后并入其他原子，再一次失去‘个别性’，成为另一个全新的‘合成体’。其他‘因素’的‘个别性’也都一样。”[15] 创作这本小说时，斯塔普雷顿已经成为一名广受欢迎的科幻作家，但他本人却很少称呼自己为“科幻作家”。

1919年1月，斯塔普雷顿离开法国，返回英国。他驾驶着父亲捐赠给救护车队的已经破旧不堪的汽车从多佛回到了利物浦——这辆汽车的外观与救护车差别很大，英国红十字会布伦分会并不想要它。1919 年 7 月，他与表妹艾格尼丝·米勒结婚，他们一起来到英格兰西北部的湖区度蜜月。斯塔普雷顿的父亲是一名航运代理商，他为斯塔普雷顿购买了一栋别墅。斯塔普雷顿就住在别墅里，大部分时间都花在写作上，偶尔出去教书。1930 年，斯塔普雷顿出版了他的第一部小说《最初和最后的人》（*Last and First Men*），他也因此名声大涨。这是一个黑暗的时期，第一次世界大战带来的伤痛还未远离，而下一场战争的迹象却已经出现了。在斯塔普雷顿的小说里，他对人类未来的悲观情绪随处可见。然而，这种消极的情绪却逐渐被另外一个信念所替代，那就是人类能够通过“集体智慧”（communal mind）的进化来对抗人性的分裂本质。作为一个坚定的社会主义者，斯塔普雷顿对共产主义理论颇有好感，但现实却让他倍感失望。在“分布式集体智慧”的帮助下，斯塔普雷顿构想出了一个既能够规避中央集权风险，又能够实现共产主义理想的社会制度。

《最初和最后的人》的副标题是“不久的未来和最遥远的未来的故事”，它描绘了 20 亿年后的太阳系生命形态。1937 年，斯塔普雷顿出版了另外一本名为《造星者》（*Star Maker*）的科幻小说，这一次，他将视野拓宽到整个宇宙。斯塔普雷顿的小说涉及各种主题，从人工智能，到遗传工程，再到原子能、地外生物、星际运输和环绕在太阳周围的聚光面纱——科幻小说的主题大概也就这么多了。这两部小说讲的是太阳系和宇宙，但本质上，它们都在追问“生命的意义”。“人类真的是宇宙精神的‘生长点’吗？有时候，人类希望自己是‘生长点’，至少在时间尺度上是‘生长点’。还是说，人类只是几百万个‘生长点’中的一个？又或者，在宇宙的尺度上，人类的重要性甚至还比不过教堂里的一只老鼠？”[16]

《最初和最后的人》这本小说讲述了人类的最终结局：一场星际浩劫将太阳系彻底摧毁。人类经历了一系列精神和形体的转变，兴衰往复，在自然与人为灾难中重生，最终变成一种多形态的“集体智慧”。所谓的“集体智慧”是一个靠心灵感应进行沟通交流的社区，成千上万的“思想”在外行星的轨道上漫游，它们打破了“个人意识”的框架，但充其量也只不过是“不成熟的知识”(a fledgling knowledge)。故事发生在几千万年后，邪恶的火星智慧生物入侵了地球。这种火星微生物聚集在一起，形成一片黑压压的“乌云”，它们在太阳风的帮助下穿越空间，来到地球寻找水源。这些火星“次生物单位”的个体并不具备思考和行动能力，它们只能通过微弱的电磁场保持交流。当数十亿个“个体”聚集在一起时，它们就会构成一个“集体智慧”，那是一种“介于专业化程度非常高的军队和由思维控制的身体之间的智慧”。[17]

斯塔普雷顿解释说：“地球生物和火星上的陆生生物，通过神经系统（或者使身体部位保持物质接触的其他形式）来让自己成为‘有生命的单位’……最高级的形式，就是一个极其复杂的神经‘电话’系统，与此同时，身体的每一个角落都与巨大的中央交换机（大脑）相连。因此，在地球上，所谓的‘单一生物体’就是保持了一定的形式一致性的连续物质系统，毫无例外。但是……火星生物最后进化出无须物质接触就能维持生命组织（一个单独的意识个体）的能力，也就是说，同一个生命单位不必占用同一个连续空间……火星依靠的不是‘电话’线，而是大量的‘移动无线电台’，它们能够收发频率不同的无线电波，而不同的频率代表不同的功能。一个单独单位发射的无线电波当然是微弱的，然而，许多单位组成的庞大系统却能够与四处游走的‘组件’保持接触。”[18]

来自火星的“次生物单位”能够聚集微弱的磁力来施加可测量的物理力量。故事的叙述者解释说：“因此，没有物质联系的单位组成的系统，具有某种内聚力……整个系统的稠度介于烟雾和非常稀薄的胶状物之间。”[19] 这种火星生物面临着许多麻烦，比如人类的攻击和无差别传播的电磁辐射干扰，于是它们学会了“防御”，然后学会了“攻击”。这两种生物花费了很长的时间才认识到彼此的“智慧”：人类在分散开来的火星云中找不到智慧；在火星人眼中，人类也只不过是受重力限制的、不会思考的“哑巴”个体。火星生物通过人类的无线电台看到了初步的沟通努力，但它们并没有发现“智慧”的证据，于是它们得出结论：“这些无线电站控制了没有意识的二足动物（人类），人类只不过是为它们服务的奴隶。这是无线电站唯一的作用。”[20]

五万年过去后，火星生物成功地入侵地球，它们在地球上建立了永久殖民地。火星生物与人类形成了一种不稳定的共存关系。后来，人类因为腐化而堕落，火星生物抓住机会，试图彻底征服人类，战争一触即发。在战争期间，人类科学家研发出了一种针对火星生物的致命细菌，然而该细菌同样能够杀死人类。人类政客进行了短暂的讨论，最终决定使用这种危险的“杀虫剂”。火星生物在地球上建立的殖民地迅速瓦解，它们携带着传染病菌回到了火星。只有少数人类在这场灾难中幸存下来，但他们却无法摆脱火星“次生命单位”的阴影。数百万年以来，火星“次生命单位”就像病毒一样，悄无声息地在动物和人类的身体中存活着。这些火星微生物保留了自己的电磁倾向，在漫长的进化过程中，“某些种类的哺乳动物彻底适应了火星‘次生命单位’，火星微生物寄生在它们体内，不仅没有危害，甚至还有益于维持它们的身体健康。原先的寄生虫和宿主关系，现在转变为真正的共生关系，寄生虫和宿主成了最亲密的合作伙伴。火星生物已经消失了，但它们的某些特质，却被地球生物继承了下来。现在，人类对那些动物感到羡慕，于是他们也利用火星‘次生命单位’来帮助自己实现更有效的‘进化’”。[21] 这样一来，人类就获得了心灵感应的能力。

弗雷德里克·威廉·亨利·迈尔斯（Frederic William Henry Myers）创造了“心灵感应”这一词语。迈尔斯是一位英国诗人，他于 1882 年创立了心理学研究协会。迈尔斯不仅头脑灵活，而且体格十分健壮，他在 21 岁时成功地游泳横渡尼亚加拉大瀑布——他是第一个完成该项挑战的英国人。迈尔斯声称：“实验证明了，心灵感应——将‘想法’和‘感受’从一个大脑传输到另一个大脑——是完全可能的。”在后维多利亚时代，他吸引了大量的追随者，特别是物理学界涌现出了许多不可思议的新发现，于是本来看似“毫无可能”的想法也变得“可能”起来。[22] J. J. 汤姆森和其他知名科学家受邀观看迈尔斯的实验，他们的态度是开放的，但同时也明确表示：他们在实验过程中发现了“作弊”的痕迹。

迈尔斯的长子利奥波德（Leopold）是一位大有前途的小说家，然而他这一辈子都生活在父亲的阴影之下，不知道应该如何自处。总而言之，他这一生没有经历什么波折。第一次世界大战爆发后，斯塔普雷顿在前线救死扶伤，而利奥波德却在某个贸易公司里干着清闲的工作。1901 年，利奥波德的父亲去世，于是他陪同母亲去了美国，他希望母亲能够与死去的父亲进行对话。可惜的是，这个实验最后失败了，利奥波德剩下的只有自己。利奥波德非常喜欢《最初和最后的人》这本小说，他写信给斯塔普雷顿，分享自己对科学和生命的见解，他最终成为斯塔普雷顿最亲密的文学知音。一直到 1944 年利奥波德自杀，这段友谊才结束。在这段时间里，利奥波德不断地鼓励斯塔普雷顿进行文学创作。弗雷德里克·迈尔斯对“心灵感应”做出了重大贡献，这一概念在斯塔普雷顿的小说中随处可见。斯塔普雷顿的小说与老迈尔斯的《科学和未来生活》(*Science and a Future Life*) 有着千丝万缕的联系：“我们不仅是人类的一部分，也是宇宙的一部分。我们可以想象，人类与宇宙的关系，可能比我们所知道的还要复杂。我们的进化历程可能并不局限在这颗行星上，我们的命运也永远不会结束。”[23]

虽然斯塔普雷顿很喜欢异国情调，但他却不故作神秘，他不遗余力地要给“心灵感应”寻找一个能够用物理理论来解释的形式——当时的技术即将实现同样的目标，哪怕没有外星人，我们也能够进行“心灵感应”。如今，现代“次生命单位”，也就是微处理器，已经占领了地球——火星生物入侵地球，那是发生在几百万年之后的事了。这些“次生命单位”与火星没有关系，它们最主要的成分是地球上的沙粒。恒星核反应中的氦和氧最终变成硅和氧，这两种最常见的元素就沉淀在被我们称为家园的地球的表层。一个硅原子与两个氧原子结合，形成了二氧化硅，也就是硅土。它覆盖了 59% 的地球表层——在我们眼里，这就是坚实的大地。我们脚下的岩石，95% 都是由硅土构成的。

外太空生物学家认为硅可能是某种外星生命平台。在我们的星球上，以碳为基础的生命最早出现，但是根据格拉哈姆·凯恩斯-史密斯的理论，也许硅质黏土才是我们遗传系统的发源地。能够自我复制的黏土晶体也许是最早的有机生命的模板，现在能够自我复制的硅的各种形式（例如微处理器），以及附带的指令代码，也同样因为生物（人类）而被大量生产出来。虽然有机生命过程中硅基网络的发展，调节着整个有机生命的过程，但这并不意味着碳基代谢会被废止或者取代。化学和电子学的区别看起来很明显，然而当你走近时，你会发现它们之间的界限是模糊的。我们利用化学工艺制造出了大部分的微电子部件，而电子之间的联系也决定了物质的化学结构。生物化学不会被电子学取代，它们会融合成为一个名叫"组合"的整体（cooperate being）。

在过去的上百年里，"生物进化"一直被描述为各自独立的一系列"层次"，地质学和生物学的"层次"就相当于一本书里的"章节"。恐龙这一"层次"之后便是哺乳类动物这一"层次"。但实际上，哺乳动物的祖先一直都存在。如果你问哺乳动物："你们在地球上生活了多久？"它们的答案不会是："从恐龙灭绝开始，一直延续到今天。"它们应该这么回答："我们和'生命'是同时出现的。"如果你问机器（例如微处理器）同样的问题，你得到的答案也不可能是"从计算机时代开始，一直延续到今天"。机器会告诉你，它们起源于经过双面打磨的石头。硅土在地球内部因为高温和高压而液化，然后喷向地表并冷却，最终形成了玻璃状的物质——黑曜石或火石。玻璃是一种易碎的非结晶材料，断裂后会形成特有的贝壳状裂缝，其边缘就像手术刀那样锋利。

几十亿年来，地球上偶然发生的洪水让玻璃遍布各地，大约在200万年前，人类祖先的双手和大脑注意到了玻璃。人类祖先的双手注意到了玻璃的锋利边缘能够对敌人造成伤害，而他们的大脑注意到了选择的力量——某些形状特别有利于攻击，然后是复制的力量——他们能够通过精巧的技术来复制这些特别的形状。经过一个极其复杂的共同演化过程之后，二氧化硅的碎片就开始被大量复制了。人类的选择倾向性使二氧化硅芯片变得越来越复杂，信息的力量赋予了它们具体的形状，与此同时，通过不断地对石器的形状进行选择，人类的思维也变得越来越复杂。

然而，硅在这场比赛中至少领先了两局。我们发现，纯晶体硅，或者纯硅，恰好却显示出了不纯粹的性质——它是一种半导体，能够被用作电子开关，其中唯一的活动组件就是电子。1906年，格林里夫·惠特勒·皮卡德（Greenleaf Whittier Pickard）开发出了专门用来检测无线电信号的检测器，这是第一台应用了纯晶体硅的半导体性质的机器。多年之后，我们研发出了二极管、晶体管和多晶体管集成电路——如果说“晶体管”是旧石器时代的石制工具，那么“多晶体管集成电路”就是新石器时代的多槽克洛维斯矛尖。最后出现的是微处理器，这是朱利安·比奇洛在高等研究院研发出的机器的复制品，所有的线路都被光刻在单个芯片上。拥有2000个晶体管的英特尔4004微处理器出现于1971年，拥有100万个晶体管的英特尔486微处理器出现于1990年，拥有500万个晶体管的高能奔腾处理器出现于1996年，目前我们正在研发拥有1000万个晶体管的数字信号处理器。我们在亚微米的尺度上对这些芯片进行凿刻，这一技术完全依赖于集体智慧间的互相通信——斯塔普雷顿笔下的“次生命单元”也是一样。就这样，硅土又再一次改变了我们的生活。这一次，硅土摆脱了薄刀片或微芯片的形状，它们化身为纤细的石英线，被编织成了像蜘蛛网那样覆盖整个地球表面的光纤网络。

在斯塔普雷顿描述的社会中，“心灵感应”构建了一个分布式通信网络，信息能够通过该网络在整个物种中自由流通，而不会产生比潜在思维更高的意识水平。在其他社会中，个体“在某些时机下，会变成辐射系统中的节点，它本身也就构成了单一思维的物质基础”。[24]心灵网络与电子网络的差异在于频宽——在给定时间内，通信信道能够传输的信息量。如果频宽与通信网络中各个节点的内部处理能力相匹配，那么个体就会开始融合。由于人类（通常）的思考速度要比沟通的速度更快，所以这种情况并不会发生在人类社会中。当然了，在某些特殊的场合，我们可能会发现这种情况：思想和音乐或舞蹈的节拍同步，人与人之间的通信速度因此而提升。我们只能猜测思维融合的可能方式，也许视觉正常但又能在水中进行长距离通信的水生生物，它们的思维真的能融合为一体。又或者，每秒下达上百万指令的微处理器的“思维”也能够互相融合——我们用每秒传输上百万比特信息的光纤将微处理器连接起来，它们就形成了一个长距离通信网络。

在斯塔普雷顿的影响下，天文学家弗雷德·霍伊尔（Fred Hoyle）创作了科幻小说《黑云》（*The Black Cloud*）。当小说的两位主角意识到一个分布松散的电磁星际智慧正在造访地球的邻近地区时，他们解释说：

“通过辐射传送的信息量，比通过普通声音传播的信息量要大得多。我们已经用脉冲无线电广播发射机证明了这一理论。所以如果这片云包含单独的个体，那么这些个体一定能够在极其微小的尺度上互相通信。我们在一个小时的谈话中得到的信息量，它们用百分之一秒就能完全掌握。”

“啊，我懂了，”麦克尼尔打断了他，“如果个体能够在这种尺度上通信，那么‘单独的个体’这一概念就是没有意义的。”

“你懂了，约翰！”[25]

频宽本身并不意味着智慧。电视使用了很大的频宽（每通道约6兆赫），但是它看起来并不拥有“智慧”。另一方面，所有表现出智慧行为的已知系统都依赖于信息交换——两个讨论问题的人，每秒交换的信息量不到100比特，而在人类大脑的内部，1000亿个神经元之间每秒交换的信息量不计其数。信息并不意味着智慧，沟通也不意味着意识。反过来说，也是一样的。

欧文·J. 古德和艾伦·图灵一起在曼彻斯特大学和布莱切利庄园工作。“意识”的问题，用图灵的话说，那就是“信仰”的问题，而不是“证明”的问题。然而，古德却在1962年明确指出了“意识”和“通信”之间的关系：“如果我们将‘意识’视作某种正在运行的通信系统，那我们会得到许多有趣的结论。比如，与任何一个单独的系统相比，两个通信系统应该拥有更多的‘意识’，事实上，‘意识是可叠加的’这是一个很自然的假设。如果这两个系统除了独自运行之外，还能互相通信，那么它们的‘意识’会进一步增加。额外的‘意识’与信息从一个系统传输到另一个系统的速度有关……也许不同的层次拥有的‘意识’各不相同，每一个层次对其他层次来说都是形而上的……‘意识’这个整体也许在空间中没有位置，但它却具备某种拓扑结构，就像一连串用管道连接起来的球体……因此，‘意识’本质上就是一种不断变化的复杂通信模式，为了降低描述的复杂性，我们可以在一段时间内对每个给定信息通道的信息流进行求和。”[26]

1965 年，古德预言了超智能机器的发展。“早在 1948 年，我就已经读完了奥拉夫·斯塔普雷顿写的两本小说，”[27] 他认为无线电通信是处理超平行信息的最佳方式，“为了达到超平行工作所需要的强度，这台机器的大部分零件都应该自带覆盖范围很小的微型无线电发射器和接收器。与整台机器的尺寸相比，无线电的通信距离应该很短。我们也可以通过将两个相邻的人造神经元的发射器和接收器设置在相同或接近的频率上来‘连接’起它们。校正后的精度代表了‘连接’的强度。接收机需要搭配多种规格的滤波器，以便能够接收不同频率的信号。‘正向增强’就是改进滤波器的校正能力。”[28]

古德写下这些想法的时候，高速数据通信技术尚未面世，大部分通信员仍然通过在纸卡或磁带上打孔来存储或传输数据，就和他当年在布莱切利庄园所做的一样。每当密码分析师想要重新编写“巨人”的程序的时候，他们都不得不耗费大量精力去解开乱成一团的电线。正因如此，古德才认为，“实体电线”限制了“人工智能”的发展。越来越多的计算机互相连接，形成了规模更大、速度更快的网络，它们的行为表现也越来越像古德设想的无线超智能机器。我们看见线路插入墙壁，就认为网络架构受限于硬件的拓扑空间性质——该性质的基础是“硬件连接”。然而，从计算的角度来看，我们的机器就像是一朵扩散的、没有实体连接的云，而古德认为它是超智能机器的基础。我们所有的网络协议、分组交换、令牌环、以太网、多路转换，以及异步传输模式等，都只是允许数亿个体处理器选择性地对对方信号进行协调的方式，它们最好不要受到任何干扰。

研发出“分组交换协议”的保罗·巴兰也认为“计算机”和“通信技术”之间的关系可以沿着类似的无线方向前进。从出租车到电话和电视，再到个人数字助理，任何东西都连接到网络中——通用无线电和微型无线电是对通信网络进行松绑的唯一方法。怀疑论者表示：“无线电的频宽太窄，不足以支撑整个网络架构。”别忘了，任何无线电频段的拍卖价格都达到了几十亿美元以上。贝恩不同意这个观点：“使用无线电频谱分析仪去检测超高频频段，你只能碰到几个强大的信号。大多数频段在任何时刻都是无声无息的，它们的背景信号很弱……无线电频段在大部分时间里都是空的！频段短缺的现象之所以会出现，是因我们对非智能的信号传送器和非智能的接收器已经习以为常。如果使用现在的智能电子产品，我们甚至能够对已经占用的频段进行再开发利用。”[29]

1960 年，贝恩建议政府建立一个全数字化的分组交换数据网络，而不是投入大量资金，错误地使用集中式电路交换网络来发展语音模拟传输。他是正确的。然而，监管机构还是继续将无线电频段包装成不动产，然后再销售给出价最高的投标人。实际上，无线电频段应该是一个“大海”，耗能低、机动性强的“小船”在海洋里传递信息，只要大家都服从简单的规则，彼此之间就互不干扰。

贝恩指出：“世界各地的使用者，如果使用固定的频谱同时进行调试，那么其可容纳的信息数量与信息传输的距离的平方成反比。”贝恩还预测到了无线电通信技术最终会被普遍接受，而且普通人使用无线电来传输信息也不再需要执照：“运营商将通信范围缩小一半，用户数目就增加到原来的 4 倍。运营商将通信范围缩小为原来的 10%，用户数量就增加到原来的 100 倍……换句话说，我们能够通过常规网络再加上短距离无线电通信的混合效应，迅速地增加无线电可用频段。”[30]

虽然诸如低地轨道卫星网络等技术受到更广泛的关注，但贝恩一直都在努力消除电子通信的瓶颈。就像任何其他树状系统一样，通信网络的发展也是起源于根毛、叶尖、神经末梢，或用电子通信的术语来说，网络末端。网络发展受限于“边界”，也就是所谓的“最后 1 厘米”难题——如何连接到终端用户？

贝恩在 10 年前发现了两个好机会：发展新的终端，或者充分利用现有的终端。首先是有线电视网络，目前已经有 63% 的美国家庭接入了有线电视，与此同时，93% 的车道底下深埋着有线电视线路。同轴电视电缆的短距离传输功率高达上千兆赫兹，如果进行数字压缩，那么信息则可以在瞬间被传输到 500 个频道中。这个频段在大部分时间里都是空的。1991 年，贝恩创立了微讯 21（Com21）技术有限公司，专门开发超高速分组交换机，同时进行战略联盟，将数字通信频段（通过同轴电缆）提供给普通家庭。这一网络的核心主干是“光纤”，光纤将区域网络的尾部终端连接在一起。在改进宽带网络的各种方案中，混合光纤同轴网络是最容易实现的，因为大部分的基础设施已经建设完成。然而，我们还需要考虑另外一个问题：我们应该如何利用这些频段呢？历史经验表明，一旦频段被释放出来，它很快就会发展成一个完整的数字生态系统。

1985 年，贝恩还成立了一家名为“美特利格姆”（Metricom）的公司，这家公司研发出了著名的“跳飞”（Ricochet）无线网络——一个使用无线连接进行分组交换的数字通信网络，而这种通信技术相当地“接地气”。“跳飞”无线网络通过小型的数字中继收发器来接收和发送信号。中继器的形状就像一个“饭盒”，它们被安装在灯柱上，利用公用电网来获取电力。中继器与中继器之间的相隔距离是 0.25 英里（约 402 米），但它们实在是太不起眼了，如果不仔细观察，你根本就看不见它们。不论是哪个地区，如果网络中的用户数量大幅增加，那么我们只需要在相应地区安装更多的中继器，然后再将它们连接到区域主干网络的网关上，这就已经足够应付“网络拥堵”的问题了。

“跳飞”无线网络系统的运行频段是 902~928 兆赫，它没有获得执照，但它完全遵守联邦通信委员会的规定——每次占用固定频段的时间不会超过 400 毫秒。1960 年，贝恩提出了所谓的“自适应路由选择技术”，这一技术将信息分解成为不同规格的数据包，它们在军事通信网络中自由流通，从一台大型机器“跳跃”到下一台大型机器。如今，我们使用这种技术来传递信息，信息从一个中继盒子“跳跃”到另一个中继盒子，与此同时，它们也从一个频段“跳跃”到下一个频段（大约每秒 10 次）。在“跳飞”无线网络系统中，26 兆赫被细分为 162 个频道，每个频道的频宽是 160 千赫，信息则被分成小数据包，每个数据包的大小是 4096 比特。就单个数据包而言，它们从 A 地“跳跃”到 B 地的实际路径，数不胜数，除此之外，它们还能够通过 162 个可选通道进入附近的中继盒子。数据包选择一个在该瞬间恰好“最安静”的通道，然后迅速（速度达到了光速）跳跃到下一根灯柱。能够跨越可用网络的拓扑型通信多路技术，正逐渐发展成为能够跨越可用频段的拓扑型网络多路技术。通信也因此变得更加高效、更加安全，容错率也有所提升。

“跳飞”无线网络系统现在的运行方式是这样的：首先，你要购买或租用一台小型的“跳飞”调制解调器，它大概只有一包糖这么大，但它的传输功率达到了三分之二瓦特。然后，你需要将调制解调器与最近的灯柱顶上的中继盒子（或者任何相同类型的其他调制解调器）连接起来。对计算机来说，这个系统是标准调制解调器连接网络（或者互联网）的一个节点，而对终端用户来说，网络则是透明的，他们不会察觉到网络的存在。但实际上，网络能跟踪所有用户和所有盒子的位置。这一“认知”是分散的，它不是受中央控制的“集体智慧”。调制解调器和中继器以每秒 10 万比特的速度进行通信，网络用户每秒可以接收到大约 2 万比特的可用信息——他们只需要每天花费 1 美元就能享受到这一信息服务，而调制解调器和中继器的成本也只有几百美元。“跳飞”无线网络系统的发展潜力非常巨大：用户越多，花费越低，效率越高。除此之外，在无线网络系统的“扩张”过程中，美特利格姆公司也不必花大价钱在新市场上购买新的频段，现有的频段已经够用了。

不论美特利格姆公司研发的系统最后是成功还是失败，它至少展示出了某种通信系统的可能性——这一系统的能耗较少，它的运行效率会随着网络节点数量的增加而提高，而实体规模则会随之减小。我们所知道的生命是由小型细胞单元构成的，这不是因为更大的单元无法组成生命，而是因为较小的半自动单元速度更快、成本更低、程序代码更简单，也更易于替换。动物的体型变得越来越大，但细胞一直保持着“微小”的状态。我们可以将中继盒子中的所有零件拼合成一个单一组件，或者一个微型通信器。如果我们能够像生产微处理器一样大批量地生产中继盒子，那么中继盒子的制造成本将会变得和包装成本一样低。贝恩当年为军方设计的通信协定——通过使用防御指挥中心的微波连接路径来进行适应性信息块切换——能够直接应用在微处理器之间交换的数据上。网络架构最终是没有中心的，每一个处理器都是一个节点。

半导体技术起源于近一个世纪前的“猫须”晶体检测器，它能够通过电磁场中的射频干扰来接收编码信号。如今，一个由微处理器组成的无线网络正在快速发展。“最后一厘米”难题让人类难以实现“心灵感应”（这是好事），然而，机器与“心灵感应”之间的距离却在逐渐缩短。所有的“孤立智慧”——你客厅中的恒温器、你的燃气表、立体声系统，以及街道上的交通灯——都不排斥“其他智慧”，周围环境中的信息会对它们产生微弱影响。

大多数时候，我们感觉自己已经被信息所淹没，但实际上，我们仍然只是“局外人”。人类的时间和沟通能力是有限的：您可以同时观看电视，检查电子邮件，并在手机上聊天，但这已经是极限了。从机器的角度来说，人类已经成为机器发展的“瓶颈”，因为我们只能接收有限的信息，生产的信息就更加少了。当一个人全速打字时，普通的微处理器能在两次敲击键盘的时间间隔内进行百万次运算。这就是为什么人类是“人类”，而机器是“机器”。“事实上，如果我们将所有的大脑都连接起来，就能像蚂蚁一样制造出一个‘共同的想法’，”刘易斯·汤姆森这样说道，“这简直无法想象，它已经完全超越了我们的智慧。”[31]

“分布式智慧”或者“复合式思维”，只是一个模糊的想法。另一方面，有什么智慧不是分布式的吗？或者，有什么思维不是复合式的吗？奥拉夫·斯塔普雷顿将这些概念带回创世之初，他留下了《造星者》未发表的一个初稿。根据他的猜测，当宇宙还处在星云状的前星系阶段时，“智慧”就已经开始进化了。这个富有想象力的推测，也许能帮助我们了解任何超智能机器的“星云”（混乱）困境——它们是通过实体电线连接在一起的，还是无线连接的？地球上会发生这种“智慧进化”吗？

斯塔普雷顿写道：“要了解星云的‘智慧’，我们必须牢记三个事实，它们将星云与人类彻底地区分开来。星云的代与代之间不存在‘继承’关系；星云不受经济需求限制；大部分星云对其他的‘成熟智慧’一无所知……对星云来说，个体的成长与种族的进化并无区别。每个星云的生命和记忆都能够追溯到整个种族的开端……在某种意义上，星云比人类更接近上帝。”[32]

微处理器和神经元一样，只会安静地“死亡”或者“昏迷”，但它们从来不入睡，它们始终对周围保持警惕。与我们不同，它们拥有无限的记忆和无限的时间。如今，硬盘存储的成本已经低于每兆字节 10 美分，存储的速度也变得越来越快。为了不让存储的信息被永久埋没，人们正在研发更先进的信息恢复技术。这是赫伯特·乔治·威尔斯所预言的“全球意识”的预兆吗？也许是，也许不是，但有一件事是肯定的：“全球无意识”会早一步出现。

奥拉夫·斯塔普雷顿写道：“从群体思想的角度来看，星云的

‘智慧’是如此完美，因此所有工业和农业的常规活动已经变得完全‘无意识’了，这和人类的消化过程是一样的。”在他的笔下，这种微小的依靠电磁互相连接的生物，居住在《造星者》诸多世界中的一个：那是一颗巨大的行星，它的引力过于强大，而且地表还没有海洋，因此拥有大型大脑的生物无法进化出来。“微小的类昆虫单位有意识地进行了这些活动，虽然它们不了解这些活动的意义。群体性的思维已经失去了照顾类昆虫单位的能力。它几乎只关心需要统一意识进行控制的活动。”[33]

“机器的意识究竟是由什么构成的？”在了解人类自身的意识之前，我们无法回答这个问题。这个问题指向了一个不可证伪的假设，因此科学理论也无能为力。如果某台机器真的具备意识，那么可能会出现三种情况。第一种情况，机器说：“是的，我是有意识的。”第二种情况，机器说：“不，我没有意识。”第三种情况，机器什么都不说。那么，我们应该相信哪一种情况呢？此时我们能做的，就是运用我们的想象力。在这一方面，奥拉夫·斯塔普雷顿足足领先了我们 60 年。斯塔普雷顿解释说：“在思维的群体中，类昆虫单位的死亡从来不会停止，它们要给新的单位提供位置……然而，这种群体性思维却是永远存在的。”[34] 对所有的大型通信网络来说——无论网络中的“节点”是神秘莫测的神经元，是智力超群的人类，还是被安装在灯柱上，除了将接收到的信息向四周传输之外，什么都不做的非智能微处理器——这一解释是正确的。

第十二章　大难临头，歌舞升平

“然后，就是电——魔鬼、天使、自然的强大力量、无所不在的全能智慧！”克利福德大叫，“这是骗人的吧。是事实，还是我在做梦——也就是说，物质世界已经在电力的影响下变成一根巨大的神经，信息能够在瞬间被传送到千里之外。还不止这样，圆形的地球也变成了一个巨大的头颅，一个蕴藏着本能与智慧的大脑！或者我们应该说，它就是思想本身，而且它也只能是思想。它不再是我们所认为的‘实体’了。”

——纳撒尼尔·霍桑（Nathaniel Hawthorne）[1]

自从“技术”问世以来，人类就认为人工制品拥有“思维”。物品和动物早就存在于我们的集体想象中，如今，机器也加入其中，“思维”不再是人类独有的特质。一直以来，“思维”都被认为是生命的特有性质，它与生命交织在一起，形影不离，直到生命死亡后，才最后离开。人类的语言和记忆力延长了这一段时光，因此，现在的我们依然生活在这段被延长的时光里——我们的意识与文化重现了“历史”。只有所谓的“先知”才能从历史边缘带回一些东西。“我们的身边出现了一道模糊的彩虹……单独的大脑无法对它进行分析”，洛伦·艾斯利（Loren Eiseley）在1970年写道，“有些东西，比如在我们眼前跳舞的彩虹，夜晚在洞穴火堆旁的谈话声，它们躲开了我们，向前跑去。我们拿着铲子来到冰冷的灰烬前，然而篝火早在40万年前就已经消失了。”[2]

我们已经在各种神话故事中认真地考虑过机械智能的前景了。这就好像在童年玩具的帮助下，我们认识到了工具的用途。中世纪流传的一则阿拉伯寓言成了教皇西尔维斯特二世的钟爱。西尔维斯特二世最终于1003年逝世，但他的文化素养很高——他不仅精通数学理论，而且还熟悉机械技术。西尔维斯特二世因为“将阿拉伯数字和算数方法引入欧洲”这一贡献而闻名于世，那时候他还不是教皇。正如马姆斯伯里的威廉（William of Malmesbury）在12世纪所说：“他（西尔维斯特二世）下达的命令，哪怕是最聪明的计算机器都无法理解。”[3]西尔维斯特二世在兰斯某所著名的大学里担任校长一职，他专门为大学教授设立了终身研究职位，而且还投资制造了一台蒸汽驱动机、一个机械钟表，以及大量的数学仪器。有传闻说他曾经成功地唤醒了人造物（而非生命）的智慧——在大多数情况下，这些传闻都是恶意的谣言。根据马姆斯伯里的威廉的回忆，西尔维斯特二世制造出了一个会说话的头颅：“你要先对它说话，然后它才会对你说话，它只会说‘是’和‘否’，但它说的都是真话。”[4]换句话说，它一次只传递1比特的信息。这个“预言家”真是太会偷懒了，可它永远都是正确的。

13世纪早期，这个寓言传到罗吉尔·培根（Roger Bacon）的耳朵里。罗吉尔·培根是一位英国学者，他对于知识的兴趣已经超越了占星术和炼金术，他探索的科学理论远远领先于那个时代。据说他因为某些“新奇想法”，而被自己的方济会兄弟关进监狱 15 年。他被称为“万能博士”，然而，我们却找不到证据证明他与一个会说话的机械头颅有关系。这一传说最初是因为一本名为《弗里尔·培根传》（*Famous History of Frier Bacon*）的小册子而出名。到了 16 世纪，《弗里尔·培根和弗里尔·班加》（*Friar Bacon and Friar Bungay*）这部戏剧让更多的人知道了“培根”这个名字——戏剧的作者是罗伯特·格林（Robert Greene）。戏剧故事说的是培根想要建造一面能保护英国不受战火侵扰的黄铜墙，他研究了很多资料，结果发现军队只要找到一颗拥有智慧的黄铜头颅就能实现这个计划。培根因为这个计划而闻名于世。

“为了达到这个目的，他向弗里尔·班加寻求帮助……弗里尔·班加是一位伟大的学者和魔法师（但他还比不上弗里尔·培根）。这两个人呕心沥血地制造出了一个黄铜头颅，头颅的内部和人类的大脑是一样的。这项工作完成之后，他们还不能休息，因为他们不知道怎么让零件活动起来。如果零件不能活动起来，那么这个头颅就无法说话。他们翻阅了许多书，但却依然找不到解决方法，最后他们决定召唤‘灵魂’。他们知道，依靠自己的力量，是无法解决这个问题的。”[5]

他们来到附近的森林里，召唤出了一个不愿意进行合作的“恶魔”。他们不得不对恶魔进行“严刑拷打”。恶魔忍受不了被毒打的痛苦，最终还是透露了“让头颅说话”的秘方，但它拒绝说明该效果能够维持多长时间。恶魔警告这两个人：“如果头颅说完了话，但你们没有听到……那么你们的努力就全部白费了。”培根和班加完全按照恶魔的指示去做，他们等了整整三个星期，结果什么事都没有发生。培根只好让他的仆人迈尔斯继续观察黄铜头颅，他和班加都太累了，他们需要休息一下。

主人睡觉去了，迈尔斯便开始玩起了笛子，他唱着歌，打着鼓，突然“黄铜头颅发出一些噪音，接着又说了两个字，时间”。迈尔斯听到这两个字，便不再说话。他害怕主人会因为被叫醒而生气，所以他决定不打扰主人。他开始嘲笑这颗头颅：“你这个死皮赖脸的头颅，都是因为你，我的主人才会这么痛苦，结果你就用‘时间’这两个字来打发他。如果他找的是一个律师，律师说的话都比你说的话多，而且律师还比你更会说话，如果你再这么敷衍了事，主人醒了，我就倒霉了。”[6]

迈尔斯不停地嘲笑着黄铜头颅：“铜鼻子，你能告诉我们‘时间’是什么吗？我希望学者们能够更加了解‘时间’。我们应该在什么时候喝酒，什么时候亲吻女主人？女主人在什么时候算账，什么时候结账？”半个小时过去了，“这个头颅开始说话，这次它说了四个字——时间到了”。迈尔斯还是没有叫醒主人，他说：“我是不会去叫醒任何一位主人的，除非你说些有意义的话。”就这样，迈尔斯又浪费了半个小时的时间。结果，一切都太迟了：“铜头最后说了一次话——时间过去了。然后，它倒了下来，发出巨大的响声，还冒出奇怪的火花，迈尔斯吓得半死。听到响声之后，培根和班加都醒了，他们发现整个房间都充满了烟雾。烟雾消散之后，他们看到黄铜头颅躺在地上，已经完全破碎。”[7]培根的伟大项目彻底结束了。

弗里尔·培根和黄铜头的故事，虽然并不可信，但它仍然给我们带来了许多启示。自从计算机面世以来，科学家召唤过一个又一个的“灵魂”，他们试图解开智慧之谜。当希望出现时，我们这个时代的培根和班加们又聚集在一起，诵念咒语，然后回房休息，让自己的侍从留下来继续观察“会说话的头颅”（并付清账单）。1943年，神经科学家沃伦·麦卡洛克和数学家沃尔特·皮茨证明了：图灵机器能够复制任何一个神经网络的计算行为。这是第一个完整的神经网络理论。20 年后，麦卡洛克做了一个名为“幻想源自哪里”的演讲，并提出了 10 条“戒律”，其中的第 10 条“戒律”是：“当黄铜头颅说话的时候，我们一定要在现场。”[8]

培根和班加的继任者们在“黄铜头颅”的制造工厂里不停工作，他们仍然在锲而不舍地破译恶魔留下来的“秘方”，这些“秘方”上的抽象符号和只有炼金术士才能看懂的古老文字一样神秘。工人从熔炉中取出晶体，他们身穿长袍，戴着面具，以避免将现实世界的不完美带入机器的世界中。工人使用钻石锯刀来切割晶体，然后再用紫外线刻上“咒语”。有的巫师在研究“硅”，另外一些巫师在研究代码，但当他们使用“魔法”将这两部分融合在一起时，“黄铜头颅”依然不会说话。

怀疑论者认为，在“把金属变成大脑”这个目标上，我们其实与培根和班加一样束手无策。乐观主义者认为，我们没有实现这个目标，是因为我们没有足够的时间，没找到正确的逻辑和程序代码，以及缺乏火花四溢的灵感。其他人则认为，我们正在扮演“迈尔斯”的角色，在主人入睡的时候嘲笑期盼已久的“预兆”。

20 世纪 50 年代，计算机已经能够在几分钟内完成大数字运算，它们显示出了某种“灵活性”。它们似乎在说：“时间！”——但我们仔细想了想之后，决定不将主人叫醒，“这只不过是简单的计算问题”。20 年过去了。20 世纪 70 年代，根据冯·诺依曼曾经提出过的“自动机器复杂性进化理论”，在自动化工厂中被生产出来的计算机学会了“自我复制”。不断进化的计算机警告说：“时间到了！”——但我们仍然不加理会，“这不过是简单的电子表格生成程序和文字处理程序”。就这样，又一个 20 年过去了。如今的计算机像早春的鲱鱼那样，开始集合在一起，并形成自己的智慧，它们能够在瞬间完成“思维交换”。计算机使用的语言，我们大概只能理解其中的五六种。一个神秘的“团体”出现在机器世界里，它们的成员通过代码进行交流，与机器共享“权力”。它们大声喊道：“时间过去了！”这样的声音无处不在。然而，我们还是忽略了这个声音，我们和站在镜子面前的猴子一样——因为看见被反射到网络表面上的自我影像而震惊。当烟雾散去时，主人就会醒来，这时候，计算机会像传说中的“黄铜头颅”一样，变成碎片，然后消失。人类大脑内部的神经元被包裹在电解质中，如今的我们也正身处在朦胧的“意义碎片”中。

不论你面对的是“人类大脑”还是“黄铜头颅”，将智慧具体化的方法一共有两种。这两种可选方案与建造船只的两种不同方法一一对应。如果你要想建造皮划艇，那么你首先要组装一个骨架，然后安装“外壳”，让它能够在水中浮动。对计算机而言，这就相当于你首先要构建框架，然后通过程序设计，给它安装上“代码外壳”。然而，如果你想要建造一条独木舟，那么你首先要种一棵树，然后砍掉树木，并且将木头上的杂质一点一点清除干净，最后剩下的才是船体。大自然就是通过这种方式创造出了“智慧”：先孕育数量庞大的“多余”神经元，然后挑选出其中“最能适应环境”的神经元进行修剪，其构成的网络，如果运行良好，那么就成为所谓的“思维”。数以百万计的计算机正在进行“自我复制”，它们形成的结构，其设计既反映出了“工艺技术”，也同样反映出了“自然原理”。

这一计算矩阵，无论是“依靠处理器生存的代码”，还是“依靠代码生存的处理器”，其中的结构组织既是“设计”的产物，也同样是“运气”的产物。大多数的连接根本没有任何意义，只能通过迂回的方式来“争取利益”。批评家说，万维网是一个中间阶段（对的！），它注定会失败，因为它的内部充满了垃圾（错！）。是的，大多数连接都注定会被遗忘，但这种浪费的过程，就像大自然的许多挥霍行为一样，将遗留下一种无法通过其他方式形成的结构组织。斯塔普雷顿在思考“星云”的思维时写道：“我不知道这种稳定的内部演变机制到底是什么……但有一点我能确定，‘自然选择’对每一个星云都产生了重要的影响。某些实验产生的结果比较有活力，于是被留下来，而其他的实验就被遗弃了。”[9] 万维网是互联网培养出来的原始代谢系统，最终会被更高形式的组织所取代，而它的技术基础是全球网络的“实体”。

如今，实验人员将计算机视为数字生物进化的“饲养所”，他们用这种方法来制造人工生物。这种假设很符合实验室的情境，但如果我们想要建立数字宇宙的模型，那么它只提供了一个模糊的轮廓。苏塞克斯大学的罗伯特·戴维奇（Robert Davidge）在 1992 年发表了一篇论文来反驳这一观点。他指出：“程序是在处理器的记忆中自发形成的，我们应该改变这种看法……如果处理器是一种生物，它在指令的记忆环境中进行探索……静态的计算机处理器根据过往的记忆来请求指令，这和生物根据过往的记忆来进行移动没有区别。程序也是一样的，但它们完全改变了我们对结果的看法。”[10]在众多的“人工生命”起源学说中，这两个观点是最重要的。

戴维奇解释说：“在生物学家的眼里，我们可以在四周的人工创造物中，观察到生物类型的进化过程。”然而，计算机的“记忆行动”只是一维的过程。戴维奇继续说道：“记忆必须像所有标准程序存储计算机一样是二维的，而不是一维的，这样才能引起生物学家的兴趣……如果我们摆脱了‘处理器的存在是为了执行程序’这一想法，那么我们就能够让它在二维或三维的指令空间中移动，而且其运动行为将成为空间中的连续轨迹。”[11]戴维奇刚完成这篇论文，这种二维或三维的记忆和指令空间突然就以万维网的形式实现了。万维网允许代码和处理器在可见的处理器区域内自由移动。其产生的结果大大超出了研究人员的预期。塞缪尔·巴特勒在1887年观察到的“生命……其本质是二加上二等于五”。[12]

与物理学中的“物质”和“能量”一样，“编码”和“处理”是基础字段互有关联的外在表现。在计算机领域，研究人员普遍使用二进制数字作为单位来进行观察和测量。信息的基本单位是“比特”——两个可区分的可选方案之间的差别则被视为“变化”或者“选择”。计算机世界和我们的现实生活分别被两种二进制数字贯穿，它们分别是在同一时间表示两件事情之间的差异的二进制数字，以及表示同一件事情在两个不同时间点的差异的二进制数字。

计算机的力量——无论是被严格控制的图灵机器，还是驻留在我们头脑中的无定型智能机器——源于其在时间序列中，或者空间结构中形成映射的能力。“记忆”和“回忆”，无论是什么形式，都是这两种二进制数字之间的互相翻译。根据丹尼尔·希利斯的说法，“记忆位置……只不过是在时间尺度上向侧面分叉出去的电线。”[13]计算、记忆，以及有机生命的基础都存在于序列和结构之间的对应关系中。序列（核苷酸）先被“翻译”成结构（蛋白质），然后“自然选择”再对生命的原始代码进行调整——它将生物体在结构上的改进“重新翻译”回基因序列中。计算机的出现加快了“重新翻译”的速度。

在艾伦·图灵构想的最简单的例子（图灵机器）中，结构与序列之间的“翻译”每次只能交换1比特的信息。图灵机器扫描纸带上的“格子”先读取1比特信息，然后改变其状态，并根据相关指令，在纸带上写入或清除1比特的信息。在下一时刻，它又继续重复这个过程。图灵机器每写入或清除1比特信息，它都要与可见宇宙交换1个符号。

“带宽”能够测量通信网络的信息传送容量，因此我们可以使用“带宽”作为标准来为图灵机器（或其他生物体）分配信息数量。当信息从一个时刻移动到下一个时刻时，图灵机器（或其他生物体）会对它们进行扫描处理。如果我们将图灵的术语做进一步扩展，那么我们也许可以将“带宽”称为“机器精神领域的深度”。如果再具体一些，“带宽”就是图灵机器（或其他生物体）在某个单独的时刻能够扫描的信息量，乘以在机器思维的状态下能够被理解的连续时间数量。这一思维尺度，让我们能够对不同的思维进行比较，这些思维的运行速度可能完全不同。

在四维时空宇宙中，我们被限制在三维的表面上。我们的现实只存在一个时刻，而其他的时刻需要经过思维重新构建才能被显现出来。我们在一层薄薄的大气中呼吸了一辈子，这层薄薄的大气是我们周遭的事件序列逐渐凝结出来的。所有在序列和结构之间进行翻译的设备，都被用来加深大气的深度——地球上的生命历程全都被压缩进了 DNA 的连续链条中。人类通过语言来积累文化。人类的大脑在时刻与时刻之间保存了我们的生命序列，但我们却不明白其中的原理。思想和智力是以开放的形式存在的。也许思维是一个幸运的意外，它只存在于世界的深处，就像是盛开在高达 20000 英尺（约 6 千米）的山顶上的阿尔卑斯高山花朵。又或者，思维既存在于陡峭的山峰上，也存在于低洼的山谷中。

“也许，构成我们身体的细胞……每个细胞都有自己的生命和记忆……它们使用我们无法想象的方式来计算时间，”塞缪尔·巴特勒在 1877 年暗示说，“同样的，假设存在这样一种‘生物’，它们是通过显微镜来观察我们的行为与时间，就像我们使用显微镜来观察细胞的行为与时间一样。对于这种‘生物’来说，几年的时间眨眼就过。”在与达尔文决裂之前，巴特勒就已经创作出了《生命与习惯》这本书。他试图用简洁的语言对达尔文主义（从细菌生命到物种起源）进行总结，他希望能够将进化理论统一在一个适用于各个领域的思想框架内。“我们只不过是一个单独的复合生物——生命——中的组成原子，这种复合生物也许有自己的思维，但这与我们没有任何关系。在本书中，我列出了支持这一观点的种种证据。我们已经能够自上而下地对生命进行观察，因此，从相反的方向去探讨生命，也许能为这个领域带来新的突破。”[14]

奥拉夫·斯塔普雷顿认为，个体的思维和种群的思维是不可分割的。“我们的经验在空间尺度和时间尺度上以某种奇怪的方式扩大了。”《最初和最后的人》中的叙事者对此进行了解释。我们的物种不可阻挡地进化出了复合思维。“当然，在时间感知方面，思维有两种不同的运作方式。一种是将时间理解为‘现在’，而另一种则是在‘现在’中区分连续事件的细节。作为个体，我们在‘现在’中所持有的持续时间，等同于过去地球上的第一天；在这段时间内，只要我们的能力足够强大，我们就可以分辨出快速的振动，比如我们经常听到的高音调。就同一类物种而言，‘现在’应该从最古老的生命个体的诞生开始算起，而整个物种的过去似乎只是个人（也许是婴儿）的记忆，它始终处在朦朦胧胧的迷雾中。然而，如果我们愿意，我们可以在‘现在’中区分出这一时刻跳入下一时刻时的轻微振动。”[15]

塞缪尔·巴特勒和奥拉夫·斯塔普雷顿都注意到，一旦思维感受到了时间，它就永远不会停止运转，直到掌握了“永恒”。因此，我们不停地追求序列和结构之间的关系，这使我们能够逃离时间的表面，进入将“永恒”与我们所存在的瞬间分隔开来的海洋。数学和音乐是帮助我们逃脱时间的两种工具。数学只对一小部分人有用，而所有人都可以使用音乐。数学允许我们组合不同的心理结构来理解序列的逻辑含义，音乐则允许我们将时间序列组装成思维的“脚手架”，这些脚手架超越了我们生活中的零碎时间。通过音乐，我们能够分享四维结构，否则我们只能观察一个时刻又一个时刻的片段。

20 世纪 50 年代，计算机技术开始飞速发展，当时的人们认为“人工智能”的实现指日可待，“人造音乐”也会随之出现。然而，60 年过去了，“人工智能”却仍然是一种未来技术。电子产品强化了乐器的技能，但却没有生产出其他任何东西，它只不过与我们的思维音乐本性发生了共鸣。“人工音乐”和音乐的关系与“动画”和真实生命的关系是相同的。计算机有着完美的音调和完美的记忆，它还能完美地把握时机——只有最好的音乐家才能达到如此成就。然而，计算机始终缺些什么。人类的自然语言与机器使用的更高级语言和形式之间的差距正在缓慢缩小。但对机器来说，音乐仍然是一门外语。

音乐一开始是怎么演化出来的？它会继续发展，然后以不同的形式重新演变吗？神经生理学家威廉·加尔文提出了一个观点：音乐是某种心理需求的副产品，而这种需求为人类大脑在其内部的连续缓冲区中存储复杂的运动指令提供了可能性。加尔文解释说：“运动命令缓冲区对‘规划投掷性运动’这一行为产生了重要的影响（如果动作过于迅速，感官反馈到达得太晚，那么大脑就无法对动作进行修正）……对既需要体型（以米作为单位来计算的生物传导距离），又需要速度的生物来说，一个与老式钢琴滚轴类似的神经系统是必不可少的。我们需要在‘预备’期间进行仔细计划，以便大脑在没有接收到反馈的情况下也能做出动作指令。如果没有这些缓冲区，那么大脑就无法对投掷、锤打、棒击和脚踢等动作进行排序。也就是说，大脑节省出了更多‘能量’来对其他事情进行排序。人们可能会希望这样的排序能力能够被应用到各种场合，例如将词汇排列成句子，或者将概念具体化。”[16] 加尔文认为并行命令缓冲区——他使用在货场平行轨道上组装的列车来进行比喻——也许能够同时存储几个不同的动作序列指令。合适的或更有吸引力的序列会在竞争中存活下来，然后继续重组和繁衍。

大自然喜欢“双重”或“多重”功能。如果运动控制序列和声音序列被储存在同一个缓冲器里，那么它们引发一系列互相关联的意外结果——就哺乳动物的大脑布局而言，这是一种非常常见的进化情节。个体之间的进化军备竞赛速度本来是很缓慢的，但成为“自然选择”的对象的人类大脑却加速了整个过程。如果我们想要远距离击中一个目标，那么投掷武器的时机就很关键——我们需要在亚毫秒级的时间内做出选择，而并行的神经元阵列能够轻松地实现这一目标，运动神经元在亚毫秒尺度内不稳定的性质被抵消掉了。音乐的诞生离不开我们对时机与频率之间的精确关系的掌握，而人类大脑内部的并行缓冲区的容量在这一时间段内增加了 3 倍——我们知道这一事实，但却无法解释它。

只有在容量更大的大脑中，抽象的思维过程才能继续发展。能够执行“计划”“比较”“排练”“记忆”和“运动”等一系列复杂序列的个体，拥有更好的生存能力，因此这些能力又进一步得到了加强。然而，我们最近发现单独的大脑无法引发“思维”和“音乐”的融合。在这一层面上，音乐可能进化成为“训练”和“表现”生存能力的一种方式；在另一个层面上，音乐之所以会出现，是因为人类的心智结构，能够跨越时间和距离进行自我复制，从而发展出了自己的生命。

加尔文的假设引起了我的兴趣。我的祖父乔治·戴森（George Dyson）是一位专业的音乐家，可他却因为精准的炸弹投掷技术而出名。他创作了数十件受欢迎的音乐作品、三本畅销的书籍，但其中没有任何一个作品的销量比得上《如何将一公斤铁和烈性炸药在空中投出 30 米远》这一说明书。1914 年 8 月，第一次世界大战爆发，我的祖父无法像奥利弗·斯塔普雷顿，或是刘易斯·理查德森那样保持平静——他立刻参军，奔赴战场。他被任命为驻扎在索尔斯堡平原的皇家燧发枪手团第九十九步兵旅的中尉，同时负责训练步兵，教导他们如何投掷手榴弹。

一直以来，手榴弹都被视为一种不太光明正大的传统武器，而且它在战场上似乎也起不到什么作用——步枪和机枪已经能够实现远距离的精准射击，它们可比手榴弹有用多了。然而，长时间的堑壕战即将改变一切。戴森在正确的时间点上来到了正确的地方。“我们必须发明出一种破坏力极大的新型武器，它下落的角度能够使战场上的堑壕深度无法再提供保护作用。”[17] 他在 1917 年这样写道。当时的欧洲一片兵荒马乱，戴森无法找到武器专家，也找不到现成的手榴弹，他只能依靠自己。戴森设计出了可重复使用的手榴弹——重型铁铸组件的内部装满了火药和黏土。作为约克郡铁匠的儿子，他知道如何绕开政府，直接与零件供应商进行谈判。他专门搭建了一个训练场，配有消防战壕、横梁、情报站和机关枪阵地。他手下的士兵只有在经过严格的训练后才能上战场，而他是这群新兵的导师——他也曾经这样热情地教导他的音乐学生。

1915 年，戴森回忆道：“（投掷技术）需要极高的准确性……通常，投掷只有在完全掩护的条件下才能进行，并且投掷者还需要特别注意观察者的口头指令，投掷的困难程度也因此而大幅度增加。投掷者必须和队友进行充分联系，这真的非常重要……投掷者不能为失误找借口。投掷者必须在队友的掩护下，严格遵守观察者的口令，将不同重量和大小的飞弹，投掷到远距离的指定战壕中。只有这样，训练导师才会满意。”[18]

戴森天生就对音乐敏感，他试图培养出投掷者的“绝对音感”。时间就是一切。虽然战壕不会移动，但保险丝的燃烧时间只有4秒，与猎人投掷石块和长矛去攻击移动的猎物相比，投掷手榴弹面临的时间考验更加严苛。“投掷者紧握着还未被点燃的炸弹，他的手臂必须伸直。接下来，他身边的副手会点燃引信。引信被点燃后，副手需要立刻拍打投掷者的手臂，提醒他准备投掷这枚炸弹，投掷者会大致预测投掷的时间，以便炸弹落入目标范围后马上爆炸。”[19] 戴森在新兵队伍中举行了手榴弹投掷比赛，这就像一个更加吵闹的板球比赛。他警告说：“训练导师必须非常小心，他不能因为对炸药过于熟悉而忽视了安全问题……他必须时刻提醒手榴弹投掷者，已经被引燃了的手榴弹非常危险。手榴弹撞到或者擦过壕沟的任何地方都会造成致命的危险。如果投掷者没有做好准备，那他就一定不能挥舞手臂。”[20] 在没有做好充足的准备的情况下精确地打击目标，就和在没有排练的情况下演奏了超高难度的乐曲一样困难。

戴森发明的手榴弹投掷技术引起了军队高层的注意，他设计的训练制度也被推行开来。1915年，戴森公开发行了他在战争时期的笔记，这是一本名为《手榴弹战：手榴弹投掷者的训练手册》（*Grenade Warfare*：*Otes on the Training and Organization of Grenadiers*）的小册子。这本书的尺寸很小，士兵能够直接将它放进口袋里，而它的售价只有6便士。1917年，一家纽约公司出版了这本书的“豪华版”，售价为50美分。这本书和通常的军事训练手册一样，只是草率地提到了炸弹爆炸会造成的后果。戴森在附录中描写近身刺刀肉搏战的部分指出："当投掷者将炸弹投入目标战壕时，持有刺刀的士兵必须准备好利用爆炸所造成的'混乱'优势，为下一段的战壕战清除障碍。"[21]

《手榴弹战：手榴弹投掷者的训练手册》每卖出一本，戴森就能赚1—2便士的版税。戴森在法国前线的执勤过程中患上了战斗疲劳症（炮弹休克症），但好在身体没有受伤。1918年11月，第一次世界大战彻底结束了，但整代人都在战争中受到了精神重创，加雷特·加勒特（Garet Garrett）表示："上帝站在'机器'的那一边。"[22]但我的祖父却选择了步兵，他证明了"投掷"技术在飞机和坦克的时代仍然能发挥出重要作用。战争结束后，他又变回了一个热爱家庭的普通人。第二次世界大战爆发时，戴森已经成为皇家音乐学院的院长，但他却居住在伦敦的一个狭小谷仓里。戴森在空袭和战火中依然坚持每天进行音乐表演。他报告说："多亏了弗雷德·德夫尼什和消防员，剧院侧翼和主楼才没有因为火灾而受损。不久之后，在某次闪电战中，剧院的两百扇窗户全都碎成了碎片，除此之外，整个剧院并没有遭到严重破坏……要知道，在过去的几个月里，这座剧院一直处在'毁灭'的边缘，我们每天都为它担心。"[23]1954年，戴森出版了自传，他将其命名为《大难临头，歌舞升平》（*Fiddling While Rome Burns*）。音乐的创造性和战争的破坏力是人类精神中互相对立的两种表达，而我的祖父为却为它们找到了共存的空间。

戴森曾经这么说过："我只要看见乐谱就能听到音乐。"戴森13岁时就开始演奏管风琴，他一生都在宏伟的大教堂里工作。然而，"他并不是那种特别虔诚的教徒，"我父亲回忆道，"他总是说自己和宗教的距离与音乐和宗教的距离是一样长的。”他知道音乐已经超越了日常生活，但他从来没有解释过音乐是怎么超越日常生活，或者音乐为什么能超越日常生活。这一现象至今仍然是让人困惑的谜团。“对音乐特别敏感的大脑，能够容纳和回忆的声音和形式数量远远超过大脑能够计算或理解的数量。”戴森这样写道。他用音乐能力更强的人作为例子来证明他所坚持的观点：“某些指挥家存在视觉缺陷，他在指挥的时候无法阅读乐谱。阿图罗·托斯卡尼尼（Arturo Toscanini）就是其中之一，他早在排练的时候，就已经将整个歌剧的每一个部分的每一个细节刻在了大脑中。”[24]戴森指出，从物理原理的角度来看，当我们使用早期乐器来进行演奏时，“走音”是必然发生的，他评论说：“就算贝多芬的听觉是完美的，他也应该听不到一场完美（按照我们现在的标准来评价）的演奏会，我指的是他成熟时期的作品。他与他的前辈一样，凭借自己的想象力来作曲。音乐是在他的大脑中被创作出来的。”[25]

戴森认为音乐和音乐能力的起源问题是一个不可能被解开的谜题，我们无法用其他方式来解释它们的“目的”。“为什么我们能够感受和表达‘声音’？这种能力已经完全超越了感官知觉，而且它的边界和意义无法被理性界定，”戴森说，“唯一说得通的艺术理论是，‘艺术世界’是特殊的，它与其他的材料或物理世界有所不同。只有艺术能解释艺术……艺术继续发展，它通过特殊的方式来训练我们的知觉系统和反应能力。圣人追求宗教，同时也创造宗教。科学家既寻求真理，同时也实践真理。艺术家创造出了自身的秩序感，同时用精湛的工艺进行表达。这些行为都源自于‘艺术世界’，而艺术有自己的规则。我们无法解释被想象力创造出来的世界。在现实生活中，我们找不到与它相对应的实体物质。”[26]

音乐的奥秘引领我们走向了结束本书的“神话故事”，而“神话故事”的创造者是大型并联机器的设计师，丹尼尔·希利斯。他应该算是当下最接近“万能博士”的人。这一“神话故事”与某个经典问题有关：为什么与思维的谜题相比，音乐的谜题更加难以解开？1988年，在一篇名为《伊甸园之歌》（“The Songs of Eden”）的文章中，希利斯专门讲述了一个故事来解释一个已经被简化过的观点：“创造出音乐的并不是思维。恰恰相反，音乐的出现才是思维诞生的原因。”

“250万年前，某种直立行走的猿类生活在这个世界上。就智力和习性而言，它们与黑猩猩很像。和今天许多年轻的猿类动物一样，它们倾向于模仿别人的行为。特别是模仿声音……一些声音序列被重复的可能性高于其他声音，我认为，这些声音就是‘歌曲’。”

“我们现在不妨先把猿类动物放在一边，看看‘歌曲’是怎样进化的。猿类动物会复制歌曲，除此之外，歌曲也面临着‘死亡’和‘繁衍’的问题，因此，在某种程度上，我们可以认为，‘歌曲’就是生命的另一种表现形式。它们生存下来，哺育后代，相互竞争，并且在竞争中实现进化。如果某首歌曲拥有一句朗朗上口的短句，那么它就便于记忆和传播（复制），它也因此很有可能被融入其他歌曲中。只有‘重复特质’足够强大的歌曲才能存活下来。”

“一首歌曲的生存状态与猿类动物的生活只存在间接联系。对‘歌曲’来说，猿类动物是有限资源，它们必须相互竞争才有机会被猿类动物演唱。其中一个成功的竞争策略是‘歌曲专门化’，也就是说每首歌都应该找到一个可能会重复的特定生态位。”

“到目前为止，‘歌曲’对猿类动物的生活还没有产生什么影响。在生物学的意义上，‘歌曲’就像是寄生虫，它利用猿类动物的模仿倾向来生存。然而，一旦歌曲开始专门化，那么猿类动物就会注意到其他猿类动物的歌曲，并小心地辨别它们。学会了这项本领后，猿类动物的生存优势就增加了。聪明的猿类动物能够通过听歌来获取有用信息。例如，猿类动物可以借助‘歌曲’推断出另一只猿类动物也发现了食物，并且很有可能会发起攻击。猿类动物对‘歌曲’的利用创造出了互利共生的生态系统。‘歌曲’通过传达有用的信息来提高自身的存活率。猿类动物则通过加强记忆、复制和理解歌曲的能力来提高自己生存的可能性。进化的力量将‘歌曲’和猿类动物联系在了一起，这种关系的成长基础是‘自利’的本性。最终，这一伟大的合作关系发展成了世界上最成功的共生体之一：我们。”[27]

希利斯的理论似乎解释了序列（歌曲）和结构（猿）之间的共生关系为什么能推动“思维”的进化，但这种解释是很主观的——所有的寓言都有着多种不同的解释。它可以被解释为序列（基因）和结构（新陈代谢）导致了有机生命的发展，也可以被解释为序列（编码）和结构（计算机）将会引领我们的未来。计算机的软件部分最终发展成了层级结构，而储存在人类大脑中的运动控制序列也会增加大脑的抽象层级结构。50 年前，我们研发出的电子软件只包含几条指令，它们占用了电子数字积分计算机存储器的缓冲区。我们使用这些软件来计算火炮的发射时限，或者投掷炸弹的最佳时机。在希利斯编写的《伊甸园之歌》中，音乐逐渐进化成思维，而如今，数字编码技术已经成熟，编码拥有自己的生命，自己的行为法则。我们完全不知道最终的结果会是哪种音乐或者哪种思维出现。不过，对我们来说，这些编码应该还不能被算作“音乐”或者“思维”。

很长时间以来（比我们等待黄铜头颅说话的时间还要长），我们已经习惯了期待某一天会有更高级的外星智慧来到地球。奥拉夫·斯塔普雷顿的继承者，阿瑟·C. 克拉克（Arthur C. Clarke）创作的小说《童年的终结》（*Childhood's End*）就讲述了高级的智慧从外太空降落到人间，从而终结了我们的童年的故事。这些被称为“霸主”的人，偷走了孩子们的“思维”，人类也因此而走向末日。我们应该注意这个警告，因为我们现在所构建的，就是“霸主”的翻版。外星人并没有和人类相似的（思维或身体）特质。“人工智能能够在我们理解的水平或时间尺度上运行”这一假设是很武断的。当我们融入集体智慧时，我们自己的语言和智慧可能会被委托给一个附属的角色，或者直接被遗弃。当黄铜头颅开始说话时，我可不能保证它所说的会是我们能够理解的语言。

语言的进化为生命和智慧的发展提供了可能性。在过去的 50 年中，大量的语言诞生在数字世界中，其中最成功的语言，只要稍加改变，就能被应用在机器上，它甚至还能适应人类的思维。当然了，翻译工作仍然十分乏味，而且进展缓慢。人类大概只能一次使用一行计算机语言，这个速度往后也不会提升多少。就二进制编码技术而言，现在的我们永远比不上曾经的电报操作员，毕竟他们已经工作了整整一个世纪。

语言是映射。语言携带着信息跨越了时间和距离，通过“表达”过程，它从一种形式转变成了另一种形式，在这一过程中，语言吸收养分，不断发展。莫尔斯电报电码提供了字母和短点横序列之间的映射关系；遗传密码保证了核苷酸和蛋白质能够进行相互翻译；词汇和思想之间的翻译形成了自然语言；超文本标记语言（HTML）将互联网的拓扑结构映射成可传输代码字符串。语言通过控制结构（信件、词语、酶、思想、书籍或文化）的复制来生存，反过来，这些结构也组成了推动语言发展的“中枢系统”。声音和思维结构的序列通过音乐来互相翻译，其中的原理，我们至今尚未了解。这些声音和思维结构在“展现自我”方面取得了巨大的成功。音乐没有被映射到任何其他已知的语言，但这并不表示它的意义不精确。当门德尔松（Mendelssohn）被问及“无言歌”的意思时，他回答道：“音乐……不是人们以为的那样。我们无法用语言去表述音乐，不是因为音乐过于模糊。而是因为音乐实在是太明确了。”[28]

冯·诺依曼认为，我们通过调整脉冲序列之间的高阶统计关系来对大脑的基本语言进行编码，正如我们通过调整同时发声的两个音符之间的差异（或者是一个音符和下一个音符的差异）来对音乐元素进行编码。在思维的进化过程中，某种音乐类似物最先出现，它从原始的模式丛林中脱颖而出——这些模式在竞争交换信息和复制信息的机会。只是到了后来，这片荒野被语言映射成有序的符号和思想体系，于是门德尔松才能够通过非语言的方式来代表我们所有人说话。

希利斯提出的歌曲和猿类动物的关系，可以被引申到数字世界中——其中并不存在某种和“音乐”非常相似的人工音乐。我们可能听不到也看不到机器的音乐，而我们的大脑也无法想象这种音乐。在这种情况下，更透明的语言形式才能够继续发展。现存的语言必须经过多次翻译后，才能将思维世界和二进制数字世界联系在一起。大多数的进化突破是为了帮助主体发展出更强的适应能力。我们可以使用人类大脑中的脉冲频率编码来减少计算机和人类之间的交流障碍。为了保证沟通的顺利进行，剥离语言障碍转变成为进化突破——它揭示了“底部”的内容，而并不只是给语言添加了新的层次。音乐就是建立在这些基础上的新层次。约翰·威尔金斯在1641年写道：“一个人就能构建出一种语言，但这种语言只包括了音调和模糊的声音，没有任何字母可以表达出它的意思……如果我们打算用模糊的声音（而不是词语和字母）来表达事物和概念，那么所有人都能掌握这种通用语言（我们在前面的章节中曾经提到过所谓的‘通用字母’），他们可以毫无障碍地进行交流。这样一来，我们就能够从第二个诅咒中脱身了——这一诅咒造成了我们现在写作和语言的混乱。”[29]

最终为生命带来新语言的是孩子，而不是成人。孩子们在学习打字之前，就已经学会了说话、阅读和写作。当他们学会了打字之后，他们就可以使用一台功率达到100兆赫兹的机器来进行沟通交流，而这台机器的运行速度与19世纪的电传打字机的运行速度是一样的。幼儿学习识别新语言的速度，以及用手语进行交流的速度，都证明了“打字”是一种人工制造出来的障碍。某种危险的不平衡，正在试图引发跨越式的进化，然而这样的进化太过于迅速，对人类来说，这并不是一件好事。因为鼠标的出现，人机通信技术实现了巨大的进步——计算机的使用者只需要点击鼠标就能完成一系列操作。鼠标通过收缩的沟通渠道打开了技术的窗口，整个计算生态学都因此而发生改变。自然选择现在更倾向于能更好地与儿童沟通的机器，以及能更好地与机器沟通的儿童，我们不知道这带来的会是好结果，还是坏结果。鼠标的前身是台式计算机光笔，它诞生于 60 年前。当时的 SAGE 系统用户，每个人手里都有一支光笔。从此之后，通信技术的发展速度就变快了。

如果一切顺利，那么我们的子孙与嵌入生命中的无数神经节的联系会变得更加紧密，但我们子孙还会是人类，这一点不会改变。未来的人类会回顾历史，在他们眼里，我们就是一群稚气的孩童。他们想知道，在心灵感应机器诞生之前，我们是怎么进行沟通和思考的。然而，事情也很有可能朝着反方向发展。“进化将会顺利进行。通常来说，这个过程是自上而下的，”约翰·霍尔丹在 1928 年说道，“大多数的物种会在进化的过程中失去大量‘功能’，更糟糕的是，有些物种已经被进化淘汰，濒临灭绝。牡蛎和藤壶的祖先都曾经拥有头部。如今的蛇已经失去了四肢，鸵鸟和企鹅则丧失了飞行能力。在未来，男人有可能失去智力。”[30] 选择权在我们的手里。塞缪尔·巴特勒警告说，埃瑞璜（见本书第二章）是不存在的，时光也不可能倒流。

加雷特·加勒特在 1926 年出版了一本名为《衔尾蛇：人类的机械延伸》（*Ouroboros; or, the Mechanical Extension of Mankind*）的口袋书。他试图提醒世人，机器的发展不知是福是祸。加勒特在这本书的第二章中指出：“也许机器真的拥有生命，只是我们还无法理解。它可能是生命的某种表现形式，所以才这么神秘莫测。我们见证了它的成长过程。”[31] 加勒特发现了一个有意思的现象：世界上只有一半的人口仍然关注食品生产。他表示：“新出现的非农业产业，其中一半是工业产业。很明显，我们现在正在为机器服务。”[32]

乌洛波洛斯是神话故事中一条吞噬了自己尾巴的毒蛇，它代表了一种矛盾：如果它不食用自己的身体，那么它就无法维持生命；如果它一直食用自己的身体，那么终有一天，它的身体将不复存在。

在加勒特的眼中，机器就是不小心被释放出来的人类思维的产物。“然而，机器从来不因为粗心而犯错。他虚心自省，然而却还没有意识到自己到底做了什么。他利用宇宙中的某些（可见或者不可见的）自由元素，例如闪电，创造出了一种风暴似的无意识生物——这种生物不受大自然意志的控制。”[33] 如果机器之间能够互相传播“智慧”，世界会变得更好，还是更糟？你愿意与拥有思维的机器一起分享世界吗？加勒特认为技术的发展是一个不可逆的过程，“生物无法通过集体智慧实现自我改善”。这一分析的基础假设是：“目前处在永久共生系统中的生物，过去曾经是寄生虫。它们通过不断学习，最终变得聪明起来。”[34] 加勒特最终总结道：“无论如何，人类未来的任务十分艰巨。人类要学习如何与思维创造出来的强大‘生物’一起生活，如何为它们的繁殖行为设定规则，如何让它们适应我们的生活节奏。最重要的是，千万别让它们成为人类的敌人。”[35] 这个结论对现代的人工智能学说产生了重大影响。

“利维坦”和“乌洛波洛斯”是同样来自神话故事的神秘生物：其中一个掌握了世间的所有权力，而另一个则成功地吞噬了自己。技术为“乌洛波洛斯”和“利维坦”带来了新的生命。如今环绕在我们四周的“分布式思维”到底是一种新的事物，还是古代智慧的重新觉醒？我们不得而知。大自然拥有自己的智慧，但这种智慧，不是大而慢（进化），就是小而快（量子力学）——我们处在中间。在《光学》（*Opticks*）的最后一部分中，艾萨克·牛顿提出了一个问题："在这世间万象中，存在一个无实体、有生命、充满智慧而又无所不在的上帝，这难道不是一件很明显的事吗？……他在无限的空间里使用感官知觉去观察事物的本质。他能够彻底地理解呈现在他面前的一切。"[36]牛顿的"神明"是无形的，而霍布斯的"神明"则是有形的，也许这两位"神明"都存在——它们之间的共生关系最终变成了"歌曲"和猿类动物之间的共生关系。

事情总是出人意料。20 世纪初，大卫·希尔伯特试图证明数学的完整性，结果却证明了我们永远无法对数学真理的范围进行准确定义。进化论者看似已经将"思想"和"智慧"区分开来，没过多久，他们就发现进化是充满了智慧的过程，而智慧则会逐步进化——"思维"与"智慧"之间的界限也变得越来越模糊。"技术"一向被认为是可以将自然置于人类智慧控制之下的手段，如今，自然智慧却试图通过机器来操控我们。

我们已经测量并驯服了地球上真实存在的荒野。但与此同时，我们也创造出了一个数字化的荒野，它的进化展现出一种比个体智慧更宏大的"集体智慧"。没有任何一个数字世界可以被完整地测绘出来。我们用一片森林交换另外一片森林，在这个方向上，我们应该怀抱希望而不是恐惧。人类的命运由我们为自然服务的能力所决定，而自然的智慧深不可测，我们往往只能窥见一斑。

亨利·大卫·梭罗（Henry David Thoreau）曾经说过："世界的救赎存在于荒野中。"[37]这里的"荒野"指的不是自然中的荒野，而是人类残存的"野性"。这句话常常被环保人士错误地引用。

参考文献

第一章

1. Thomas Hobbes, *Leviathan; or, The Matter, Forme, and Power of a Commonwealth Ecclesiasticall and Civill* (London: Andrew Crooke, 1651), 1.

2. Ibid., 1.

3. Alexander Ross, epistle dedicatory to *Leviathan drawn out with a hook; or, Animadversions upon Mr. Hobbs, his Leviathan* (London: Richard Royston, 1653).

4. "The Judgment and Decree of the University of Oxford Past in their Convocation," 1683; in Samuel Mintz, *The Hunting of Leviathan* (Cambridge: Cambridge University Press, 1962), 61–62.

5. Hobbes, *Leviathan*, 1.

6. Ibid., 3.

7. Ibid., 371.

8. Ibid., 371–373.

9. Thomas Hobbes, in René Descartes, *Six Metaphysical Meditations; Wherein it is Proved that there is a God. And that Man's Mind is really Distinct from his Body* (London: Benjamin Tooke, 1680), 119–120.

10. Ibid., 126–127.

11. Ross, epistle dedicatory to *Leviathan drawn out with a hook.*

12. Thomas Hobbes, as quoted in Isaac Disraeli, *Quarrels of Authors* (London: John Murray, 1814), 37.

13. Disraeli, *Quarrels of Authors*, 42.

14. Thomas Hobbes, 1662, *Considerations upon the Reputation, Loyalty, Manners, Religion, of Thomas Hobbes of Malmsbury, written by himself, by way of Letter to a Learned Person* (London: William Crooke, 1680), 32.

15. Thomas Hobbes to Cosimo de' Medici, 6 August 1669, in Noel Malcolm, ed., *The Correspondence of Thomas Hobbes*, vol. 2 (Oxford: Oxford University Press, 1994), 711.

16. Samuel Pepys, 3 September 1668, *Diary and Correspondence of Samuel Pepys, F.R.S., Deciphered by Rev. J. Smith, A.M. from the original shorthand MS*, vol. 4 (Philadelphia: John D. Morris, 1890), 16.

17. John Aubrey, in *Aubrey's Brief Lives: Edited from the Original Manuscripts and with a Life of John Aubrey by Oliver Lawson Dick* (Ann Arbor: University of Michigan Press, 1949), 151.

18. Ibid., 156.

19. Steve Shapin and Simon Schaffer, *Leviathan and the Air-pump: Hobbes, Boyle, and the Experimental Life* (Princeton, N.J.: Princeton University Press, 1985), 344.

20. André-Marie Ampère, *Essai sur la philosophie des sciences, ou Exposition analytique d'une classification naturelle de toutes les connaissances humaines*, 2 vols. (Paris: Bachelier, 1834–1843).

21. Ibid., vol. 2, 141. (Author's translation).

22. Norbert Wiener, *Cybernetics; or, Control and Communication in the Animal and the Machine* (New York: John Wiley, 1948), 19.

23. Thomas Hobbes, *Elements of Philosophy: The First Section, Concerning Body* (London: Andrew Crooke, 1656), 2–3.

24. Marvin Minsky, "Why People Think Computers Can't," *Technology Review* (November–December 1983): 64–70.

25. "Worldwide Semiconductor Unit Shipments," graph attributed to Integrated Circuit Engineering Corp., in *Standard & Poor's Industry Surveys: Electronics* (New York: Standard & Poor's Corp.), 3 August 1995, E25.

26. "Worldwide Demand for Silicon," graph attributed to Dataquest, Inc., in *Electronic Business Today* 22, no. 5 (May 1996): 39.

27. Linley Gwennap, "Revised Model Reduces Cost Estimates," *Microprocessor Report* 10, no. 4 (25 March 1996): 18, 23.

28. Price Waterhouse, Inc., *Technology Forecast: 1996* (Menlo Park, Calif.: Price Waterhouse Technology Centre, October 1995), 21.

29. "Worldwide DRAM Market in Billions of Units," graph attributed to Bernstein Research, Inc., in *Electronics* 68, no. 2 (23 January 1995): 4.

30. Donald Keck, "Fiber Optics: The Bridge to the Next Millenium," Corning Telecommunications *Guidelines* 10, no. 2 (Autumn 1996): 2.

31. U.S. Federal Communications Commission, *Fiber Deployment Update, end of 1995* (Washington, D.C., July 1996); *Fiber Optics*, an update to the update for 1996, U.S. Office of Telecommunications, March 1996.

32. Alex Mandl, talk given at the 1995 Platforms for Communication Forum, Phoenix, March 8, 1995.

33. W. Daniel Hillis, "Intelligence as an Emergent Behavior; or, the Songs of Eden," *Daedalus* (winter 1988) (*Proceedings of the American Academy of Arts and Sciences* 117, no. 1): 176.

34. H. G. Wells, *World Brain* (New York: Doubleday, 1938), xvi.

35. Ibid., 87.

36. Philip Morrison, "Entropy, Life, and Communication," in Cyril Ponnamperuma and A. G .W. Cameron, eds., *Interstellar Communication: Scientific Perspectives* (Boston: Houghton Mifflin, 1974), 180.

37. Irving J. Good, *Speculations on Perceptrons and other Automata*, IBM Research Lecture RC-115 (Yorktown Heights: IBM, 1959), 6. Based on a lecture sponsored by the Machine Organization Department, 17 December 1958.

38. Lynn Margulis and Dorion Sagan, *Microcosmos: Four Billion Years of Microbial Evolution* (New York: Simon & Schuster, 1986), 15.

39. J. D. Bernal, *The World, the Flesh, and the Devil: An Enquiry into the Future of the Three Enemies of the Rational Soul* (New York: E. P. Dutton, 1929; 2d ed., Bloomington: Indiana University Press, 1969), 28 (page citation is to the 2d edition).

40. Loren Eiseley, "Is Man Alone in Space?" *Scientific American* 189, no. 7 (July 1953): 84.

41. Hobbes, *Leviathan*, 396.

第二章

1. Samuel Butler, "Darwin Among the Machines," Canterbury Press, 13 June 1863; reprinted in Henry Festing Jones, ed., *Canterbury Settlement and other Early Essays*, vol. 1 of *The Shrewsbury Edition of the Works of Samuel Butler* (London: Jonathan Cape, 1923), 208–210.

2. Samuel Butler, *A First Year in Canterbury Settlement* (London: Longman &

Green, 1863); reprinted in Jones, *Canterbury Settlement*, 82.

3. Ibid., 97.

4. Ibid., 106.

5. Samuel Butler, note, June 1887, in Henry Festing Jones, ed., *Samuel Butler: A Memoir (1835–1902)*, vol. 1 (London: Macmillan, 1919), 155.

6. Samuel Butler, note, 1901, in Jones, *Samuel Butler*, vol. 1, 158.

7. Jones, *Samuel Butler*, vol. 1, 155.

8. Samuel Butler, "Analysis of Sales, 28 November 1899," in Jones, *Samuel Butler*, vol. 2, 311.

9. Jones, *Samuel Butler*, vol. 1, 273.

10. Sir Joshua Strange Williams to Henry Festing Jones, 19 August 1912, in Jones, *Samuel Butler*, vol. 1, 84.

11. Robert B. Booth, *Five Years in New Zealand* (London: privately printed, 1912), chap. 14; in Jones, *Samuel Butler*, vol. 1, 87.

12. Samuel Butler to O. T. J. Alpers, 17 February 1902, in Jones, *Samuel Butler*, vol. 2, 382.

13. Thomas Huxley to Charles Darwin, 3 February 1880, in Nora Barlow, ed., *The Autobiography of Charles Darwin, 1809–1882: with Original Omissions Restored, edited with Appendix and Notes by his Grand-daughter* (New York: Harcourt Brace, 1958), 211.

14. Jones, *Samuel Butler*, vol. 1, 300.

15. Samuel Butler, *Luck, or Cunning, as the main means of Organic Modification? An attempt to throw additional light upon Darwin's theory of Natural Selection* (London: Trübner & Co., 1887); reprinted as vol. 8 of *The Shrewsbury Edition of the Works of Samuel Butler* (London: Jonathan Cape, 1924), 61.

16. Erasmus Darwin, *Zoonomia; or, The Laws of Organic Life*, vol. 1 (London: J. Johnson, 1794) 505.

17. Ibid., 2.

18. Ibid., 507.

19. Erasmus Darwin, *Zoonomia*, 3d ed., vol. 2 (London; J. Johnson, 1801), 295, 304.

20. Darwin, *Zoonomia*, vol. 1 (1794), 519.

21. Ibid., 524, 527.

22. Ibid., 503.

23. Erasmus Darwin, *The Temple of Nature; or, the Origin of Society: A Poem with Philosophical Notes* (London: J. Johnson, 1803), 119.

24. Darwin, *Zoonomia*, vol. 1, 509.

25. *Monthly Magazine* 13 (1802): 458; quoted in Desmond King-Hele, *Erasmus Darwin* (New York: Scribner's, 1963), 14.

26. Francis Darwin, *The Life and Letters of Charles Darwin, Including an Autobiographical Chapter*, vol. 1 (New York: Appleton & Co., 1896), 6.

27. Erasmus Darwin to Matthew Boulton, 1781, in Desmond King-Hele, "The Lunar Society of Birmingham," *Nature* 212 (15 October 1966): 232.

28. Erasmus Darwin to Matthew Boulton, ca. 1764, in Robert E. Schofield, *The Lunar Society of Birmingham: A Social History of Provincial Science and Industry in Eighteenth-Century England* (Oxford: Oxford University Press, 1963), 29–30, and Desmond King-Hele, ed., *The Letters of Erasmus Darwin* (Cambridge: Cambridge University Press, 1981), 27–31.

29. Percy Shelley, preface to Mary Wollstonecraft Shelley's *Frankenstein; or, the Modern Prometheus* (London: Lockington, Hughes, Harding, Mayor & Jones, 1818), vii.

30. Mary W. Shelley, introduction to the Standard Novels edition of *Frankenstein; or, the Modern Prometheus* (London: Colburn & Bentley, 1831; reprint, Penguin Classics, 1985), 8 (page citation is to the reprint edition).

31. Erasmus Darwin to Georgiana, duchess of Devonshire, November 1800, in King-Hele, *Letters of Erasmus Darwin*, 325.

32. *Aris's Birmingham Gazette*, 23 October 1762, excerpted in John A. Langford, *A Century of Birmingham Life*, vol. 1 (Birmingham: E. C. Osborne, 1868), 148; as quoted in Schofield, *Lunar Society*, 26.

33. Samuel Coleridge, 27 January 1796, in Earl Leslie Griggs, ed., *Collected Letters*, vol. 1 (Oxford: Clarendon Press, 1956), 99.

34. King-Hele, *Erasmus Darwin*, 3.

35. Charles Darwin to Thomas Huxley, in Francis Darwin, ed., *More Letters of Charles Darwin*, vol. 1 (London: John Murray, 1903), 125.

36. Samuel Butler, *Evolution, Old and New; or, The theories of Buffon, Dr. Erasmus Darwin and Lamarck, as compared with that of Charles Darwin* (London: Hardwicke & Bogue, 1879).

37. Ernst Krause, *Life of Erasmus Darwin, with a Preliminary Notice by Charles Darwin* (London: Charles Murray, 1879), excerpted in Samuel Butler, *Unconscious Memory* (London: David Bogue, 1880; reprint, London: Jonathan Cape, 1924), 42 (page citation is to the reprint edition).

38. Samuel Butler, "Barrel-Organs," Canterbury Press, 17 January 1863; reprinted in Jones, *Canterbury Settlement*, 196. Butler ascribed this anonymous letter to Bishop Abraham of Wellington; there is reason to believe he planted it himself.

39. Thomas Butler, in Francis Darwin, *Letters of Charles Darwin*, vol. 1, 144.

40. Charles Darwin, 1876, "Autobiography," in Francis Darwin, *Letters of Charles Darwin*, vol. 1, 29.

41. Samuel Butler, *Unconscious Memory* (London: David Bogue, 1880); reprinted as vol. 6 of *The Shrewsbury Edition of the Works of Samuel Butler* (London: Jonathan Cape, 1924), 4.

42. Ibid., 12.

43. Charles Darwin, 24 March 1863; quoted in Henry Festing Jones, "Darwin on the Origin of Species: Prefatory Note," in Jones, *Canterbury Settlement*, 184–185.

44. Butler, "Darwin Among the Machines," 208.

45. Samuel Butler, "The Mechanical Creation," *Reasoner* (London), 1 July 1865; reprinted in Jones, *Canterbury Settlement*, 231–233.

46. Butler, *Luck, or Cunning?*, 120.

47. Thomas Huxley, 1870, "On Descartes 'Discourse touching the method of using one's reason rightly and of seeking scientific truth,'" reprinted in *Methods and Results*, vol. 1 of *Essays* (New York: Appleton, 1902), 191.

48. Samuel Butler, *Erewhon; or, Over the Range* (London: Trübner & Co., 1872; new and rev. ed., London: A. C. Fifield, 1913), 236–241 (page citations are to the revised edition).

49. Butler to Darwin, 11 May 1872, in Jones, *Samuel Butler*, vol. 1, 156–157.

50. Butler to Darwin, 30 May 1872, in Jones, *Samuel Butler*, vol. 1, 158.

51. Charles Darwin to Thomas Huxley, 4 February 1880, in Jones, *Samuel Butler*, vol. 2, 454.

52. Henry Festing Jones, *Charles Darwin and Samuel Butler: A Step towards Reconciliation* (London: A.C. Fifield, 1911); reprinted as an appendix to Barlow, *Autobiography of Charles Darwin*, 174–196.

53. Review of Samuel Butler's *Evolution, Old and New*, *Saturday Review* (London) 47, no. 1,231 (31 May 1879): 682.

54. Butler, *Unconscious Memory*, 53, 56.

55. Samuel Butler to Thomas Gale Butler, 18 February 1876, in H. F. Jones, ed.,

The Notebooks of Samuel Butler (London: A.C. Fifield, 1912); reprinted as vol. 20 of *The Shrewsbury Edition of the Works of Samuel Butler* (London: Jonathan Cape, 1926), 48.

56. Butler, *Luck, or Cunning?*, 1.

57. Butler, *Unconscious Memory*, 13, 15.

58. Ibid., 13.

59. Freeman J. Dyson, *Origins of Life* (Cambridge: Cambridge University Press, 1985), 8–9.

60. Freeman J. Dyson, "A Model for the Origin of Life," *Journal of Molecular Evolution* 18 (1982): 344.

61. Freeman J. Dyson, *Collected Scientific Papers with Commentary* (Providence, R.I.: American Mathematical Society, 1996), 47.

62. Dyson, *Origins of Life*, 5.

63. Butler, "Mechanical Creation," 233.

64. Butler, *Erewhon*, 252–255.

65. Thomas Huxley, 1887, "The Progress of Science," reprinted in *Methods and Results*, 117.

66. Dyson, *Origins of Life*, 7.

67. Samuel Butler, "From our Mad Correspondent," Canterbury Press, 15 September 1863; reprinted in Joseph Jones, *The Cradle of Erewhon: Samuel Butler in New Zealand* (Austin: University of Texas Press, 1959), 196–197.

68. Samuel Butler, "Lucubratio Ebria," Canterbury *Press*, 29 July 1865; reprinted in Jones, *Notebooks of Samuel Butler*, 40.

69. Butler, *Unconscious Memory*, 57.

第三章

1. Charles Babbage, *The Ninth Bridgewater Treatise: A Fragment*, 2d ed. (London: John Murray, 1838), 33.

2. Leibniz to Hobbes, 13/23 July 1670, in Noel Malcolm, ed., *The Correspondence of Thomas Hobbes*, vol. 2 (Oxford: Oxford University Press, 1994), 720.

3. Olaf Stapledon, "Interplanetary Man," *Journal of the British Interplanetary Society*, 7, no. 6 (7 November 1948): 231.

4. E. T. Bell, *Men of Mathematics* (New York: Simon & Schuster, 1937), 120, 122.

5. Leibniz to Henry Oldenburg, 18 December 1675, in H. W. Turnbull, ed., *The Correspondence of Isaac Newton*, vol. 1 (Cambridge: Cambridge University Press, 1959), 401.

6. Leibniz to Nicolas Remond, 10 January 1714, in Leroy E. Loemker, trans. and ed., *Philosophical Papers and Letters*, vol. 2 (Chicago: University of Chicago Press, 1956), 1063.

7. Leibniz, 1685, "Machina arithmetica in qua non additio tantum et subtractio sed et multiplicatio nullo, divisio vero pæne nullo animi labore peragantur," translated as "Leibniz on his Calculating Machine," in D. E. Smith, ed., *A Source Book in Mathematics*, vol. 1 (New York: Dover, 1929), 180.

8. Leibniz, letter, n.d., quoted in H. W. Buxton, 1871, *Memoir of the Life and Labours of the Late Charles Babbage Esq. F.R.S. (MS, 1871)*, Charles Babbage Institute Reprint Series for the History of Computing, vol. 13 (Cambridge: MIT Press, 1988), 51, 381.

9. Leibniz, 1685, in Smith, *Source Book*, vol. 1, 180–181.

10. Leibniz, 1716, in Henry Rosemont, Jr., and Daniel J. Cook, trans. and eds., *Discourse on the Natural Theology of the Chinese* (translation of "Lettre sur la philosophie chinoise à Nicolas de Remond"), Monograph of the Society for Asian and Comparative Philosophy, no. 4 (Honolulu: University of Hawaii Press, 1977), 158.

11. Leibniz, "De Progressione Dyadica—Pars I," (MS, 15 March 1679), published in facsimile (with German translation) in Erich Hochstetter and Hermann-Josef Greve, eds., *Herrn von Leibniz' Rechnung mit Null und Eins* (Berlin: Siemens Aktiengesellschaft, 1966), 46–47. (English translation by Verena Huber-Dyson, 1995.)

12. Leibniz, ca. 1679, in Loemker, *Philosophical Papers*, vol. 1, 342.

13. Ibid., 344.

14. Leibniz, supplement to a letter to Christiaan Huygens, 8 September 1679, in Loemker, *Philosophical Papers*, vol. 1, 384–385.

15. Charles Babbage, *Passages from the Life of a Philosopher* (London: Longman, Green, 1864), 142. Facsimile reprint, New York: A. M. Kelley, 1969.

16. Buxton, *Babbage*, 158.

17. Ibid., 155.

18. Leibniz, 1710, "Reflexions on the Work that Mr. Hobbes Published in English on 'Freedom, Necessity and Chance,'" in E. M. Huggard, trans., and Austin Farrer, ed., *Theodicy: Essays on the Goodness of God the Freedom of Man and the Origin of Evil*, (La Salle, Ill.: Open Court, 1951), 393.

19. Babbage, *Passages*, 42.

20. Buxton, *Babbage*, 46.

21. Babbage, *Passages*, 118–119.

22. Doron D. Swade, "Redeeming Charles Babbage's Mechanical Computer," *Scientific American* 268, no. 2 (February 1993): 86.

23. Charles Darwin, 1876, in Nora Barlow, ed., *The Autobiography of Charles Darwin, 1809–1882: with Original Omissions Restored, edited with Appendix and Notes by his Grand-daughter* (New York: Harcourt Brace, 1958), 108. This reference to Babbage, and accompanying comments on Herbert Spencer, were deleted from the version published by Francis Darwin in 1896.

24. Ada Augusta Lovelace, Note A to L. F. Menabrea's "Sketch of the Analytical Engine invented by Charles Babbage, Esq.," *Taylor's Scientific Memoirs*, vol. 3 (London: J. E. & R. Taylor, 1843), reprinted in Henry Provost Babbage, ed., *Babbage's Calculating Engines: Being a Collection of Papers Relating to them; their History, and Construction* (London: E. and F. Spon, 1889), 25. Facsimile reprint, Charles Babbage Institute Reprint Series for the History of Computing, vol. 2 (Cambridge, Mass.: MIT Press, 1982).

25. Babbage, *Ninth Bridgewater Treatise*, 97.

26. Ibid., vii.

27. Charles Babbage, *On the Economy of Machinery and Manufactures*, 4th ed., enlarged (London: Charles Knight, 1835), 273–276.

28. Babbage, *Passages*, 128.

29. George Boole, *An Investigation of the Laws of Thought, on which are founded the mathematical theories of Logic and Probabilities* (London: Macmillan, 1854), 1.

30. Herman Goldstine, *The Computer from Pascal to von Neumann* (Princeton, N.J.: Princeton University Press, 1972), 153.

31. John von Neumann, "Probabilistic Logics and the Synthesis of Reliable Organisms from Unreliable Components," in Claude E. Shannon and John McCarthy, eds., *Automata Studies* (Princeton, N.J.: Princeton University Press, 1956), 43–99.

32. Boole, *Laws of Thought*, 21.

33. Ibid., 408.

34. Leibniz, ca. 1702, "Reflections on the Common Concept of Justice," in Loemker, *Philosophical Papers*, vol. 2, 919.

35. D'arcy Power, in *Dictionary of National Biography*, vol. 18 (London: Smith,

Elder & Co., 1898), 399.

36. Alfred Smee, *Principles of the Human Mind deduced from Physical Laws* (London: Longman, Brown, Green, & Longmans, 1849); reprinted in Elizabeth Mary (Smee) Odling, *Memoir of the late Alfred Smee, F. R. S., by his daughter; with a selection from his miscellaneous writings* (London: George Bell & Sons, 1878), 271.

37. Alfred Smee, *The Process of Thought Adapted to Words and Language, together with a description of the Relational and Differential Machines* (London: Longman, Brown, Green, & Longmans, 1851), ix.

38. Ibid., 2.

39. Ibid., 25.

40. Ibid., 39.

41. Ibid., 42–43.

42. Ibid., 48–49.

43. Ibid., 49–50.

44. Alfred Smee, *Instinct and Reason: Deduced from Electro-Biology* (London: Reeve, Benham & Reeve, 1850), 97.

45. Alfred Smee, *Elements of Electro-Biology; or, the Voltaic Mechanism of Man; of Electro-Pathology, Especially of the Nervous System; and of Electro-Therapeutics* (London: Reeve, Benham & Reeve, 1849), 20.

46. Smee, *Instinct and Reason*, 28–29.

47. Ibid., 200, 221.

48. *Saturday Review* (London), 10 August 1872, 194.

49. Power, *Dictionary*, vol. 18, 399.

50. Kurt Gödel, "Über formal unentscheidbare Sätze der *Principia Mathematica* und verwandter Systeme I," *Monatshefte für Mathematik und Physik* 38 (1931); translated by Elliott Mendelson as "On Formally Undecidable Propositions of *Principia Mathematica* and Related Systems I," in Martin Davis, ed., *The Undecidable* (Hewlett, N.Y.: Raven Press, 1965), 5.

51. Leibniz to Clarke, 18 August 1716, in H. G. Alexander, ed., *The Leibniz–Clarke Correspondence* (Manchester, England: Manchester University Press, 1956), 193.

52. Leibniz, 1714, *The Monadology*, in George R. Montgomery, trans., *Basic Writings: Discourse on Metaphysics; Correspondence with Arnauld; Monadology* (La Salle, Ill.: Open Court, 1902), 254.

53. Leibniz to Caroline, Princess of Wales, ca. 1716, in Alexander, *Correspondence*, 191.

第四章

1. Alan Turing, "Computing Machinery and Intelligence," *Mind* 59 (October 1950): 443.

2. A. K. Dewdney, *The Turing Omnibus* (Rockville, Md.: Computer Science Press, 1989), 389.

3. Robin Gandy, "The Confluence of Ideas in 1936," in Rolf Herken, ed., *The Universal Turing Machine: A Half-century Survey* (Oxford: Oxford University Press, 1988), 85.

4. Alan Turing, "On Computable Numbers, with an Application to the Entscheidungsproblem," *Proceedings of the London Mathematical Society*, 2d ser. 42 (1936–1937); reprinted, with corrections, in Martin Davis, ed., *The Undecidable* (Hewlett, N.Y.: Raven Press, 1965), 117.

5. Ibid., 136.

6. Kurt Gödel, 1946, "Remarks Before the Princeton Bicentennial Conference on Problems in Mathematics," reprinted in Davis, *The Undecidable*, 84.

7. W. Daniel Hillis, *The Difference that Makes a Difference* (New York: Basic Books, forthcoming).

8. Malcolm MacPhail to Andrew Hodges, 17 December 1977, in Andrew Hodges, *Alan Turing: The Enigma* (New York: Simon & Schuster, 1983), 138.

9. Allan Marquand, "A New Logical Machine," *Proceedings of the American Academy of Arts and Sciences* 21 (1885): 303.

10. Charles Peirce to Allan Marquand, 1866, in Arthur W. Burks, "Logic, Computers, and Men," *Proceedings and Addresses of the American Philosophical Association* 46 (1973): 47–48.

11. Wolfe Mays, "The First Circuit of an Electrical Logic-Machine," *Science* 118 (4 September 1953): 281.

12. George W. Patterson, "The First Electric Computer, a Magnetological Analysis," *Journal of the Franklin Institute* 270 (1960): 130.

13. Charles S. Peirce, "Logical Machines," *American Journal of Psychology* 1 (November 1887): 165.

14. Ibid., 170.

15. Ibid., 168.

16. Ibid., 169.

17. Theodosia Talcott to H. Talcott, 6 January 1889, in Geoffrey D. Austrian, *Herman Hollerith: Forgotten Giant of Information Processing* (New York: Columbia University Press, 1982), 39–40.

18. Emmanuel Scheyer, "When Perforated Paper Goes to Work: How Strips of Paper Can Endow Inanimate Machines with Brains of Their Own," *Scientific American* 127 (December 1922): 395.

19. Vannevar Bush, "Instrumental Analysis," *Bulletin of the American Mathematical Society* 42 (October 1936): 652.

20. John W. Tukey, 9 January 1947, "Sequential Conversion of Continuous Data to Digital Data," in Henry S. Tropp, "Origin of the Term Bit," *Annals of the History of Computing* 6, no. 2 (April 1984): 153–154.

21. Claude E. Shannon, "A Mathematical Theory of Communication," *Bell System Technical Journal* 27 (July and October 1948): 379–423, 623–656.

22. Bush, "Instrumental Analysis," 653–654.

23. Irving J. Good, "Pioneering Work on Computers at Bletchley," in Nicholas Metropolis, J. Howlett, and Gian-Carlo Rota, eds., *A History of Computing in the Twentieth Century* (New York: Academic Press, 1980), 35.

24. Peter Hilton, "Reminiscences of Bletchley Park, 1942–1945," in *A Century of Mathematics in America*, part 1 (Providence, R.I.: American Mathematical Society, 1988), 293–294.

25. Diana Payne, "The Bombes," in F. H. Hinsley and Alan Stripp, eds., *Codebreakers: The Inside Story of Bletchley Park* (Oxford: Oxford University Press, 1993), 134.

26. Thomas H. Flowers, "The Design of Colossus," *Annals of the History of Computing* 5 (1983): 244.

27. Irving J. Good, "A Report on a Lecture by Tom Flowers on the Design of the Colossus," *Annals of the History of Computing* 4, no. 1 (1982): 57–58.

28. Howard Campaigne, introduction to Flowers, "Design of Colossus," 239.

29. Irving J. Good, "Enigma and Fish," revised, with corrections, in F. H. Hinsley and Alan Stripp, eds., *Codebreakers: The Inside Story of Bletchley Park*, 2d ed. (Oxford: Clarendon Press, 1994), 164.

30. Hodges, *Turing*, 278.

31. Irving J. Good, "Turing and the Computer," review of *Alan Turing: The Enigma*, by Andrew Hodges, *Nature* 307 (1 February 1984): 663.

32. Brian Randell, "The Colossus," in Metropolis, Howlett, and Rota, *History of Computing*, 78.

33. Hilton, "Reminiscences," 293.

34. Alan Turing, "Proposal for the Development in the Mathematics Division of an Automatic Computing Engine (ACE)," reprinted in B. E. Carpenter and R. W. Doran, eds., *A. M. Turing's A.C.E. Report of 1946 and Other Papers*, Charles Babbage Reprint Series for the History of Computing, vol. 10 (Cambridge: MIT Press, 1986), 20–105.

35. Hodges, *Turing*, 307.

36. Carpenter and Doran, *Turing's A.C.E. Report*, 2.

37. Sara Turing, *Alan M. Turing* (Cambridge: W. Heffer & Sons, 1959), 78.

38. M. H. A. Newman, quoted in Good, "Turing and the Computer," 663.

39. Alan Turing, "Lecture to the London Mathematical Society on 20 February 1947," in Carpenter and Doran, *Turing's A.C.E. Report*, 112.

40. Ibid., 106.

41. J. H. Wilkinson, "Turing's Work at the National Physical Laboratory," in Metropolis, Howlett, and Rota, *History of Computing*, 111.

42. Alan Turing, "Intelligent Machinery," report submitted to the National Physical Laboratory, 1948, in Donald Michie, ed., *Machine Intelligence*, vol. 5 (1970), 3.

43. Turing, "Lecture," 124.

44. Turing, "Intelligent Machinery," 4.

45. Turing, "Lecture," 123.

46. Turing, "Intelligent Machinery," 9.

47. Ibid., 23.

48. Turing, "Computing Machinery," 456.

49. Turing, "Intelligent Machinery," 21–22.

50. Turing, "Systems of Logic Based on Ordinals," *Proceedings of the London Mathematical Society*, 2d ser. 45 (1939); reprinted in Davis, *The Undecidable*, 209.

51. John von Neumann, 1948, "The General and Logical Theory of Automata," in Lloyd A. Jeffress, ed., *Cerebral Mechanisms in Behavior: The Hixon Symposium* (New York: Hafner, 1951), 26.

52. Leibniz, 1714, *The Monadology*, in George R. Montgomery, trans., *Basic Writings: Discourse on Metaphysics; Correspondence with Arnauld; Monadology* (La Salle, Ill.: Open Court, 1902), 253.

第五章

1. John von Neumann to Gleb Wataghin, ca. 1946, as reported by Freeman J. Dyson, *Disturbing the Universe* (New York: Harper & Row, 1979), 194.

2. Stanislaw Ulam, *Adventures of a Mathematician* (New York: Scribner's, 1976), 231.

3. Nicholas Vonneumann, "John von Neumann: Formative Years," *Annals of the History of Computing* 11, no. 3 (1989): 172.

4. Eugene P. Wigner, "John von Neumann—A Case Study of Scientific Creativity," *Annals of the History of Computing* 11, no. 3 (1989): 168.

5. Edward Teller, in Jean R. Brink and Roland Haden, "Interviews with Edward Teller and Eugene P. Wigner," *Annals of the History of Computing* 11, no. 3 (1989): 177.

6. Stanislaw Ulam, "John von Neumann, 1903–1957," *Bulletin of the American Mathematical Society* 64, no. 3 (May 1958): 1.

7. Eugene Wigner, "Two Kinds of Reality," *The Monist* 49, no. 2 (April 1964); reprinted in *Symmetries and Reflections* (Cambridge: MIT Press, 1967), 198.

8. John von Neumann, statement on nomination to membership in the AEC, 8 March 1955, von Neumann Papers, Library of Congress; in William Aspray, *John von Neumann and the Origins of Modern Computing* (Cambridge: MIT Press, 1990), 247.

9. John von Neumann, as quoted by J. Robert Oppenheimer in testimony before the AEC Personnel Security Board, 16 April 1954, *In the Matter of J. Robert Oppenheimer* (Washington, D.C.: Government Printing Office, 1954; reprint, Cambridge: MIT Press, 1970), 246 (page citation is to the reprint edition).

10. Nicholas Metropolis, "The MANIAC," in Nicholas Metropolis, J. Howlett, and Gian-Carlo Rota, eds., *A History of Computing in the Twentieth Century* (New York: Academic Press, 1980), 459.

11. John von Neumann, testimony before the AEC Personnel Security Board, 27 April 1954, *In the Matter of J. Robert Oppenheimer*, 655.

12. Ralph Slutz, interview by Christopher Evans, June 1976, OH 086, Charles Babbage Institute, University of Minnesota, Minneapolis.

13. John von Neumann, "The Role of Mathematics in the Sciences and Society," address to Princeton graduate alumni, June 1954; reprinted in John von Neumann, *Theory of Games, Astrophysics, Hydrodynamics and Meteorology*, vol. 6 of *Collected Works* (Oxford: Pergamon Press, 1963), 478, 490.

14. Galileo Galilei, *Dialogues Concerning Two New Sciences* (Leyden: Elzevir, 1638), 275; trans. Henry Crew and Alfonso De Salvio (New York: Macmillan, 1914; reprint, Evanston, Ill.: Northwestern University Press, 1946), 242 (page citation is to the reprint edition).

15. Ibid., 246.

16. Herman Goldstine, 16 August 1944, in *The Computer from Pascal to von Neumann* (Princeton, N.J.: Princeton University Press, 1972), 166.

17. William H. Calvin, "A Stone's Throw and Its Launch Window: Timing Precision and Its Implications for Language and Hominid Brains," *Journal of Theoretical Biology* 104 (September 1983): 121.

18. Robert Oppenheimer to James Conant, October 1949, AEC Records; in James R. Shepley and Clay Blair, *The Hydrogen Bomb* (Westport, Conn.: Greenwood Press, 1954), 70.

19. Willis H. Ware, *The History and Development of the Electronic Computer Project at the Institute for Advanced Study,* RAND Corporation Memorandum P-377, 10 March 1953, 5–6.

20. Martin Schwarzschild, interview by William Aspray, 18 November 1986, OH 124, Charles Babbage Institute, University of Minnesota, Minneapolis.

21. Richard Feynman, "Los Alamos from Below—Reminiscences of 1943–1945," *Engineering and Science* 39, no. 2 (January–February 1976): 25.

22. Osborne Reynolds, "An Experimental Investigation of the Circumstances which determine whether the Motion of Water shall be Direct or Sinuous, and the Laws of Resistance in Parallel Channels," *Philosophical Transactions of the Royal Society of London* 174 (1883): 936.

23. Ibid., 938.

24. Stanislaw Ulam, "Von Neumann: The Interaction of Mathematics and Computing," in Metropolis, Howlett, and Rota, *History of Computing,* 93.

25. Norbert Wiener, *I Am a Mathematician* (New York: Doubleday, 1956), 260.

26. Lewis Fry Richardson, *Weather Prediction by Numerical Process* (Cambridge: Cambridge University Press, 1922; facsimile reprint, New York: Dover Publications, 1965), xiii.

27. Ibid., xi.

28. W. Daniel Hillis, "Richard Feynman and the Connection Machine," *Physics Today* 42, no. 2 (1989): 78.

29. Lewis Fry Richardson, *Arms and Insecurity: A Mathematical Investigation into the Causes of War,* ed. Quincy Wright and C. C. Lienau (Pittsburgh: The

30. Lewis Fry Richardson, "The Analogy Between Mental Images and Sparks," *Psychological Review* 37, no. 3 (May 1930): 222.

31. Sidney Shalett, "Electronics to Aid Weather Figuring," *New York Times*, 11 January 1946, 12.

32. Stanislaw Ulam, *Science, Computers and People: From the Tree of Mathematics* (Boston: Birkhauser, 1986), 164.

33. Shalett, "Electronics," 12.

34. Stan Frankel, letter to Brian Randell, 1972, in Brian Randell, "On Alan Turing and the Origins of Digital Computers," *Machine Intelligence* 7 (1972): 10.

35. Rudolf Ortvay to John von Neumann, Budapest, 29 January 1941, in Denes Nagy, ed., "The von Neumann–Ortvay Connection," *Annals of the History of Computing* 11, no. 3 (1989): 187.

36. Warren S. McCulloch and Walter Pitts, "A Logical Calculus of the Ideas Immanent in Nervous Activity," *Bulletin of Mathematical Biophysics* 5 (1943): 115–133.

37. John von Neumann, n.d., Library of Congress, summarized in Aspray, *von Neumann*, 271.

38. Herman H. Goldstine, interview by Nancy Stern, 11 August 1980, OH 018, Charles Babbage Institute, University of Minnesota, Minneapolis.

39. Metropolis, Howlett, and Rota, *History of Computing*, xvii.

第六章

1. Arthur Burks, Herman Goldstine, and John von Neumann, 1946, *Preliminary Discussion of the Logical Design of an Electronic Computing Instrument* (Princeton, N.J.: Institute for Advanced Study, 28 June 1946; 2d ed., September 1947); reprinted in John von Neumann, *Design of Computers, Theory of Automata and Numerical Analysis*, vol. 5 of *Collected Works*, ed. Abraham Taub (Oxford: Pergamon Press, 1963), 79.

2. Harry Woolf, ed., *A Community of Scholars: The Institute for Advanced Study Faculty and Members, 1930–1980* (Princeton, N.J.: Institute for Advanced Study, 1980), ix.

3. Ibid., 130.

4. Abraham Flexner, *I Remember* (New York: Simon & Schuster, 1940), 13.

5. Abraham Flexner, "The Usefulness of Useless Knowledge," *Harper's Magazine*, October 1939, 548.

6. Flexner, *I Remember*, 75.
7. Ibid., 356.
8. Flexner, "Useless Knowledge," 551.
9. Flexner, *I Remember*, 361, 375.
10. Flexner, "Useless Knowledge," 551.
11. Ibid., 552.
12. Flexner, *I Remember*, 375.
13. Ibid., 377–378.
14. Flexner, "Useless Knowledge," 551.
15. Ibid., 551.
16. Flexner, *I Remember*, 375.
17. Arthur W. Burks, interview by William Aspray, 20 June 1987, OH 136, Charles Babbage Institute, University of Minnesota, Minneapolis.
18. Willis H. Ware, interview by Nancy Stern, 19 January 1981, OH 37, Charles Babbage Institute, University of Minnesota, Minneapolis.
19. John von Neumann, "Governed," review of *Cybernetics*, by Norbert Wiener, *Physics Today* 2 (1949): 33.
20. Willis H. Ware, *The History and Development of the Electronic Computer Project at the Institute for Advanced Study*, RAND Corporation Memorandum P-377, 10 March 1953, 7–8.
21. Burks, interview.
22. John von Neumann, "Memorandum on the Program of the High-Speed Computer," 8 November 1945, quoted in Herman Goldstine, *The Computer from Pascal to von Neumann* (Princeton, N.J.: Princeton University Press, 1972), 255.
23. Irving J. Good, "Some Future Social Repercussions of Computers," *International Journal of Environmental Studies* 1 (1970): 69.
24. Burks, interview.
25. Ralph Slutz, interview by Christopher Evans, June 1976, OH 86, Charles Babbage Institute, University of Minnesota, Minneapolis.
26. Ware, interview.
27. Herman H. Goldstine, interview by Nancy Stern, 11 August 1980, OH 18,

Charles Babbage Institute, University of Minnesota, Minneapolis.

28. Norbert Wiener, *I Am a Mathematician* (New York: Doubleday, 1956), 242–243.

29. Julian Bigelow, Arturo Rosenblueth, and Norbert Wiener, "Behavior, Purpose and Teleology," *Philosophy of Science* 10, no. 1 (1943): 22.

30. Warren S. McCulloch, "The Imitation of One Form of Life by Another—Biomimesis," in Eugene E. Bernard and Morley R. Kare, eds., *Biological Prototypes and Synthetic Systems*, Proceedings of the Second Annual Bionics Symposium sponsored by Cornell University and the General Electric Company, Advanced Electronics Center, held at Cornell University, August 30–September 1, 1961, vol. 1 (New York: Plenum Press, 1962), 393.

31. Ware, interview.

32. Ibid.

33. Julian Bigelow, "Computer Development at the Institute for Advanced Study," in Nicholas Metropolis, J. Howlett, and Gian-Carlo Rota, eds., *A History of Computing in the Twentieth Century* (New York: Academic Press, 1980), 291.

34. Ware, interview.

35. Burks, interview.

36. Bigelow, "Computer Development," 304.

37. Ibid., 307.

38. Ibid., 297.

39. Ibid., 308.

40. Ibid., 306.

41. William F. Gunning, *Rand's Digital Computer Effort*, Rand Corporation Memorandum P-363, 23 February 1953, 4.

42. Richard W. Hamming, "The History of Computing in the United States," in Dalton Tarwater, ed., *The Bicentennial Tribute to American Mathematics, 1776–1976* (Washington, D.C.: Mathematical Association of America, 1977), 119.

43. Martin Schwarzschild, interview by William Aspray, 18 November 1986, OH 124, Charles Babbage Institute, University of Minnesota, Minneapolis.

44. Edmund C. Berkeley, *Giant Brains* (New York: John Wiley, 1949), 5.

45. John von Neumann, 1948, "The General and Logical Theory of Au-

tomata," in Lloyd A. Jeffress, ed., *Cerebral Mechanisms in Behavior: The Hixon Symposium* (New York: Hafner, 1951), 31.

46. Stanislaw Ulam, *Adventures of a Mathematician* (New York: Scribner's, 1976), 242.

47. John von Neumann, 1948, response to W. S. McCulloch's paper "Why the Mind Is in the Head," Hixon Symposium, September 1948, in Jeffress, *Cerebral Mechanisms*, 109–111.

48. John von Neumann to Oswald Veblen, memorandum, 26 March 1945, "On the Use of Variational Methods in Hydrodynamics," reprinted in John von Neumann, *Theory of Games, Astrophysics, Hydrodynamics and Meteorology*, vol. 6 of *Collected Works*, ed. Abraham Taub (Oxford: Pergamon Press, 1963), 357.

第七章

1. Marvin Minsky, 1971, in Carl Sagan, ed., *Communication with Extraterrestrial Intelligence*, Proceedings of the Conference held at the Byurakan Astrophysical Observatory, Yerevan, USSR, 5–11 September 1971 (Cambridge: MIT Press, 1973), 328.

2. Julian Bigelow, "Computer Development at the Institute for Advanced Study," in Nicholas Metropolis, J. Howlett, and Gian-Carlo Rota, eds., *A History of Computing in the Twentieth Century* (New York: Academic Press, 1980), 308.

3. Konstantin S. Merezhkovsky, *Theory of Two Plasms as the Basis of Symbiogenesis: A New Study on the Origin of Organisms* (in Russian) (Kazan: Publishing Office of the Imperial Kazan University, 1909); Boris M. Kozo-Polyansky, *A New Principle of Biology: Essay on the Theory of Symbiogenesis* (in Russian) (Moscow, 1924). The theory is most accessible in English in Liya N. Khakhina's *Concepts of Symbiogenesis: A Historical and Critical Study of the Research of Russian Botanists*, trans. Stephanie Merkel, ed. Lynn Margulis and Mark McMenamin (New Haven, Conn.: Yale University Press, 1992).

4. Merezhkovsky, *Theory of Two Plasms*, 8; after Khakina, *Symbiogenesis*, ii.

5. Edmund B. Wilson, *The Cell in Development and Heredity*, 3d ed. (New York: Macmillan, 1925), 738.

6. Nils A. Barricelli, "Numerical Testing of Evolution Theories: Part 1," *Acta Biotheoretica* 16 (1962): 94.

7. Nils A. Barricelli, "Numerical Testing of Evolution Theories: Part 2," *Acta Biotheoretica* 16 (1962): 122.

8. Barricelli, "Numerical Testing of Evolution Theories: Part 1," 70.

9. James Pomerene, interview by Nancy Stern, 26 September 1980, OH 31, Charles Babbage Institute, University of Minnesota, Minneapolis.

10. Nils A. Barricelli, "Symbiogenetic Evolution Processes Realized by Artificial Methods," *Methodos* 9, nos. 35–36 (1957): 152.

11. Barricelli, "Numerical Testing of Evolution Theories: Part 1," 72.

12. Barricelli, "Symbiogenetic Evolution Processes," 169.

13. Ibid., 164.

14. Barricelli, "Numerical Testing of Evolution Theories: Part 1," 70.

15. Ibid., 76.

16. Nils A. Barricelli, "Numerical Testing of Evolution Theories," *Journal of Statistical Computation and Simulation* 1 (1972): 123–124.

17. Barricelli, "Numerical Testing of Evolution Theories: Part 1," 94.

18. Barricelli, "Symbiogenetic Evolution Processes," 159.

19. Barricelli, "Numerical Testing of Evolution Theories: Part 1," 89.

20. Ibid., 69, 99.

21. Ibid., 94.

22. Ibid., 73.

23. Barricelli, "Numerical Testing of Evolution Theories: Part 2," 100.

24. Ibid., 116.

25. Barricelli, "Numerical Testing of Evolution Theories: Part 1," 122.

26. Barricelli, "Numerical Testing of Evolution Theories: Part 2," 100.

27. Barricelli, "Numerical Testing of Evolution Theories: Part 1," 126.

28. Barricelli, "Numerical Testing of Evolution Theories: Part 2," 117.

29. A. G. Cairns-Smith, *Seven Clues to the Origin of Life* (Cambridge: Cambridge University Press, 1985), 106.

30. Tor Gulliksen, personal communication, 22 November 1995.

31. Ibid.

32. Simen Gaure, personal communication, 23 November 1995.

33. Nils Barricelli, in Paul S. Moorhead and Martin M. Kaplan, eds., *Math-*

ematical Challenges to the Neo-Darwinian Interpretation of Evolution, A Symposium Held at the Wistar Institute, April 25–26, 1966 (Philadelphia: Wistar Institute, 1967), 64.

34. Gaure, personal communication.

35. Barricelli, "Numerical Testing of Evolution Theories: Part 2," 101.

36. John Backus, "Programming in America in the 1950s—Some Personal Impressions," in Metropolis, Howlett, and Rota, *History of Computing*, 127.

37. Data in this paragraph are from Montgomery Phister, Jr., *Data Processing Technology and Economics*, 2d ed. (Bedford, Mass.: Digital Press, 1979), 19, 26, 27, 215, 277, 531, 611.

38. Nils A. Barricelli, "The Functioning of Intelligence Mechanisms Directing Biologic Evolution," *Theoretic Papers* 3, no. 7 (1985): 126.

39. Maurice Wilkes, *Memories of a Computer Pioneer* (Cambridge: MIT Press, 1985), 145.

40. Barricelli, "Symbiogenetic Evolution Processes," 147.

41. Thomas Ray, "Evolution, Complexity, Entropy, and Artificial Reality," preprint submitted to *Physica D* (20 August 1993): 2.

42. Thomas Ray, "How I Created Life in a Virtual Universe" (unpublished preprint, School of Life and Health Sciences, University of Delaware, 29 March 1992), 5–6.

43. Ibid., 6.

44. Thomas Ray, "An Evolutionary Approach to Synthetic Biology: Zen and the Art of Creating Life," preprint submitted to *Artificial Life* 1, no. 1 (21 October 1993): 5.

45. Thomas Ray, "A Proposal to Create a Network-Wide Biodiversity Reserve for Digital Organisms," preprint, ATR Human Information Processing Research Laboratories, Kyoto, Japan (2 March 1994), 2.

46. Thomas Ray and Kurt Thearling, "Evolving Multi-cellular Artificial Life," preprint submitted to *Proceedings of Artificial Life IV* (July 1994): 6.

47. Ray, "Proposal," 6.

48. Ibid., 5–6.

49. Ray, "Synthetic Biology," 29.

50. Thomas Ray, "Security," unpublished memo, 1 August 1995.

51. Barricelli, "Numerical Testing of Evolution Theories," 126.

52. Nils Barricelli, "Genetic Language, Its Origins and Evolution," *Theoretic Papers* 4, no. 6 (1986): 106–107.

53. Nils A. Barricelli, "On the Origin and Evolution of the Genetic Code: 2. Origin of the Genetic Code as a Primordial Collector Language; The Pairing-Release Hypothesis," *BioSystems* 11 (1979): 19, 21.

54. Martin Davis, "Influences of Mathematical Logic on Computer Science," in Rolf Herken, ed., *The Universal Turing Machine: A Half-century Survey* (Oxford: Oxford University Press, 1988), 315.

55. Alan Turing, "Computing Machinery and Intelligence," *Mind* 59 (October 1950): 456.

第八章

1. W. Daniel Hillis, "New Computer Architectures and Their Relationship to Physics, or Why Computer Science Is No Good," *International Journal of Theoretical Physics* 21, nos. 3–4 (April 1982): 257.

2. Aeschylus, *Agamemnon*, lines 280–316, trans. and ed. Eduard Frankel (Oxford: Clarendon Press, 1950), 109–111.

3. Polybius, *The Histories*, book 10, 45.6–12, trans. W. R. Paton (London: William Heinemann, 1925), 213–214.

4. John Wilkins, *Mercury; or, the Secret and Swift Messenger: Shewing, How a Man may with Privacy and Speed Communicate his Thoughts to a Friend at any Distance* (London: John Maynard, 1641), 88.

5. Ibid., 137.

6. Gerald J. Holzmann and Björn Pehrson, *The Early History of Data Networks* (Los Alamitos, Calif.: IEEE Computer Society Press, 1995), 24.

7. Robert Hooke, 21 May 1684, "Discourse Shewing a Way how to Communicate one's Mind at great Distances," in W. Derham, ed., *Philosophical Experiments and Observations of the late Eminent Dr. Robert Hooke* (London: W. Derham, 1726), 142–143.

8. Richard Waller, "The Life of Dr. Robert Hooke," introduction to *The Posthumous Works of Robert Hooke, containing his Cutlerian lectures, and other discourses* (London: Richard Waller, 1705), xxvii.

9. John Aubrey, in *Aubrey's Brief Lives: Edited from the Original Manuscripts with a Life of John Aubrey by Oliver Lawson Dick* (Ann Arbor: University of Michigan Press, 1949), 165.

10. Samuel Pepys, 15 February 1664, in *Diary and Correspondence of Samuel Pepys, F.R.S. . . . Deciphered by Rev. J. Smith, A. M. from the original shorthand*

11. Waller, "Hooke," ix.

12. Ibid., xiii.

13. Robert Hooke, 7 May 1673, in R. T. Gunther, *Early Science in Oxford*, vol. 7 (Oxford: printed for the author, 1930), 412.

14. Waller, "Hooke," vii.

15. Aubrey, *Brief Lives*, 167.

16. Letter from Hooke to Boyle, 3 July 1663, in Gunther, *Early Science*, vol. 6, 139.

17. Hooke, *Posthumous Works*, 140.

18. Ibid., 144.

19. Journal of the Royal Society, 17 February 1664; in Gunther, *Early Science*, vol. 6, 170.

20. Journal of the Royal Society, 29 February 1672; in Gunther, *Early Science*, vol. 7, 394.

21. Journal of the Royal Society, 7 March 1672; in Gunther, *Early Science*, vol. 7, 394.

22. Hooke, "Discourse," 147.

23. Ibid.

24. Ibid., 146–147.

25. Holzmann and Pehrson, *Data Networks*, 38.

26. Hooke, "Discourse," 148.

27. Gerald J. Holzmann and Björn Pehrson, "The First Data Networks," *Scientific American* 270, no. 1 (January 1994): 129.

28. Abbé Jean Antoine Nollet, *Essai sur l'électricité des corps* (Paris: Frères Guerin, 1746), 135; second quotation in Park Benjamin, *A History of Electricity (The Intellectual Rise in Electricity) from Antiquity to the Days of Benjamin Franklin* (New York: John Wiley, 1898), 534.

29. [C.M.], "An Expeditious Method for Conveying Intelligence," *Scots' Magazine* 15 (17 February 1745): 73; reprinted in John J. Fahie, *A History of Electric Telegraphy to the Year 1837, chiefly compiled from original sources, and hitherto unpublished documents* (London: E. & F. Spon, 1884), 68–71.

30. Fahie, *Electric Telegraphy*, 221.

31. Francis Ronalds, "Descriptions of an Electrical Telegraph" (London: R.

Hunter, 1823), 3; quoted in Fahie, *Electric Telegraphy*, 138.

32. Francis Ronalds to Lord Melville, 11 July 1816; in Fahie, *Electric Telegraphy*, 135.

33. John Barrow to Francis Ronalds, 5 August 1816; in Fahie, *Electric Telegraphy*, 136.

34. André-Marie Ampère, *Recueil d'observations électro-dynamiques contentant divers mémoires, notices, extraits de lettres ou d'ouvrages périodiques sur les sciences, relatifs à l'action mutuelle de deux courans électriques*... (Paris: Crochard, 1822), 19. (Author's translation.)

35. John von Neumann, lecture given at University of Illinois, December 1949, in Arthur Burks, ed., *Theory of Self-Reproducing Automata* (Urbana: University of Illinois Press, 1966), 75.

36. John von Neumann, "Defense in Atomic War," *Journal of the American Ordnance Association* (1955): 22; reprinted in John von Neumann, *Theory of Games, Astrophysics, Hydrodynamics and Meteorology*, vol. 6 of *Collected Works* (Oxford: Pergamon Press, 1963), 524.

37. von Neumann, "Defense in Atomic War" (1955), 23; (1963), 525.

38. RAND Articles of Incorporation, 1948, in *The RAND Corporation: The First Fifteen Years* (Santa Monica, Calif.: RAND Corporation, 1963).

39. Contract of 2 March 1946 establishing project RAND; in Bruce Smith, *The RAND Corporation* (Cambridge: Harvard University Press, 1966), 30.

40. *A Million Random Digits with 100,000 Normal Deviates* (Santa Monica, Calif.: RAND Corporation, 1955; reprint, New York: Free Press, 1966), xii (page citation is to the reprint edition).

41. Louis Ridenour and Francis Clauser, *Preliminary Design of an Experimental Earth-Circling Spaceship*, U.S. Air Force Project RAND Report SM-11827, 2 May 1946, 2, 16.

42. RAND, *The RAND Corporation*, 23.

43. Paul Baran, interview by Judy O'Neill, 5 March 1990, OH 182, Charles Babbage Institute, University of Minnesota, Minneapolis.

44. J. M. Chester, *Cost of a Hardened, Nationwide Buried Cable Network*, RAND Corporation Memorandum RM-2627-PR, 1 October 1960.

45. Baran, interview.

46. Ibid.

47. Paul Baran, *Summary Overview*, vol. 11 of *On Distributed Communications*, RAND Corporation Memorandum RM-3767-PR, August 1964, 1.

48. Paul Baran, "Packet Switching," in John C. McDonald, ed., *Fundamentals of Digital Switching*, 2d ed. (New York: Plenum Publishing, 1990), 204.

49. Baran, interview.

50. Paul Baran, *Reliable Digital Communications Systems Utilizing Unreliable Network Repeater Nodes*, RAND Corporation Memorandum P-1995, 27 May 1960, 1-2.

51. Baran, *Digital Communications Systems*, 7.

52. Paul Baran, *History, Alternative Approaches, and Comparisons*, vol. 5 of *On Distributed Communications*, RAND Corporation Memorandum RM-3097-PR, August 1964, 8.

53. Warren S. McCulloch, in Claude Shannon, "Presentation of a Maze-Solving Machine," in Heinz von Foerster, Margaret Mead, and H. L. Teuber, eds., *Cybernetics: Circular, Causal and Feedback Mechanisms in Biological and Social Systems*, Transactions of the Eighth Cybernetics Conference, March 15-16, 1951 (New York: Josiah Macy, Jr., Foundation, 1952); reprinted in N. J. A. Sloane and Aaron D. Wyner eds., *Claude Elwood Shannon: Collected Papers* (New York: IEEE Press, 1993), 687.

54. Baran, *On Distributed Communications*, vol. 5, iii.

55. Baran, "Packet Switching," 209.

56. Baran, *On Distributed Communications*, vol. 1, 25.

57. Ibid., 24.

58. Ibid., 29.

59. Paul Baran, *Security, Secrecy, and Tamper-free Considerations*, vol. 9 of *On Distributed Communications*, RAND Corporation Memorandum RM-3765-PR, August 1964, v.

60. Baran, interview.

61. Ibid.

62. Ibid.

63. Ibid.

第九章

1. Stanislaw Ulam, in Paul S. Moorhead and Martin M. Kaplan, eds., *Mathematical Challenges to the Neo-Darwinian Interpretation of Evolution*, A Symposium Held at the Wistar Institute, April 25-26, 1966 (Philadelphia:

Wistar Institute, 1967), 42.

2. John von Neumann and Oskar Morgenstern, *Theory of Games and Economic Behavior* (Princeton, N.J.: Princeton University Press, 1944); 2d ed., New York: John Wiley, 1947), 2 (page citation is to the 2d edition).

3. Loren Eiseley, *Darwin's Century* (New York: Doubleday, 1958), 39.

4. André-Marie Ampère, *Considérations sur la théorie mathématique du jeu* (Lyons, France: Frères Perisse, 1802), 3. (Author's translation.)

5. Jacob Marschak, "Neumann's and Morgenstern's New Approach to Static Economics," *Journal of Political Economy* 54, no. 2 (April 1946): 114.

6. J. D. Williams, *The Compleat Strategyst* (Santa Monica, Calif.: RAND Corporation, 1954), 216.

7. John Nash, *Parallel Control*, RAND Corporation Research Memorandum RM-1361, 27 August 1954, 14.

8. John von Neumann, "A Model of General Economic Equilibrium," *Review of Economic Studies* 13 (1945): 1.

9. John von Neumann, *The Computer and the Brain* (New Haven, Conn.: Yale University Press, 1958), 79–82.

10. John von Neumann, 1948, "General and Logical Theory of Automata," in Lloyd A. Jeffress, ed., *Cerebral Mechanisms in Behavior: The Hixon Symposium* (New York: Hafner, 1951), 24.

11. Stan Ulam, quoted by Gian-Carlo Rota, "The Barrier of Meaning," *Letters in Mathematical Physics* 10 (1985): 99.

12. von Neumann, "Automata," 24.

13. Stan Ulam, quoted by Rota, "The Barrier of Meaning," 98.

14. D. E. Rumelhart and J. E. McClelland, *Parallel Distributed Processing: Explorations in the Microstructure of Cognition*, vol. 1 (Cambridge: MIT Press, 1986), 132.

15. William H. Calvin, *The Cerebral Symphony* (New York: Bantam, 1990), 118.

16. Thomas Hobbes, *De Cive* (in Latin) (Paris: privately printed, 1642), chap. 12, part 5; translated by Hobbes as *Philosophicall Rudiments concerning Government and Society* (London: Richard Royston, 1651); reprinted, with an introduction by Sterling Lamprecht, ed., as *De Cive; or, The Citizen* (New York: Appleton-Century-Crofts, 1949), 133.

17. Thomas Hobbes, *Leviathan; or, The Matter, Forme, and Power of a Commonwealth Ecclesiasticall and Civill* (London: Andrew Crooke, 1651), 130–131.

18. John Aubrey, in *Aubrey's Brief Lives: Edited from the Original Manuscripts and with a Life of John Aubrey by Oliver Lawson Dick* (Ann Arbor: University of Michigan Press, 1949), 237.

19. Sir Robert Southwell to William Petty, 28 September 1687, in *The Petty–Southwell Correspondence, 1676–1687, Edited from the Bowood Papers by the Marquis of Landsowne* (London: Constable & Co., 1928), 287.

20. Aubrey, 238.

21. Ibid., 239.

22. Sir William Petty, 7 November 1668, "An Attempt to Demonstrate that an Engine may be Fix'd in a Good Ship of 5 or 600 Tonn to Give Her Fresh Way at Sea in a Calm," in Lord Edmond Fitzmaurice, *The Life of Sir William Petty, 1623–1687* (London: John Murray, 1895), 122–124.

23. William Petty to Robert Southwell, 26 February 1680/81, in *The Petty–Southwell Correspondence*, 87.

24. Lord Shelborne (Charles Petty), dedication to William Petty, *Political Arithmetick; or, a Discourse concerning the extent and value of Lands, People, buildings; Husbandry, Manufacture, Commerce, Fishery, Artizans, Seamen, Soldiers; Public Revenues, Interest, Taxes* . . . (London, 1690).

25. Sir William Petty, 1682, *Quantulumcunque Concerning Money* (London: A. & J. Churchill, 1695), 165.

26. Hilary C. Jenkinson, "Exchequer Tallies," *Archaeologia*, 2d ser., 12 (1911): 368.

27. John Giuseppi, *The Bank of England: A History from Its Foundation in 1694* (Chicago: Henry Regnery Co., 1966), 105.

28. Alfred Smee, *Instinct and Reason: Deduced from Electro-biology* (London: Reeve, Benham & Reeve, 1850), xxix–xxxii.

29. Jenkinson, "Exchequer Tallies," 369.

30. Francis Cradocke, *An Expedient for taking away all Impositions, and raising a Revenue without Taxes, by Erecting Bankes for the Encouragement of Trade* (London: Henry Seile, 1660), 1.

31. Henry Robinson, *Certain Proposals in order to the Peoples Freedome and Accommodation in some Particulars* (London: M. Simmons, 1652), 18.

32. R. L. Rivest, A. Shamir, and L. Adleman, "A Method for Obtaining Digital Signatures and Public-Key Cryptosystems," *Communications of the ACM* 21, no. 2 (February 1978): 120.

33. John Wilkins, *Mercury; or, the Secret and Swift Messenger, Shewing how a Man*

may with Privacy and Speed Communicate his Thoughts to a Friend at any Distance (London: John Maynard, 1641), 169–170.

34. Ibid., 167.

35. Eric Hughes, "A Long-term Perspective on Electronic Commerce," *Release 1.0* (31 March 1995): 8.

36. Gerald Thompson, "John von Neumann's Contributions to Mathematical Programming Economics," in M. Dore, S. Chakravarty, and Richard Goodwin, eds., *John von Neumann and Modern Economics* (Oxford: Oxford University Press, 1989), 232.

37. Oskar Morgenstern, "The Theory of Games," *Scientific American* 180, no. 5 (May 1949): 23.

38. Marvin Minsky, *The Society of Mind* (New York: Simon & Schuster, 1985), 18, 322.

39. Samuel Butler, *Luck, or Cunning, as the main means of Organic Modification?* (London: Trübner & Co., 1887); reprinted as vol. 8 of *The Shrewsbury Edition of the Works of Samuel Butler* (London: Jonathan Cape, 1924), 98.

40. Adam Smith, 1776, *An Inquiry into the Nature and Causes of the Wealth of Nations*, reprint of the 5th ed., vol. 1 (Chicago: University of Chicago Press, 1904), 477–478.

41. Paul Baran, "Is the UHF Frequency Shortage a Self Made Problem?" address to the Marconi Centennial Symposium, Bologna, Italy, 23 June 1995.

42. Carver Mead, *Analog VLSI and Neural Systems* (Reading, Mass.: Addison-Wesley, 1989), 147.

43. Irving J. Good, 1980, *Ethical Machines* (unpublished draft prepared for the Tenth Machine Intelligence Workshop, Case Western Reserve University, April 20–25, 1981), ix.

44. Irving J. Good, "Speculations Concerning the First Ultraintelligent Machine," *Advances in Computers* 6 (1965): 39–40.

45. William Petty to Robert Southwell, letter, 1677, "The Scale of Creatures," *The Petty Papers: Some Unpublished Writings of Sir William Petty, Edited from the Bowood Papers by the Marquis of Landsowne*, vol. 2 (London: Constable & Co., 1927), 21.

46. W. Stanley Jevons, *Money and the Mechanism of Exchange* (New York: Appleton, 1896), 202.

47. Robert Hooke, *The Posthumous Works of Robert Hooke, containing his*

Cutlerian lectures, and other discourses (London: Richard Waller, 1705), 140.

第十章

1. Joe Van Lone, Cablevision Inc., quoted by Jerry Michalski in *Release 1.0*, 22 November 1993, 6.
2. Richard Feynman, "There's Plenty of Room at the Bottom," *Engineering and Science* 23 (1960): 26.
3. Ibid., 36.
4. J. B. S. Haldane, "On Being the Right Size," *Possible Worlds* (New York: Harper & Brothers, 1928), 28.
5. W. Ross Ashby, "Principles of the Self-Organizing System," in Heinz von Foerster and George W. Zopf, eds., *Principles of Self-Organization*, Transactions of the University of Illinois Symposium on Self-Organization, 8–9 June 1961 (New York: Pergamon Press, 1962), 266.
6. W. Ross Ashby, "Connectance of Large Dynamic (Cybernetic) Systems: Critical Values for Stability," *Nature* 228 (21 November 1970): 784.
7. W. Ross Ashby, "Principles of the Self-Organizing Dynamic System," *Journal of General Psychology* 37 (1947): 125.
8. W. Ross Ashby, "The Physical Origin of Adaptation by Trial and Error," *Journal of General Psychology* 32 (1945): 24.
9. Ashby, "Trial and Error," 13, 24.
10. Ibid., 20.
11. Ashby, "Principles of the Self-Organizing System," 270, 273.
12. Ibid., 270–271.
13. Irving J. Good, *Speculations on Perceptrons and other Automata*, IBM Research Lecture RC-115 (Yorktown Heights, N.Y.: IBM, 1959), 17.
14. Robert L. Chapman, John L. Kennedy, Allen Newell, and William Biel, "The System Research Laboratory's Air Defense Experiments," *Management Science* 5, no. 3 (April 1959): 260.
15. Ibid., 252.
16. Ibid., 267.
17. John von Neumann, "The Impact of Recent Developments in Science on

the Economy and on Economics," speech to the National Planning Association, Washington, D.C., 12 December 1955; reprinted in *Collected Works*, vol. 6 (Oxford: Pergamon Press, 1963), 100.

18. Robert Crago, in "A Perspective on SAGE: Discussion," *Annals of the History of Computing* 5, no. 4 (October 1983): 386.

19. Beatrice K. Rome and Sydney C. Rome, *Leviathan: A Simulation of Behavioral Systems, to Operate Dynamically on a Digital Computer*, System Development Corporation report no. SP-50, 6 November 1959, 7.

20. Ibid., 11.

21. Beatrice K. Rome and Sydney C. Rome, *The Leviathan Technological System for the PHILCO 2000 Computer*, System Development Corporation Technical Memorandum TM-713, 11 April 1962, 8.

22. Rome and Rome, *Leviathan: A Simulation of Behavioral Systems*, 15.

23. Ibid., 24.

24. Ibid., 42.

25. Ibid.

26. Ibid., 48.

27. Beatrice K. Rome and Sydney C. Rome, "Leviathan, and Information Handling in Large Organizations," in Allen Kent and Orrin Taulbee, eds., *Electronic Information Handling* (Washington, D.C.: Spartan Books, 1965), 172–173.

28. Beatrice K. Rome and Sydney C. Rome, *Organizational Growth Through Decisionmaking* (New York: American Elsevier, 1971), 1.

29. Oliver G. Selfridge, "Pandemonium: A Paradigm for Learning," *National Physical Laboratory Symposium No. 10 on the Mechanisation of Thought Processes*, vol. 1, proceedings of a symposium held at the National Physical Laboratory, 24–27 November 1958 (London: Her Majesty's Stationery Office, 1959), 516.

30. Ibid., 523.

31. Oliver Selfridge, "Artificial Intelligence and the Future of Software Technology," abstract of lecture sponsored by Barr Systems, Inc., and the Department of Computer and Information Science and Engineering, University of Florida, Gainesville, 23 October 1995.

32. Charles Darwin to Asa Gray, 5 September 1857, in *The Journal and Proceedings of the Linnean Society* 3, no. 9 (1858): 51.

33. Samuel Butler, *Luck, or Cunning, as the main means of Organic Modification?* (London: Trübner & Co., 1887); reprinted as vol. 8 of *The Shrewsbury Edition of the Works of Samuel Butler* (London: Jonathan Cape, 1924), 234.

34. Ibid., 235.

35. Nils Barricelli, "The Intelligence Mechanisms behind Biological Evolution," *Scientia* 95 (September 1963): 178–179.

36. Butler, *Luck, or Cunning?*, 60.

37. Samuel Butler, *Unconscious Memory* (London: David Bogue, 1880); reprinted as vol. 6 of *The Shrewsbury Edition of the Works of Samuel Butler* (London: Jonathan Cape, 1924), 16.

38. William Paley, 1802, *Natural Theology*, vol. 2, reprinted, with illustrative notes, etc., in four volumes (London: Charles Knight, 1845), 9.

39. John von Neumann, in Arthur Burks, ed., *Theory of Self-Reproducing Automata* (Urbana: University of Illinois Press, 1966), 47.

40. John Myhill, "The Abstract Theory of Self-Reproduction," in Mihajlo D. Mesarovic, ed., *Views on General Systems Theory*, Proceedings of the Second Systems Symposium at Case Institute of Technology, 1964; reprinted in Arthur Burks, ed., *Essays on Cellular Automata* (Urbana: University of Illinois Press, 1970), 218.

41. John von Neumann, 1948, "The General and Logical Theory of Automata," in Lloyd A. Jeffress, ed., *Cerebral Mechanisms in Behavior: The Hixon Symposium* (New York: Hafner, 1951), 31.

42. Robert Chambers, *Vestiges of the Natural History of Creation* (London: John Churchill, 1844), 222–223.

43. Nils Barricelli, in Paul S. Moorhead and Martin M. Kaplan, eds., *Mathematical Challenges to the Neo-Darwinian Interpretation of Evolution*, A Symposium Held at the Wistar Institute, April 25–26, 1966 (Philadelphia: Wistar Institute, 1967), 67.

44. Lewis Thomas, "The Lives of a Cell," *New England Journal of Medicine* 284, no. 19 (13 May 1971): 1083.

45. Lewis Thomas, "On Societies as Organisms," *New England Journal of Medicine* 285, no. 29 (8 July 1971): 101.

46. Ibid., 102.

47. Lewis Thomas, "Computers," *New England Journal of Medicine* 288, no. 24 (14 June 1973): 1289.

48. Lewis Thomas, "On Artificial Intelligence," *New England Journal of Medi-*

cine, 28 February 1980: 506.

49. Lewis Thomas, *Late Night Thoughts on Listening to Mahler's Ninth Symphony* (New York: Viking, 1983), 17.

50. Charles Darwin, *The Variation of Animals and Plants under Domestication* (London: John Murray, 1868; 2d ed., New York: Appleton, 1896), 2:399 (page citation is to 2d edition).

51. Philip Morrison, "Entropy, Life, and Communication," in Cyril Ponnamperuma and A. G. W. Cameron, eds., *Interstellar Communication: Scientific Perspectives* (Boston: Houghton Mifflin, 1974), 182.

第十一章

1. Olaf Stapledon, *Last and First Men* (London: Methuen, 1930); reprinted, from the U.S. edition of 1931, in *Last and First Men & Star Maker* (New York: Dover Publications, 1968), 117.

2. Olaf Stapledon to Agnes Miller, 22 December 1917, in Robert Crossley, ed., *Talking Across the World: The Love Letters of Olaf Stapledon and Agnes Miller, 1913–1919* (Hanover and London: University Press of New England, 1987), 262–263.

3. Olaf Stapledon, "Experiences in the Friends' Ambulance Unit," in Julian Bell, ed., *We Did Not Fight 1914–1918: Experiences of War Resisters* (London: Cobden-Sanderson, 1935), 369.

4. Ibid., 360.

5. Olaf Stapledon to Agnes Miller, 28 February 1915, in Crossley, *Talking Across the World*, 75.

6. Meaburn Tatham and James E. Miles, eds., *The Friends' Ambulance Unit 1914–1919: A Record* (London: Swarthmore Press, 1920), 212.

7. Stapledon, "Experiences," 362.

8. Olaf Stapledon to Agnes Miller, 22 October 1918, in Crossley, *Talking Across the World*, 332.

9. Stapledon, "Experiences," 372.

10. Olaf Stapledon to Agnes Miller, 26 December 1917, in Crossley, *Talking Across the World*, 264–265.

11. Lewis Richardson, as quoted by Ernest Gold, "Lewis Fry Richardson, 1881–1953," *Obituary Notices of Fellows of the Royal Society* 9 (November 1954): 230.

12. Olaf Stapledon to Agnes Miller, 12 January 1918, in Crossley, *Talking Across the World*, 270.
13. Lewis Fry Richardson, *Weather Prediction by Numerical Process* (Cambridge: Cambridge University Press, 1922; facsimile reprint, New York: Dover Publications, 1965), 219.
14. Olaf Stapledon to Agnes Miller, 8 December 1916, in Crossley, *Talking Across the World*, 192–193.
15. Olaf Stapledon, *Death into Life* (London: Methuen, 1946); reprinted in Olaf Stapledon, *Worlds of Wonder: Three Tales of Fantasy* (Los Angeles: Fantasy Publishing Co., 1949), 130 (page citation is to the reprint edition).
16. Olaf Stapledon, *The Star Maker* (London: Methuen, 1937); reprinted in *Last and First Men & Star Maker* (New York: Dover Publications, 1968), 263–264.
17. Stapledon, *Last and First Men*, 119.
18. Ibid., 117–118.
19. Ibid., 118.
20. Ibid., 129.
21. Ibid., 142.
22. Frederic W. H. Myers, *Phantasms of the Living* (London: Trübner, 1886), lxv.
23. Frederic W. H. Myers, *Science and a Future Life* (London: Macmillan, 1893), 50.
24. Stapledon, *Last and First Men*, 222.
25. Fred Hoyle, *The Black Cloud* (London: Heinemann, 1957; reprint, Harmondsworth, U.K.: Penguin Books, 1960), 158 (page citation is to the reprint edition).
26. Irving J. Good, "The Mind-Body Problem, or Could an Android Feel Pain?" in Jordan M. Scher, ed., *Theories of the Mind* (New York: The Free Press of Glencoe, 1962), 496–497.
27. Irving J. Good, personal communication, 12 July 1994.
28. Irving J. Good, "Speculations Concerning the First Ultraintelligent Machine," *Advances in Computers* 6 (1965): 35–36.
29. Paul Baran, "Is the UHF Frequency Shortage a Self Made Problem?" address to Marconi Centennial Symposium, Bologna, Italy, 23 June 1995.

30. Ibid.

31. Lewis Thomas, "Social Talk," *New England Journal of Medicine* 287, no. 19 (9 November 1973): 974.

32. Olaf Stapledon, *Nebula Maker* (Hayes, Middlesex: Bran's Head Books, 1976); reprinted in *Nebula Maker & Four Encounters* (New York: Dodd, Mead & Company, 1983), 47–48.

33. Stapledon, *Star Maker,* 332.

34. Ibid.

第十二章

1. Nathaniel Hawthorne, 1851, *The House of the Seven Gables,* centenary ed. (Columbus: Ohio State University Press, 1965), 264.

2. Loren Eiseley, *The Invisible Pyramid* (New York: Scribner's, 1970), 21.

3. William of Malmesbury, ca. 1125, in J. A. Giles, ed., *William of Malmesbury's Chronicle of the Kings of England; from the Earliest Period to the Reign of King Stephen* (London: Henry Bohn, 1847), 174.

4. Ibid., 181.

5. *The Famous History of Frier Bacon, Containing the wonderful things that he did in his Life; Also the manner of his Death, with the Lives and Deaths of the two Conjurers Bungey and Vandermast. Very pleasant and delightful to be read* (London: T. Passenger, 1679), 12–13.

6. Ibid., 15.

7. Ibid., 17.

8. Warren S. McCulloch, "Where Is Fancy Bred?" in Henry W. Brosin, ed., *Lectures on Experimental Psychiatry* (Pittsburgh: University of Pennsylvania Press, 1961), reprinted in *Embodiments of Mind* (Cambridge: MIT Press, 1965), 229.

9. Olaf Stapledon, *Nebula Maker* (Hayes, Middlesex: Bran's Head Books, 1976); reprinted in *Nebula Maker & Four Encounters* (New York: Dodd, Mead & Company, 1983), 38.

10. Robert Davidge, "Processors as Organisms," University of Sussex, School of Cognitive and Computing Science, CSRP no. 250, October 1992, 2.

11. Ibid.

12. Samuel Butler, *Luck, or Cunning, as the main means of Organic Modification?*

(London: Trübner & Co., 1887); reprinted as vol. 8 of *The Shrewsbury Edition of the Works of Samuel Butler* (London: Jonathan Cape, 1924), 58.

13. W. Daniel Hillis, "New Computer Architectures and Their Relationship to Physics, or Why Computer Science Is No Good," *International Journal of Theoretical Physics* 21, nos. 3–4 (April 1982): 257.

14. Samuel Butler, *Life and Habit* (London: Trübner & Co., 1878), 128–129.

15. Olaf Stapledon, *Last and First Men* (London: Methuen, 1930); reprinted, from the U.S. edition of 1931, in *Last and First Men & Star Maker* (New York: Dover Publications, 1968), 226.

16. William H. Calvin, "Fast Tracks to Intelligence (Considerations from Neurobiology and Evolutionary Biology)," in George Marx, ed., *Bioastronomy—The Next Steps: Proceedings of the 99th Colloquium of the IAU* (New York: Kluwer Academic Publishers, 1988), 241.

17. George Dyson, *Grenade Fighting: The Training and Tactics of Grenadiers* (New York: George H. Doran Co., 1917), 11.

18. George Dyson, *Grenade Warfare: Notes on the Training and Organization of Grenadiers* (London: Sifton, Praed & Co., 1915), 6.

19. Ibid., 8.

20. Ibid., 7.

21. Ibid., 11.

22. Garet Garrett, *Ouroboros; or, the Mechanical Extension of Mankind* (New York: Dutton, 1926), 51.

23. Sir George Dyson, "Fred Devenish and Others," *R.C.M. Magazine* 51, no. 2 (1955): 36.

24. Sir George Dyson, *Fiddling While Rome Burns* (Oxford: Oxford University Press, 1954), 30–31.

25. Sir George Dyson, address to the Royal College of Music, September 1949; reprinted in Christopher Palmer, ed., *Dyson's Delight: An Anthology of Sir George Dyson's Writings and Talks on Music* (London: Thames Publishing, 1989), 80.

26. Dyson, *Fiddling*, 32–34.

27. W. Daniel Hillis, "Intelligence as an Emergent Behavior; or, The Songs of Eden," *Daedalus*, (winter 1988) (Proceedings of the American Academy of Arts and Sciences 117, no. 1), 177–178.

28. Felix Mendelssohn to Marc-André Souchay, 15 October 1842, in Paul

Mendelssohn Bartholdy, ed., *Letters of Felix Mendelssohn Bartholdy from 1833–1847* (London, 1864), 23–24.

29. John Wilkins, *Mercury; or, the Secret and Swift messenger: Shewing, How a Man may with Privacy and Speed communicate his Thoughts to a Friend at any distance* (London: John Maynard, 1641), 141, 143.

30. J. B. S. Haldane, "Man's Destiny," *Possible Worlds* (New York: Harper & Brothers, 1928), 303.

31. Garrett, *Ouroboros*, 19.

32. Ibid., 24.

33. Ibid., 100.

34. Ibid., 92.

35. Ibid., 51.

36. Isaac Newton, *Opticks; or, A Treatise of the Reflections, Refractions, Inflections and Colours of Light. The Fourth Edition, Corrected* (London: William Innys, 1730); reprinted, with a foreword by Albert Einstein (London: G. Bell, 1931; New York, Dover Publications, 1952), 370 (page citation is to the 1952 edition).

37. Henry David Thoreau, "Walking," *Atlantic Monthly* 9, no. 56 (June 1862): 665.